量子电化学与电镀技术

主　编　刘仁志
副主编　杨雨萌

中国建材工业出版社

图书在版编目（CIP）数据

量子电化学与电镀技术/刘仁志主编. --北京：中国建材工业出版社，2021.9
ISBN 978-7-5160-3133-9

Ⅰ.①量… Ⅱ.①刘… Ⅲ.①电化学—高等学校—教材②电镀—高等学校—教材 Ⅳ.①O646②TQ153

中国版本图书馆 CIP 数据核字（2020）第 250319 号

内容简介

电化学是电镀技术的经典基础理论，而量子电化学是对电化学的深化和拓展。通过量子理论诠释电化学原理和电镀工艺，对当代电化学研究与应用起到重要推进作用。

本书以量子电化学为主线，结合电镀原理和工艺，以新视角解读电镀技术，将电极过程动力学、表面新功能、电极过程等以量子观串联起来，拓展了新的学科视野。

本书重点介绍了镀前处理、晶圆电镀、特殊材料上电镀、电铸等电沉积技术和试验方法，可作为高校教材、研究生读物，也可作为从事现代电化学及工艺研究与开发的重要参考资料，对与电化学应用有关的各个专业领域具有参考价值。

量子电化学与电镀技术
Liangzi Dianhuaxue yu Diandu Jishu
主　编　刘仁志
副主编　杨雨萌

出版发行：中国建材工业出版社
地　　址：北京市海淀区三里河路1号
邮　　编：100044
经　　销：全国各地新华书店
印　　刷：北京鑫正大印刷有限公司
开　　本：787mm×1092mm　1/16
印　　张：16
字　　数：400千字
版　　次：2021年9月第1版
印　　次：2021年9月第1次
定　　价：80.00元

本社网址：www.jccbs.com，微信公众号：zgjcgycbs

前言

人类正在进入量子时代。

随着我国量子卫星的升空，量子通信正在向应用领域稳步迈进。量子概念开始成为社会热词，但量子知识还没有真正得到普及。因此，向人们普及量子理论，是科技界一项重要任务。普及量子理论的关键是在经典科学理论的现代应用中引进量子观，从而在深化基础理论的同时，解决当代高科技领域的应用问题，因为高科技时代科技与人们日常生产和生活有着比以往任何时候都要紧密的联系。

最显著的例子就是智能手机的应用。现在几乎人手一部的手机使人们的生活方式发生了重大改变。智能手机在当代社会中扮演的角色相当重要，智能手机的设计、制造成为当代电子制造的代表，其产业链涵盖了广泛的现代制造工艺。这些制造工艺中，有手机制造不可缺少的电镀技术，以至于可以说没有电镀技术就制造不出手机。无论是手机中的印制板还是芯片，都不能没有电镀技术的支持，即使是电池的电极片，也必须镀金才能保持其耐久电能接入的可靠性，更不用说各种小型金属制件，包括小小的镀镍螺丝钉，都是离不开电镀的。而电镀在电子技术中的应用所遇到的问题，特别是微制造中的问题，因为涉及分子级别的加法制造技术，现亟须从量子力学角度加以阐释，从而将现代制造技术进一步向前推进。要实现这一目标，培养一批具有量子观的电化学研究和应用人才是当务之急，适合担此任者，非大学莫属。

中国计量大学材料与化学学院一直坚持电化学理论与应用的教学和研究。笔者作为中国计量大学材料与化学学院的兼职教授，写作和出版这本书，正当其时。在本书付梓之际，我要特别感谢中国计量大学材料与化学学院和中国建材工业出版社，感谢卫国英教授认真审阅本书稿，感谢杨雨萌老师仔细订正和校对，为本书增色许多。

由于编者水平有限，书中难免存在不足之处，恳切希望广大读者提出批评和建议，以便及时改进。

编　者

2020 年 6 月

绪　论

量子是什么?

要回答这个问题，得从一位19世纪的科学家普朗克（图0-1）说起。

图0-1　普朗克

19世纪对原子的探索，经由伦琴、贝克勒尔、居里夫人、汤姆逊和卢瑟福等著名科学家的努力，已经有了比较清晰的路径。在这些当时居于世界科技前沿的科学成就的基础上，一位物理学家翻开了原子探索新的一页，或者说打开了物质本质探索的另一扇门，这个人就是普朗克。

普朗克（Max Carl Ernst Ludwig Planck）于1858年出生于德国基尔（Kiel）的一个书香门第，他的祖父和曾祖父都是神学教授，他的父亲则是一位著名的法学教授，曾经参与过普鲁士民法的起草工作。1867年，普朗克一家移居到慕尼黑，普朗克便在那里上了中学和大学。在俾斯麦的帝国蒸蒸日上的时候，普朗克却保留着古典时期的优良风格，对文学和音乐非常感兴趣，也表现出非凡的天赋。

1900年12月14日，大多数人还在忙着准备欢度圣诞节。这一天，普朗克在德国物理学会上发表了他的大胆假设。他宣读了那篇名留青史的《黑体光谱中的能量分布》的论文，其中改变历史的是这段话：“为了找出N个振子具有总能量U_n的可能性，我们必须假设U_n是不可连续分割的，它只能是一些相同微粒的有限总和。”

普朗克把这个相同的微粒称作“能量子”，但随后很快，在另一篇论文里，他就改称为“量子”，英语就是quantum。这个词来自拉丁文quantus，本来的意思就是“多少”“量”。量子就是能量的最小单位。一切能量的传输，都只能以这个量为单位来进行。它可以传输一个量子、两个量子、任意整数个量子，却不能传输1.5个量子，那个状态是不可能的。

那么，这个最小单位究竟是多少呢？从普朗克的方程里可以容易地推算出这个常数的大小，它约等于6.55×10^{-27}erg·s，换算成焦耳，就是6.626×10^{-34}J·s。这个单位相当小，也就是说量子非常小，非常细微。因此由它们组成的能量自然也十分“细密”，以至于我们通常看起来，它就好像是连续的一样。这个数值现在已经成为自然科学中最为重要的常数之一，被称为“普朗克常数”，用h表示。也许普朗克自己并没有意识到，他竟然开启了一个物理学的新时代——量子力学时代。

就在普朗克宣读论文的这一年，一位名叫阿尔伯特·爱因斯坦（Albert Einstein）（图0-2）

的青年刚从苏黎世联邦工业大学（ETH）毕业，将要面对职业的选择。而令他自己和世界没有想到的是，他的职业选择改变了物理学，也影响了世界进程。直到现在，他都是科学家的典范，一个奇迹。

1902 年，爱因斯坦被伯尔尼瑞士专利局录用为技术员，从事发明专利申请的技术鉴定工作。他的工作性质使他不能从事实用技术发明方面的工作，以避免抄袭别人发明的嫌疑。这使他的眼光投向了理论物理学。他利用业余时间开展理论物理的科学研究，并且取得了非同寻常的进展。

图 0-2　阿尔伯特·爱因斯坦

1905 年 3 月 18 日，爱因斯坦在《物理学纪事》杂志上发表了一篇论文，题目叫作“关于光的产生和转化的一个启发性观点”。这篇文章是爱因斯坦有生以来发表的第六篇正式论文。这篇论文将给他带来一个诺贝尔奖，也开创了属于量子理论的一个新时代。

爱因斯坦的理论是从普朗克的量子假设出发的。普朗克假设，黑体在吸收和发射能量的时候，不是连续的，而是要分成一份一份的，有一个基本的能量单位在那里。他称这个单位为“量子”，其大小可由普朗克常数 h 来描述。如果我们从普朗克的方程出发，很容易推导一个特定辐射频率的“量子”究竟包含了多少能量，最后的公式是简单明了的：

$$E = h\upsilon$$

式中，E 是能量，h 是普朗克常数，υ 是频率。

小学生也可以利用这个简单的公式做一些计算。比如对频率为 10^{15} 的辐射，对应的量子能量是多少呢？可以简单地把 10^{15} 乘以 $h = 6.6 \times 10^{-34}$，算出的结果等于 6.6×10^{-19}J。这个数值很小，所以我们平时都不会觉察到非连续性的存在。可是普朗克的设想被大部分权威不屑一顾，就连他本人也最终冷落了自己的这个论断。

但是，爱因斯坦在阅读了普朗克的论文后，量子化的思想深深地打动了他。凭着一种深刻的直觉，他感到，对于光来说，量子化也是一种必然的选择。虽然有电波波动理论权威——麦克斯韦理论高高在上，但爱因斯坦没有被权威所吓倒。相反，他认为麦克斯韦理论只能对一种平均情况有效，而对瞬间能量的发射、吸收等问题，麦克斯韦理论是和试验相矛盾的。这可以从光电效应中看出端倪来。

爱因斯坦在自己的论文中写道：“……根据这种假设，从一点所发出的光线在不断扩大的空间中传播时，它的能量不是连续分布的，而是由一些数目有限的、局限于空间中某个地点的‘能量子’（energy quanta）所组成的。这些能量子是不可分割的，它们只能整份地被吸收或发射。”

组成光的能量的这种最小的基本单位，爱因斯坦后来把它们叫作“光量子”（light quanta）。一直到 1926 年，美国物理学家刘易斯才把它换成了今天常用的名词——“光子”(photon)。

如果要想全面认识量子，还得将这种微粒与至大的宇宙起源的学说联系起来，这个学说就是宇宙诞生的大爆炸理论。

2006 年，瑞典皇家科学院宣布，将 2006 年诺贝尔物理学奖授予美国科学家约翰·马瑟和乔治·斯穆特，以表彰他们发现了宇宙微波背景辐射的黑体形式和各向异性。诺贝尔奖评审委员会发布的公报说，马瑟和斯穆特借助美国1989年发射的COBE卫星做出的发现，为有关宇宙起源的大爆炸理论提供了支持，将有助于研究早期宇宙，帮助人们更多地了解恒星和星系的起源。公报说，他们的工作使宇宙学进入了“精确研究”时代。

关于宇宙的起源，现在科学界普遍接受“大爆炸”理论。这是因为越来越多的事实证明，这个理论能很好地符合我们人类对宇宙的观测所得到的现象。将诺贝尔奖授予支持宇宙大爆炸理论的研究者，是科学界公开承认宇宙大爆炸理论的一个权威性证明。

2013年，欧洲航天局发射的宇宙航行器从外太空发回了最新的宇宙微波背景图（图0-3），进一步证实了宇宙起源于大爆炸，而大爆炸最初出现的极大量“碎片”，就是光子。这些以光速飞行的碎片在碰撞中聚集，出现了电子、质子、中子等一系列基本粒子，进一步“组装”出原子、结晶体，宇宙的温度也开始下降，这使其在进一步的飞行中碰撞聚焦的概率增加，出现更大团块的聚集，星系和星体由此诞生。

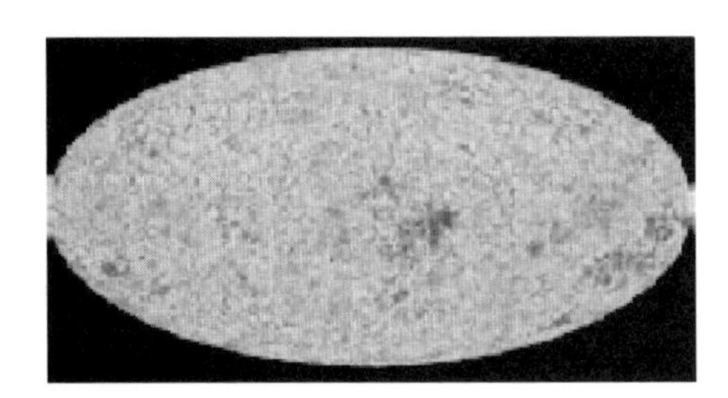

图0-3　宇宙微波背景图

当代人类关于物质的微观结构的认识，不只局限于早已经确认的原子结构，而是深入到原子核内部的微观的层次结构。已经认识的基本粒子，不仅包括质子、中子、电子等，而且包括更多的基本粒子。

现在，基本粒子已经成为专用术语，指人们认知的构成物质的最小及最基本的单位，即在不改变物质属性的前提下的最小体积物质。它是组成各种各样物体的基础，且并不会因为小而断定它不是某种物质。但在夸克理论提出后，人们认识到基本粒子也有复杂的结构。

根据作用力的不同，粒子分为强子、轻子和传播子三大类。当代科学家利用粒子加速器加速一些粒子，利用粒子相撞的方法，来研究基本粒子的性质和组成，或者寻求发现新的微粒。这就是所谓的人造元素。这些在核中强行加进质子以增加质量数来构建新元素的发现，因为大概率会获得诺贝尔奖而令许多理论物理学家乐此不疲。

物质微观结构的这些发现，由于有可重复的试验数据和更多的根据这些认识进行的应用，具有充分的说服力，而被全体科学界完全公认和接受。这个与宏伟宇宙比起来用人类肉眼不见的世界，是非常真实地存在。这个看不见而又看上去与宇宙毫不相干微观世界却与宇宙有着极为密切的关系。

如此庞大宏伟的宇宙，包括地球，都是由这个微观世界为基本材料构建而成的。这是因为宇宙大爆炸的最初产物就是基本粒子。这些基本粒子随着宇宙温度的逐渐下降在碰撞中相互吸引，形成元素。然后“组装”出原子、分子，凝聚成星球、星系、星云，在膨胀过程中扩大着无限的宇宙。

宇宙爆炸时的最初百分之一秒，宇宙温度极高，达1000亿℃，这个瞬间产生的基本粒子全部都是光子，随后产生电子和正电子。随着爆炸后的温度下降，粒子间的碰撞概率增加，产生中子和质子，以及各种基本粒子。这些基本粒子都在一边飞行一边不停地旋转，显然，这些旋转不可能都朝着一个方向，而是有向左或向右两个方向。随着温度的下降和时间的流逝，这些基本粒子相互碰撞的概率增加，出现了“组装”成复杂的粒子团。根据构成的难易程度，最先形成一些结构最简单的元素，然后才是较复杂的元素、更复杂的元素，而最简单的元素就是由一个质子和一个电子构成的氢（H）。

测试证明，宇宙中最多的元素正是氢元素。因为氢只有一个质子和一个电子，是结构最简单也最容易生成的元素，因此宇宙诞生之初的极短时间内，就有大量的氢原子产生，随后氢在高温下持续进行热核反应，产生氦、锂、铍、硼、碳、氮、氧、氟、氖、钠、镁等元素，这些元素的原子的质子数和核外电子数也在氢以后依次为 2、3、4、5、6、7、8、9、10、11、12 等，直到 92 号元素铀，也就是核子中有 92 个质子，核外有 92 个电子的天然元素。随着核子中的质子数的增加，捕获相等数量的电子的难度增加。因此，高质子数的元素的形成比较困难，92 号以后的元素在自然界中就基本上不存在，需要通过人工轰击元素产生。这样，92 号元素以后的元素叫人工元素，也叫超铀元素。现在人工从加速器中制造出来的元素已经到了 118 号。是否存在更高质子数的元素，还有待进一步的探索。

正是通过对元素和基本粒子的来源和种种性质的发现和研究，让人们对宇宙物质的大致成分有了基本认识。并且通过光的解析和星球光谱线分析，认识了很多星球的成分和行为。同时，陨石和太空物质的直接获取，更是直接认识宇宙物质成分的重要方法，虽然人类现在还只拿到了月球和火星上的物质，以及来自陨石的天外物质，但是，相信随着人类能力的进一步增强，更多的宇宙物质会被我们直接获得，宇宙的奥秘，会更多地被人类所破解。

* *

量子理论不是很容易科普的一门学科，这是因为在诠释中容易产生歧义或误解。

从“测不准原理”到“不死不活的生物”，从“量子纠缠”到“上帝不掷骰子”，很多概念要想讲得清清楚楚，需要大量的篇幅和许多专业词汇以及必不可少的数学公式。而要想深入了解，更需要扎实的高等数学基础。这就令很多人望而却步了。

但是，如果换一个角度来试试，也许有办法打开量子理论应用的新思路。

例如，尝试从电化学应用的角度来用量子力学来解决一些实际问题，会有什么结果？我举一个我最熟悉的专业领域的例子来说明这个新思路。

经典的对电镀的定义如下（ISO 标准）：

电镀——在电极上沉积附着的金属覆盖层，其目的是获得性能或尺寸不同于基体金属的表面。

但是，我们根据物质结构的研究成果结合量子理论对电镀给出这样的定义：

电镀是电子以量子态从电极跃迁到离子空轨道，使离子还原为原子进而在电极表面组装成金属结晶的过程。

这一过程的特点也定义了电镀是可以在原子级别进行加法制造的技术。这从宏观上定义电镀过程转换为从微观上表述电子的量子态行为。

这一过程的最显著特点是极高速下大量离子的空轨被快速而连续的电子填充，还原为原子并“组装”出金属晶体。注意极快速和连续，这是我们宏观可以观察到的在电镀槽中一通电就能连续从阴极产品表面得到金属镀层的结果做出的判断。真可以说是“说时迟，那时快”，镀层瞬间就覆盖了产品表面并持续进行。这种惊人速度只能是电子以量子态从电极向双电层中离子轨道跃迁的结果。而这时电子则是量子态的，它仍按照泡利原理一个一个或一对一对地进入空轨，让一价或多价态的离子，有序地还原为原子，再“组装”成镀层。

传统上，根据经典的电化学理论，可以以电流密度、温度、离子浓度参数控制、影响这一过程，还可以通过添加剂的方式影响结晶过程，或者外加物理场影响过程，而所有这些影响，都将是以影响电子的初态和激发态来获得不同效果的最终镀层。这一过程不只是对单一金属离子的电化学还原有意义，对形成多种合金、复合镀层等也特别有意义。这些电化学金属镀层的特点是其他制造方法如冶金学方法不可替代的。

这一新概念使电镀技术在许多新领域特别是微电子领域的应用机理清晰起来，令人耳目一新。这正是本书将重点讨论的有关量子电化学方面的内容。

* *

不得不承认，直到今天，“量子电化学”还是一个人们比较陌生的概念。但是，这不等于前人没有从事这方面的工作。这方面，集大成者是美国的电化学家博克里斯（J. O. M. Bockris）教授。他和他的研究生卡恩（S. U. M. Khan）等人于1979年合作出版的Quantum electrochemistry是这一领域的开山之作，也是唯一的一部关于量子电化学的专著。这本书由哈尔滨工业大学的冯宝义教授翻译成中文，于1988年出版。

很遗憾的是，这一重要的领域的大门虽然已经打开，进去的人却很少。至少在我国的电化学界没有多少人跟进这一领域的研究，就更谈不上应用了。

但是，量子电化学并不是突发奇想的产物，它是一些电化学家将当时已经成形的量子力学理论应用到自己的研究中的成果的积累。这些研究起始于20世纪30年代。

1931年，英国的Gurney给出了电极溶液界面上的量子力学跃迁公式，为量子力学在电化学中的应用做了开创性尝试：

$$i \propto \iint P_T N_E f(E)\,\mathrm{d}E\mathrm{d}x$$

1936年，英国的Butler将金属-氢键追加到Gurney的公式中。此后一段时间并无重大进展。

1960年，德国的Gerischer对Gurney的理论进行了重新表述。

1977年，Khan、Bockris和Wright在澳大利亚对与时间有关的微扰理论进行了计算。

这些零星的研究并没有引起电化学界足够的重视。主导电化学界的理论仍然是连续介质理论，直到1979年博克里斯（Bockris）和卡恩（Khan）的著作出版。

1983年7月，天津大学的郭鹤桐教授和刘淑兰教授编著了《理论电化学》（上、下册）。由天津市电镀工程学会资料情报组出版发行。郭教授在这套书的下册中以一节的内容介绍了电子在电极上的跃迁行为，并指出这是包括博克里斯教授在内的外国同行开展的量子电化学研究。这也许是最早在我国介绍量子电化学的教材。

1988年，哈尔滨工业大学翻译出版了博克里斯的《量子电化学》。

但是，这些早期的量子电化学研究没有撼动电化学的经典理论。至少在我国的电化学领域和学校教学中，没有出现引进量子力学的动向。直到现在，量子电化学也没有在电化学领域引起持续和重点的关注。这与当代的科学发展和生产实践是不相适应的。

因此，本书将是国内首次全面介绍量子电化学并在工艺研究中加以应用的创新著作，是在量子电化学前辈研究成果的基础上，结合现代量子理论和科研、生产实践，对电镀技术以量子观展开的新思维，当然也是应用量子理论于工艺的一种尝试。

希望这种尝试作为打开量子电化学应用这扇大门的敲门砖，从而让更多的同行和学子进入这个殿堂，创造出更多成果，发出金玉之声。

1 电极过程动力学概要

1.1 电极电位与电动势

电化学是电与化学结合的产物。电极是发生电化学反应的空间，而化学物质则是以水溶液的形式出现的。由此，电流、电极、化学溶液组成了电化学体系，而这个体系工作的过程，就是电极过程。由于这一过程符合动力学特征，因此电极过程动力学就成为一门专门的学科。要研究这一过程，就得从电极开始。

电与化学有天然的联系。电池的发明就离不开电解质溶液的作用。将电池应用到试验中的第一个领域，也是化学，最终导致发现电解和电沉积现象，因此诞生了电化学。

电化学是电极过程动力学的基础理论，电极过程动力学则是电化学应用特别是在电沉积的应用中的基础理论，是从事电沉积研究的必修课程。

传统上，电化学是研究电和化学反应相互关系的科学，是物理化学的重要分支学科。电和化学反应相互作用可通过电池来完成，也可利用高压静电放电来实现，两者统称为电化学，后者为电化学的一个分支，称为放电化学。因而电化学在一定程度上专指“电池的科学”。这里的电池是电解池的简称，是广义的电池，不是日常生活中经常用到的电池。广义电池包括各种由电极和电解质构成的体系。需要指出的是，当电极浸入溶液中以后，在电极与溶液的界面会形成一个双电层。这个双电层的性质决定电极的性质。关于双电层的性质和有关的研究，我们将在专门的章节中进行讨论。在此之前，我们需要先了解整个电极体系有关的知识。

电池由两个电极和电极之间的电解质构成，图 1-1 是一个典型的电池原理示意图。根据其电解液的组成和电极材料，这个电池体系可以用以下方式表示：

$$Zn \mid ZnSO_4 \parallel CuSO_4 \mid Cu$$

在这里，| 表示液相与固相的界面；‖ 表示溶液与溶液的界面。

因此，电化学的研究内容应包括两个方面：一方面是电解质的研究，即电解质溶液的研究，包括电解质的导电性能、离子的传输特点、参与反应离子的平衡性质等（其中电解质溶液的物理化学研究常称作电解质溶液理论）；另一方面是电极的研究，即电极学，其中包括电极的平衡性质和通电后的极化性质，也就是电极和电解质界面上的电化学行为。电解质学和电极学的研究都会涉及化学热力学、化学动力学和物质结构。

如前所述，电化学中研究的电池有广义和本意两个方面。广义电池可以是一个原电池结

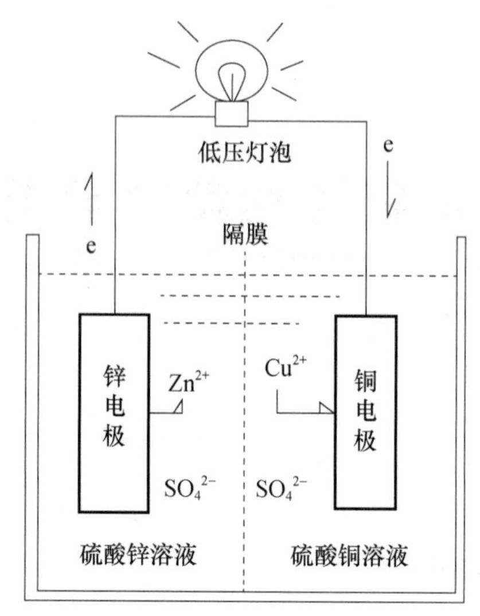

图 1-1　电池原理示意图

构，即通过电解液的化学作用，从电极上释放电流，将化学能转化为电能；也可以是与外接电源相连而构成的电解池，将电能转化为化学能。因此，广义的电池严格地说是电解池，而本意的电池，就是专指用来提供电流的原电池，是一种直流电源。

对应用电化学，有研究化学能转化为电能的电池的行为的动力学，也有研究电能转化为化学能的电池的动力学行为。作为电池的基本结构和电极反应的特性，在热力学上基本上是相同的。

在理论上，电镀是将电能转化为化学能的过程，但这一过程不是简单的电化学还原过程，而是涉及还原的原子进一步“组装”成为金属或合金晶体（或非晶体）的过程。可见电镀是一个复杂的体系，影响因素很多，是一个需要专门加以研究的领域。因此，这个领域的科学家创立了电极过程动力学。在这个领域对我国影响最大的是俄罗斯电化学家弗鲁姆金院士。他主持编著的《电极过程动力学》是这个专业的经典之作。还有一些科学家也建立了电极过程动力学体系，包括将量子论引入电化学的博克里斯。

1.1.1　半电极与电极

将金属浸入溶液中就形成了电极（图 1-2）。无论是电源还是电解，电极都是电池系统中必不可少的构件。由一种金属电极浸入金属盐水溶液中构成的电极系统其实是半电极系统。只有两个不同的电极相连接才构成电池系统（图 1-1）。

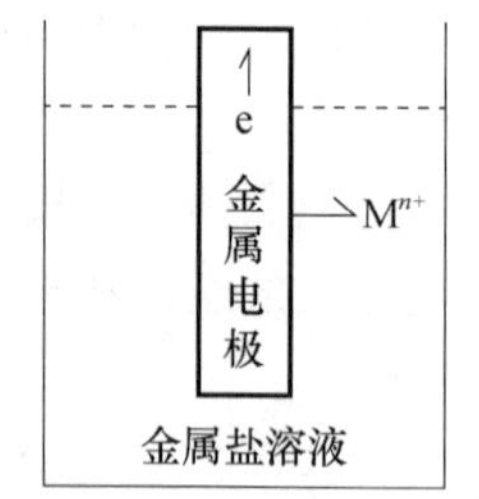

图 1-2　浸入溶液中的金属电极

电极根据其工作的性质分为还原电极和氧化电极。这两种电极又可以分别叫作阴极和阳极，或者正极和负极。大家知道，对电极的这种命名，本质上是与电子的流动方向有关的。我们可以从电子的流向来定义电极。

（1）还原电极

在工作的时候由电极向系统提供电子的电极是还原电极。例如电镀工作液中的阴极、电解池中的阴极、原电池中的负极。这些电极的特点是可以提供大量的电子给体系中的受体，令受体还原，即由离子还原为原子。因此，称为还原电极。

（2）氧化电极

工作时从系统中接收电子或由电极向系统提供离子的电极是氧化电极。例如，原电池中的正极、电镀工作液中的阳极、电解池中的阳极。

电池系统受环境条件的影响，如温度、浓度、传质方式等。如果电极反应在电池系统环境变化时其状态也相应发生变化，这个系统和电极就是可逆的。相应的电池叫可逆电池和可逆电极。

由于电极的状态受环境的影响，并且与组成电池系统的对电极的性质也有关系，因此，同一个电极，在一个系统中是阳极，在另一个系统中可能是阴极。一个基本的标准是它们的标准电极电位。

用化学中的氧化还原概念也可以对电极的性质进行界定，化学中获得电子的过程为还原过程，失去电子的叫氧化过程。那么，相应地，提供（授予）电子的电极，就是还原电极，在电极表面发生的电化学过程是还原过程。接收（获取）电子的电极，就是氧化电极，在电极表面发生的过程是氧化过程。

（3）参比电极

前面介绍的电极，无论是氧化电极还是还原电极，也无论是阴极还是阳极，都是工作电极，或者叫研究电极，是关注的对象。但是，在研究电极过程的时候，为了组成电流回路系统和取得相应参数，还需要用到一些辅助电极。这些辅助电极又称参比电极，是用来与研究电极组成测试回路，为方便获得研究电极的各种信息的电极。这种电极的极性与它将要连接的另一个电极的性质有关，当研究电极是阳极时，它就是阴极，而当研究的电极是阴极时，它就是阳极。

经常用的一种参比电极叫标准氢电极，严格地讲，标准氢电极只是理想的电极，实际上并不能实现。因此，在实际进行电极电势测量时总是采用电极电势已精确知晓而且又十分稳定的电极作为相比较的电极。测量由这类电极与被测电极组成电池的电动势，可以计算被测电极的电极电位。

在参比电极上进行的电极反应必须是单一的可逆反应，其交换电流密度较大，制作方便，重现性好，电极电势稳定。一般都采用难熔盐电极作为参比电极。参比电极应不容易发生极化；一旦电流过大，产生极化，则断电后其电极电势应能很快恢复原值；在温度变化时，其电极电势滞后变化应较小。

1.1.2 常用的参比电极

（1）氢电极

用镀有铂黑的铂片为电极材料，在氢气氛中浸没或部分浸没于用氢饱和的电解液中，即可组成氢电极。其电极电势 E_{H_2} 与温度 T、溶液的 pH 和氢气的压力 p_{H_2}（大气压）有关。

有时采用与研究体系相同的溶液作为氢电极的溶液，以消除液体接界电势。氢电极容易失效，应当避免在溶液中出现易被还原或易发生吸附中毒的物质，如氧化剂、易还原的金属离子、砷化物和硫化物等。氢电极也叫标准氢电极。这是因为电化学中规定，这样的氢电极为国际通用的标准电极，在任何温度下它的电极电位为零，因此，任何电极与氢电极组成电池，所测得的电动势即为该电极在此温度下的电极电势。根据电动势为正电极电位与负电极电位的差的定义：

$$E = E_{+} - E_{-} \tag{1-1}$$

当与氢标电极连接的电池电位为正时，电动势就是正值；如果为负，就是负值。

由于制取氢标准电极的原材料和工艺要求很严格，制作比较麻烦，在平常的测试中，常用其他辅助电极，应用比较方便。只要参比电极的电位值是确定和稳定的，同样可以用来计算被测电极的电位。

（2）甘汞电极

甘汞电极由汞、甘汞和含 Cl^- 的溶液等组成。常用 $Hg | HgCl_2 | Cl^-$ 表示。电极内，汞上有一层汞和甘汞的均匀糊状混合物。用铂丝与汞相接触作为导线。电解液一般采用氯化钾溶液。用饱和氯化钾溶液的甘汞电极称为饱和甘汞电极，这是最常用的参比电极。采用1mol 氯化钾溶液的则称为摩尔甘汞电极。甘汞电极的电极电势与氯化钾浓度和所处温度有关。它在较高温度时性能较差。

甘汞电极的电位可以比较精确地确定，其电位值与氯化钾溶液浓度有关。常用的是饱和氯化钾溶液，在标准温度（25℃）下，电位值是 0.2438。当测试环境的温度为非标准温度时，甘汞电极的电位会有所不同，可查表获得相关修正数值，也可用下式计算：

$$E_{eq} = 0.2438 - 6.5 \times 10^{-4} (t - 25) \tag{1-2}$$

式中，t 是测试时的实际摄氏温度（℃）。

显然，在标准温度下，减号后的项目为零。

由于汞是有毒的液态金属，为了保护环境，对汞的使用有许多严格的限制，因此，现在常用银-氯化银电极作参比电极。

（3）银-氯化银电极

银-氯化银电极由覆盖着氯化银层的金属银浸在氯化钾或盐酸溶液中组成，常用 $Ag | AgCl | Cl^-$ 表示。一般采用银丝或镀银铂丝在盐酸溶液中用阳极氧化法制备。银-氯化银电极的电极电势与溶液中 Cl^- 浓度和所处温度有关。

为了获得更为准确的电化学信息，减少参比电极电解液对被测电解液的干扰，应该尽量采用与被测电解液有相同溶液成分的参比电极。由于硫酸盐是应用比较多的电解液，如硫酸盐镀铜、硫酸盐镀锌、硫酸盐镀镍、镀钴等，因此，有时要用硫酸亚汞参比电极。

（4）汞-硫酸亚汞电极

这种参比电极适用于硫酸溶液或硫酸盐溶液体系。电极由汞、硫酸亚汞和含 SO_4^{2-} 的溶液等所组成，表示式为 $Hg | Hg_2SO_4 | SO_4^{2-}$。其结构与甘汞电极相同。它的电极电势与温度和溶液中 SO_4^{2-} 的浓度有关。

（5）其他参比电极

有机电解质溶液体系中，常采用相同溶剂的有机电解质溶液的 $Ag | Ag^+$ 电极和 $Ag | AgCl | Cl^-$ 电极作为参比电极。熔盐体系中，常用熔盐 $Ag | Ag^+$ 电极和 $Pt | Pt^{2+}$ 电极，但熔盐体系尚无统一的标准电极电势表。

1.1.3 电镀的电极

电镀过程是在一个电解体系中实现的，并且电镀中的产品就是系统中的电极之一。电镀是要在镀件（电极）表面获得镀层，而镀液中溶解的是金属盐的离子，显然，电镀件在系统中应该是还原性电极，也就是阴极。所以，电镀中的阴极作为工作电极，是获得电子的电极，最终在电极表面获得的是还原出来的金属镀层（图 1-3）。对电镀的阴极，其金属材料在大多数场合与镀液中金属盐的金属是不同的，而是产品所要采用的金属，如钢铁、铜合金、铝合金、塑料（需要经过表面金属化处理）等。

我们知道电池体系需要有相对的电极才能构成回路。因此，电镀体系不只有阴极，还要有另一半电极，那就是阳极。阳极是进行氧化过程的电极，对电镀而言，标准的状态是由金属电极向体系（镀液）中提供金属离子。

镀锌的产品大多数是钢铁制品，因此阴极材料是钢铁，但工作完成后钢铁表面就镀上了一层金属锌镀层。

镀锌的阳极材料则是金属锌板。它在工作过程中向镀液提供锌离子，同时也是构成体系电流回路的电极之一。

需要注意的是，任何体系的电极，构成电流的回路是基本和主要的功能。在应用中具体采用什么样的电极，则是工艺学原理研究的内容。

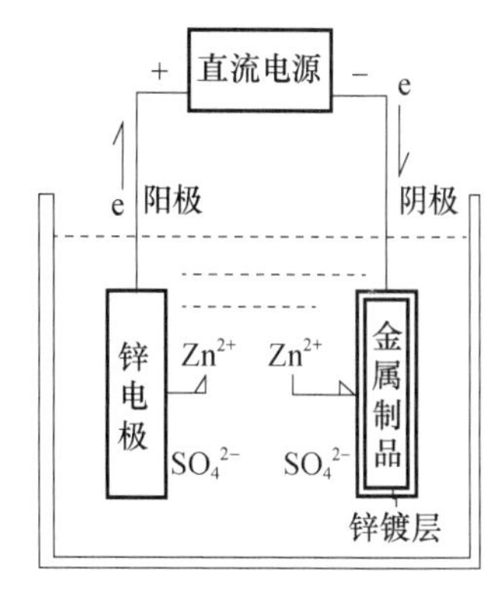

图 1-3 电镀锌中的电极

通过以上介绍，我们可知电极是电极过程动力学研究的重点。同样，在电化学特别是量子电化学中，电极也是研究的重点。

1.2 电极及其参数

研究电极过程不能只满足于定性的描述。要想准确描述电极行为，需要有定量的参数可供分析和比照。

1.2.1 电极电位

我们已经知道，浸入溶液中的电极表面形成双电层。双电层中不同电荷排列在电极表面，类似于一个平板电容器，在电容器的两极间就一定存在电位差。这种微观表面的电位目前是无法测到的。但是，电极的行为又明显受到这个存在一定电位的双电层性质的影响，并且表现为一定的电位特性。这种电位特性通过将研究电极与一个参考电极形成回路，测量其电极的表面电位，可以用这种相对的电位差值来表述电极的特性。

例如，以甘汞电极为参比电极，可以构成测量电极电位的测试回路，如图 1- 4 所示。为了保持测量的稳定和精确，测试线路中没有将参比电极直接接近被测电极，而是将其置于氯化钾溶液中，再通过盐桥将被测电极的表面电位信息传导到参比电极。盐桥是将氯化钾制成琼脂，装进 U 形玻璃管中构成的具有第二类导体特征的导电物。这样就避免了使用金属导线而在测试线路中引入新的电极因素（任何金属导体进入溶液就构成电极而产生电位），影响测量的准确性和真实性。盐桥的一端一般都有一个尖嘴，这样可以更加接近被测电极的表面，而减少扩散区外离子的干扰。

实际测工作电极时，通常不是测半电极，而是测一个工作系统，即让被测电极处于完整的体系中，这样更接近实际状态，所得信息更为准确。但是，这种在系统中的电极会有离子的交换和电流的流动，从而引起溶液中的一些变化，并

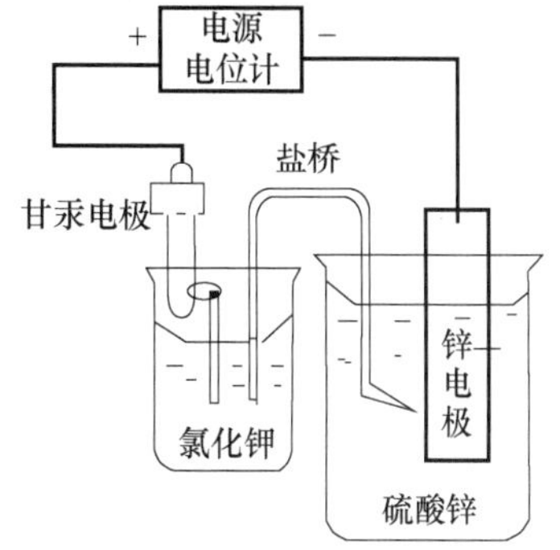

图 1- 4 电极电位测试回路

建立起新的平衡。

由这种测试系统测得的研究电极（工作电极）的电位，被当作这个电极的表面电位，这就是电极电位。它是表示电极性能的一个重要指标。

1.2.2 标准电极电位

我们已经知道，电极电位是金属离子进入电解质溶液中后，在金属表面排列形成双电层时表现出的电极特性。从双电层的结构我们可以推知，在双电层中的金属电极表面一侧和溶液中异种离子排列的一侧相当于一个平行的平板电容。在这两极之间是存在电位差的。但是这个电位的绝对值目前是无法直接测到的，只能采用间接测量的方法（图 1-4）。

由于在电化学应用中，电极电位是经常要用到的指标，每次都进行测量很不方便。为了方便使用电极电位这一常量，科技工作者预先测量了标准状态下（25℃，1mol 浓度）的一些电极，以确定每一种金属在标准状态下的一个稳定不变的电极电位。这就是标准电极电位。一些金属的标准电极电位见表 1-1。

表 1-1 常用金属材料的标准电极电位（25℃）

电极	电位（V）	电极	电位（V）	电极	电位（V）
Au/Au^{+}	+1.7	Sn/Sn^{4+}	+0.05	Fe/Fe^{2+}	-0.44
Au/Au^{3+}	+1.42	H/H^{+}	0.00	Cr/Cr^{3+}	-0.71
O_2/H^{+}	+1.23	Fe/Fe^{3+}	-0.036	Zn/Zn^{2+}	-0.763
Pt/Pt^{2+}	+1.2	Pb/Pb^{2+}	-0.126	Al/Al^{3+}	-1.66
Pd/Pd^{2+}	+0.83	Sn/Sn^{2+}	-0.140	Ti/Ti^{2+}	-1.75
Pb/Pb^{4+}	+0.80	Ni/Ni^{2+}	-0.23	Na/Na^{+}	-2.71
Ag/Ag^{+}	+0.799	In/In^{+}	-0.25	Ba/Ba^{2+}	-2.90
Rh/Rh^{2+}	+0.6	Co/Co^{2+}	-0.27	K/K^{+}	-2.925
Cu/Cu^{+}	+0.52	In/In^{3+}	-0.34	Li/Li^{+}	-3.045
Cu/Cu^{2+}	+0.34	Cd/Cd^{2+}	-0.402		

对常用金属标准电极电位测量的结果，学习化学时就已经熟悉排定了的金属电化学序，即金属活泼顺序。

金属活泼顺序是初中化学课程中就已经介绍过的概念。当然限于初中知识的深度，只能定性地介绍这种活泼顺序。由于这种活泼顺序对解释金属的抗氧化性能、贵贱金属的划分等都很有用处，因此通常要求将其背下来：

钾、钙、钠、镁、铝、锌；

铁、锡、铅、氢；

铜、汞、银、铂、金。

注：加入氢，只为比较活性。

金属的这个活泼顺序实际上是金属参加化学反应时得失电子的难易程度。活泼的，就是容易失去电子的，也就是离子化倾向大的。而真正定量地反映金属的活泼程度的，实际上是这些金属的标准电极电位，这也就是金属的电化学序。我们将标准电位按金属活泼顺序排列的情况列于表 1-2。

表 1-2 金属的活泼顺序与标准电极电位（25℃）

金属活泼顺序	电极	标准电位（V）
钾	K/K^{+}	-2.925
钙	Ca/Ca^{2+}	-2.87
钠	Na/Na^{+}	-2.71
镁	Mg/Mg^{2+}	-2.363
铝	Al/Al^{3+}	-1.66
锌	Zn/Zn^{2+}	-0.763
铁	Fe/Fe^{2+} Fe/Fe^{3+}	-0.44 -0.036
锡	Sn/Sn^{2+} Sn/Sn^{4+}	-0.140 +0.05
铅	Pb/Pb^{2+}	-0.126
氢	H/H^{+}	0.00
铜	Cu/Cu^{2+} Cu/Cu^{+}	+0.34 +0.52
汞	Hg/Hg^{2+}	+0.789
银	Ag/Ag^{+}	+0.799
铂	Pt/Pt^{2+}	+1.2
金	Au/Au^{+} Au/Au^{3+}	+1.7 +1.42

注：加入氢，只为比较电位。

这个金属活泼顺序中排在前面的金属可以将排在后面的金属从相应的溶液中置换出来，也就是电位相对负的金属可以将电位相对正的金属离子从溶液中置换出来，典型的例子就是铁可以将铜离子从含铜离子的溶液中置换出来，从而在铁器表面镀上一层铜。同时表面的铁原子有些就变成铁离子进入溶液中去。当然碱金属和碱土金属、铝、镁等电位很负的金属离子不可能被这么简单地置换还原。

我国晋代炼丹术士陶洪景（456—536）在其著作《神仙传》中明确记载有置换镀铜的方法："鸡屎矾……不入药用，惟堪镀作，以合熟铜；若投苦酒中涂铁，皆作铜色，外虽铜色，内质不变。"

陶洪景这短短数语，就将硫酸铜在铁表面置换"镀"出来的现象说得清清楚楚，不仅直白地用了"镀"字，而且提供了方法。鸡屎矾是古代对硫酸铜的称呼，而苦酒则是醋酸。这证明，我们的祖先很早就道了在铁器表面置换镀铜的道理和方法。这也是"镀"字用于金属表面处理的最早的文字记载。当然硫酸铜能用于在铁器表面置换出铜，并非陶洪景那个时代才被发现的，最早的文字记载出现在我国的秦汉时期。据《神农本草经》记载"石胆……能化铁为铜"，而《淮南万毕术》则说"曾青得铁则化为铜"。这可以说是最早关于在铁上化学置换镀铜的记载。

1.2.3 电极的极化

1.2.3.1 电极电位方程

我们在前面介绍电极电位时，讲到了电极电位和标准电极电位。由于测试体系中的各种因素的影响，在一定条件下测得的电极电位是电极偏离标准状态而建立起新的平衡时的平衡电位。

当电极体系处于非标准状态如温度、反应离子的浓度、离子的状态等发生变化时，金属电极的电位会发生变化。在研究了对电极电位的变化有影响的因素后，德国物理化学家瓦尔特·能斯特（Walther Nernst，1864—1941）提出了影响电极电位变化因素的方程，这就是在电化学中有名的能斯特方程：

$$E_{eq} = E^0 + 2.303\frac{RT}{nF}\cdot \lg a \tag{1-3}$$

式中，E_{eq}为被测电极的（平衡）电极电位；E^0 为被测电极的标准电极电位；R 为摩尔气体常数，8.314J/（mol·K）；T 为热力学温度；n 为在电极上还原的单个金属离子得电子数；F 为法拉第常数；a 为电解液中参加反应离子的活度（有效浓度）。

能斯特（图 1-5）是德国卓越的物理学家、物理化学家和化学史家，是 W. 奥斯特瓦尔德的学生，热力学第三定律创始人，能斯特灯的创造者。能斯特于1864 年6 月25 日生于西普鲁士的布里森，1887 年毕业于维尔茨堡大学，并获博士学位，在那里，他认识了阿仑尼乌斯，并把他推荐给奥斯特瓦尔德当助手。第二年，他得出了电极电势与溶液浓度的关系式，即能斯特方程。

图 1-5　能斯特

能斯特先后在德国格丁根大学和柏林大学任教，他的研究成果很多，主要有：发明了闻名于世的白炽灯（能斯特灯），建议用铂氢电极作为零电位电极，发现能斯特热定理（热力学第三定律），进行低温下固体比热测定等，因而获 1920 年诺贝尔化学奖。

他把成绩的取得归功于导师奥斯特瓦尔德的培养，因而自己也毫无保留地把知识传给学生，他的学生中先后有三位诺贝尔物理奖获得者（米利肯于 1923，安德森于 1936 年，格拉泽于 1960 年）。师徒五代相传得诺贝尔奖，史上空前。

由于纳粹迫害，能斯特于 1933 年离职，1941 年 11 月 18 日在德逝世，终年 77 岁，1951 年，他的骨灰被移葬于格丁根大学。

金属电极在非标准状态下的平衡电位，在一定的条件下还会发生新的变化，这个一定的条件就是有外电流通过，或者说当电极工作时，电极的平衡电位也会打破平衡。我们将电流通过电极时电位偏离平衡电位的现象，称为极化。

极化是电极过程的重要特性。从应用电化学的角度，一定的极化有时是有利的，正是利用电极可以产生极化的性质，在电沉积过程中可以改善电沉积物的性能或获得合金沉积物等。但并不是说极化总是有利的，有时我们要求电极不要发生极化或极化尽量小，如对于大多数阳极过程或某些阴极过程，过大的极化是有害的。

1.2.3.2 电流密度和电流效率

(1) 电流密度

经过电极的电流，其大小对电极性能有很大影响。表示电流大小的物理量是电流 I，由于电极体系中电流的行为也符合欧姆定律，电流强度可以作为影响电极反应的度量值。但是，由于电极在溶液中与溶液接触的界面有一定的几何大小（表面积），同样的电流流经不同的表面面积，其强度会有所不同。这样，不但不便于不同电极间电流量的比较，同一个电极的不同状态（如全部浸入还是局部浸入溶液），也不能进行比较。为了消除这种变动因素对电流作用的影响，在表述电流对电极的影响时，采用了电流密度的概念。

为了表示极化程度的大小，将某一电流密度下的电极电势与其平衡电势的差值，称为该电极在给定电流密度上的超电势。通过阴极电流时，电极的电势变负，称为发生了阴极极化；反之称为阳极极化。同时，电极反应的速度通常也用电流密度表示。它们之间的关系为

$$I = nFu = \frac{nF}{S} \cdot \frac{\mathrm{d}m}{\mathrm{d}t} \tag{1-4}$$

式中，I 为电流密度（A/cm^2）；F 为法拉第常数；S 为电极表面面积（cm^2）；u 为反应速度 [$mol/(cm^2 \cdot s)$]；$\mathrm{d}m/\mathrm{d}t$ 是反应物质消失速度（mol/sec）；t 为反应时间（s）。

在电镀工艺应用的实践中，采用电工学的计算方法来求得表观电流密度，将流经单位面积的电流强度，称为电流密度，即

$$i = \frac{I}{S} \tag{1-5}$$

式中，i 为电流密度（A/m^2）；I 为电流（A）；S 为电极面积（m^2）。

电流密度是电化学工艺中的一个极为重要的参数。无论是评价电极的工作效率、反应速度、反应结果，还是进行有关电极反应的计算，都要用到电流密度。

需要注意的是电流密度的单位会因电流强度和电极面积所采用的单位不同而有所不同，但是其物理意义是相同的。这样，当采用不同的单位时，同一个电流密度会在数值上有所不同。例如，电极面积的单位用“m^2”时，对于研究电极就会显得太大，因此常用的面积单位是“dm^2”，是标准面积单位的 1/100，有时也用“cm^2”。同样，电流有时也会因为研究电极面积很小而不得不采用“mA”作单位，而 1A = 1000mA。因此，常用的电流密度单位就有“A/m^2”“A/dm^2”（电镀中通用）和“mA/cm^2”等。

当有些国外资料没有采用国际标准时，会有我们不熟悉的电流密度单位出现，如“A/ft^2”。

(2) 电流效率

电流经过电极而做功，将电能转化为化学能。根据热力学原理，有多少电能就会转化为多少化学能。但是，对工作电极过程，电流所做的功从实用的角度可以分为有用功和无用功两个部分，并且对工作电极，我们总是希望电流所做的全部都是有用功，这就提出了一个效率的问题，即流经电极的电流有多少做的是有用功，这需要有一个定量的标准。

法拉第定律表达的是电极上参与反应物质的定量关系，当参与反应的物质不是单纯的一种物质时，所消耗电流的总量将由所有参与反应的物质按消耗量分摊。这种情况在电镀过程中是常见的。

电镀过程实际上是当直流电通过含有欲镀金属离子的电解质溶液中的电极时，金属离子

在阴极上还原成金属的过程。这时的阳极通常采用欲镀金属制成，阴极就是需要电镀的产品。其简单的电极反应式如下：

阳极 $M - ne = M^{n+}$

阴极 $M^{n+} + ne = M$

作为副反应，还有水的电解等：

阳极 $2H_2O - 4e = O_2 \uparrow + 4H^+$

阴极 $4H^+ + 4e = 2H_2 \uparrow$

既然在电极上有副反应发生，那么通过电镀槽的电流就不可能全部用在金属的还原上，这就提出了电流效率的概念。

所谓电流效率，是指电解时在电极上实际沉积或溶解的物质的质量与按理论计算出的析出或溶解质量之比，通常用符号 η 表示：

$$\eta = \frac{m^!}{m} \times 100\% = \frac{m^!}{K \cdot I \cdot t} \times 100\% \qquad (1\text{-}6)$$

式中，$m^!$ 为电极上实际析出或溶解物质的量；m 为按理论计算出的应析出或溶解物质的质量；K、I、t 为法拉第第一定律中已经出现过的物理量，分别为电化当量、电流和电解时间。

由不同电镀液或不同镀种所获得的镀层的质量与理论值的比率可知，不同镀液或镀种的电流效率有很大差别。某些电镀溶液的阴极电流效率见表 1-3。

表 1-3 某些电镀溶液的阴极电流效率

电镀溶液	电流效率（%）	电镀溶液	电流效率（%）
硫酸盐镀铜	95 ~ 100	碱性镀锡	60 ~ 75
氰化物镀铜	60 ~ 70	硫酸盐镀锡	85 ~ 95
焦磷酸盐镀铜	90 ~ 100	氰化物镀黄铜	60 ~ 70
硫酸盐镀锌	95 ~ 100	氰化物镀青铜	60 ~ 70
氰化物镀锌	60 ~ 85	氰化物镀镉	90 ~ 95
锌酸盐镀锌	70 ~ 85	铵盐镀镉	90 ~ 98
铵盐镀锌	94 ~ 98	硫酸盐镀铟	50 ~ 80
镀镍	95 ~ 98	氟硼酸盐镀铟	80 ~ 90
镀铁	95 ~ 98	氯化物镀铟	70 ~ 95
镀铬	12 ~ 16	镀铋	95 ~ 100
氰化物镀金	60 ~ 80	氟硼酸盐镀铅	90 ~ 98
氰化物镀银	95 ~ 100	镀镉锡合金	65 ~ 75
镀铂	30 ~ 50	镀锡镍合金	80 ~ 100
镀钯	90 ~ 95	镀铅锡合金	95 ~ 100
镀铼	10 ~ 15	镀镍铁合金	90 ~ 98
镀铑	40 ~ 60	镀锡锌合金	80 ~ 100

在使用电流效率的概念时需要注意的是，工作电极的产物因需要而有所不同。在一个电极过程中是副反应的反应，在另一个电极过程中可能就是主要反应。例如电解水的过程，在电镀中是副反应，而在电解制氧中则是主反应。

（3）电导率

电阻是表示导体导电能力的一个重要量化指标。导体的导电符合欧姆定律。试验证明，电解质的导电也符合欧姆定律。

导体电阻（R）的大小，取决于导体材料的性质和它们的几何形状。对无论是一截导线还是一槽电解质溶液，其电阻的大小与电流流经的长度（L）成正比而与流经的截面面积（S）成反比，即

$$R \propto \rho \frac{L}{S} \tag{1-7}$$

式中，ρ 为电阻率，它代表 $L=1\text{m}$ 和 $S=1\text{m}^2$ 时的电阻。

因为导体的几何形状对电阻有影响，我们对它们进行比较时存在一定困难。因此，为了便于比较，需要有一个表示导体共性的指标，这就是电阻率。对电解质溶液，由于其导电过程的特殊性，比较方便的是采用电阻和电阻率的倒数来表示，这就是电导（L）和电导率（k）。

$$L = \frac{1}{R} \tag{1-8}$$

$$k = \frac{1}{\rho} \tag{1-9}$$

电导的单位是西门子（S），电导率的单位是西门子/厘米（S/cm）。电导率是描述第二类导体导电能力的重要参数。比较电解质水溶液的导电能力就只比较它们的电导率即可。电导率可以用电桥法测量，也可以用直流测定法测量。重要的电解质的电导率可以从有关手册中查到。

影响溶液电导的因素主要有电解质的本性、电解质溶液的浓度和温度等。

1.2.3.3 电化学极化

金属离子要在阴极上还原为金属结晶，必须要有外电流通过电极。在外电流通过阴极而发生还原反应的情况下，电极与溶液间的粒子交换速度不再相等，还原反应比氧化反应进行得快一些。这两个反应之间的差值就是外电流密度 i_k：

$$i_{还原} > i_{氧化} = i_k \tag{1-10}$$

在有外电流通过电极的情况下，电极反应的交换电流密度的大小，对电极的极化影响很大。我们已经知道，除非有无穷大的交换电流密度和无限小的外电流密度，电极才能仍然在平衡电位下进行反应，但这是不可能的。因此，当有外电流通过电极时，平衡电位总要受到破坏而发生极化。对阴极而言，如果被还原的离子来不及将电极上的电子消耗掉，就会有多余的电子在电极上积聚而使电位向负的方向偏移。这个新增加的电位差所产生的电场作用是为了加速阳离子的还原，以使电极趋于新的平衡，这时的电位已经不是原来的平衡电位，而是极化了的电位。这种由于电化学反应的变化引起的极化，我们就称为电化学极化。

与电化学极化相关的电化学过程涉及一些电化学的基本概念，其中有些是重要的概念，在研究电极过程时经常会用到。

（1）交换电流密度

一定的电极电位对应于电极与溶液界面之间的一定的电位差，存在着双电层。电极在电解质溶液中在没有外电流通过时，电极表面一般表现为负电性。例如在镀锌的溶液中的锌电极，从微观的角度，没有外电流时，也不断地有锌离子在溶液中进行着交换，并且由于正反向的速度相等，电极处于平衡状态。在宏观上没有任何变化。有多少个锌离子进入溶液，就又有多少

个锌离子重新回到电极上去。如果以电流密度表示反应的速度，则可以认为还原（i_c）和氧化（i_a）这两个方向相反的电流密度相等。这个相等的电流密度值叫作交换电流密度 i_0：

$$i_c = i_a = i_0 \tag{1-11}$$

其大小除受温度影响外，还与电极反应的性质密切相关，并与电极材料和反应物质的浓度有关。

对氧化和还原过程，将其电极电位方程以指数形式表示时，可以求得交换电流的大小。

$$i_a = i_0 \exp\left(\frac{\beta nF}{RT} \cdot \eta_a\right) \tag{1-12}$$

$$i_c = i_0 \exp\left(\frac{\alpha nF}{RT} \eta_c\right) \tag{1-13}$$

式中，α 和 β 分别是阳极过程和阴极过程的“传递系数”；η_a 和 η_c 分别是阳极和阴极偏离零电荷电位的超电位。

显然，i_0 是又一个表示电极处于平衡状态的参数。但是我们必须知道，平衡电位相同的两个电极，交换电流密度不一定是相同的，而交换电流不同的两个电极的性能也就是不同的。这在电极处于极化状态时，表现得特别明显，并且交换电流密度受体系中离子浓度变化的影响较大。

交换电流密度是对同一个电极反应而言的。当一个电极反应处于平衡状态时，阴极反应和阳极反应的电流密度相等，对应的电流密度是该电极的交换电流密度。交换电流密度可以用来描述一个电极反应得失电子的能力，即可以反映一个电极反应进行的难易程度。

交换电流很大，则表明在宏观上“静止不变”的电极，上面的氧化反应和还原反应都还在以很高的速率进行。一般来说，在各种电极上氢析出反应的交换电流很不相同。但是交换电流越大，说明电极越容易被极化，是描述电极反应可逆程度的基本动力学参数。它反映了体系所固有的动力学特征。因此，在电化学中研究电极过程动力学时，人们总是力图测出电极反应的交换电流。

不同金属电极的交换电流密度是不同的，并且可以通过这些不同的交换电流密度判断这些金属离子在电极上的还原能力。通常只有交换电流密度低的金属易于在阴极还原，其中交换电流密度最低的一类金属在简单盐溶液中就可以电沉积出来，如铁族元素铬、铁、镍等。这些元素都在元素周期表的中部，即过渡元素也即典型金属元素的区域。而一些交换电流密度非常高的元素则根本不可能从水溶液中获得电沉积物，如所有的碱金属或碱土金属钾、钠、钙、镁等。

（2）极限电流密度

当电流通过电极时，必然会引起双电层内离子浓度和电子密度的变化。这在宏观上则可以表现为电极电位发生变化，出现过电位，也就是电极发生了极化。显然，双电层离子浓度的变化是引起电极极化的一个重要因素。这种离子浓度变化引起的极化叫作浓差极化。由于这种极化是工作电极的常态，我们将在后面专门的小节讨论它。

设反应开始时的离子浓度为 C^0，反应过后达成稳态的离子浓度为 C^S，则当 C^S 趋向于零时，电流 I 将有一个极限值。这一极限电流称为稳态极限扩散电流 I_d，计算公式为

$$I_d = nFD\frac{C^0}{L} \tag{1-14}$$

式中，D 为反应离子的扩散系数；L 为设置为稳态的测试装置中达到稳态的离子扩散距离，默认其与扩散层厚度相等。

当我们通过浓度变化方程求得扩散层有效厚度时，可以用扩散层有效厚度 δ 来替换 L，求得扩散过程的极限电流密度：

$$I_d = nFD\frac{C^0}{\delta} \tag{1-15}$$

离子极限电流密度大小反映离子在电极过程中反应速度的快慢，这种差异从各种离子的扩散系数可看出。表 1-4 是各种无机离子的扩散系数。

表 1-4 各种无机离子的扩散系数

离子	D (cm^2/s)	离子	D (cm^2/s)
H^+	9.34×10^{-5}	OH^-	5.23×10^{-5}
Li^+	1.04×10^{-5}	Cl^-	2.03×10^{-5}
Na^+	1.36×10^{-5}	NO_3^-	1.92×10^{-5}
K^+	1.98×10^{-5}	Ac^-	1.09×10^{-5}
Pb^{2+}	0.98×10^{-5}	BrO_2^-	1.44×10^{-5}
Cd^{2+}	0.72×10^{-5}	SO_4^{2-}	1.08×10^{-5}
Zn^{2+}	0.72×10^{-5}	CrO_4^{2-}	1.07×10^{-5}
Cu^{2+}	0.72×10^{-5}	$Fe(CN)_6^{3-}$	0.89×10^{-5}
Ni^{2+}	0.69×10^{-5}	$Fe(CN)_6^{4-}$	0.74×10^{-5}

实际电镀过程中，为了提高生产效率和达到结晶所需要的电流密度，会采用高浓度镀液加强烈搅拌的方式来增强离子扩散能力，从而实现高速电镀。

（3）零电荷电位

当电极表面不带有剩余的电子时的电极电位称为零电荷电位。这时电极界面内没有离子与电荷对应的双电层。同时当电极电位达到零电荷电位时，电极电位符号将向相反方向转变。这时电极表现出一些特殊性质，如离子的特性吸附。但是，实际电极过程中电极电位都不可能出现净离子或电荷为零的情况。用理想状态和理论状态分析纯电极过程对实际生产和科研并无实际指导意义。

目前精确测定零电荷电位的方法是利用稀溶液中的微分电容曲线来决定。当溶液浓度极低时，微分电容的电位会出现一个明显的最小值。这个电位值被定义为零电荷电位。可以用于与发生极化的实际电极过程的过电位值做比较，提供研究电极过程时的参考。

表 1-5 是各种金属电极的零电荷电位。

表 1-5 各种金属电极的零电荷电位

电极材料	溶液组成	电位（V）相对于标准氢电极
Hg	0.01mol NaF	-0.19
Pb	0.001mol Naf	-0.56
Ti	0.001mol NaF	-0.71
Cd	0.01 ~ 0.001mol NaF	-0.75
Cu	0.01 ~ 0.001mol NaF	+0.09
Ga	0.008mol $HClO_4$	-0.68

续表

电极材料	溶液组成	电位（V）相对于标准氢电极
Bi	0.001mol H_2SO_4	−0.40
Sb	0.02mol NaF	−0.14
Sn	0.02mol K_2SO_4	−0.38
In	0.01mol NaF	−0.65

1.2.3.4 浓差极化

在电极上有外电流通过时，如果电极反应能够在平衡电位下进行，这就是电化学极化为零的情况。当然这种理想状况是很难达到的。但是有一些电极反应可以接近这种状态，就是说电极的电化学反应阻力很小，接近于零。例如在含有 H_2SO_4的 $CuSO_4$溶液中镀铜。如果不加入任何有机添加剂，则其阴极过程的电化学极化就非常小。这就是我们用它作为铜库仑计来测量电流效率的原因。但是，实际上，即使在电化学极化基本不存在的条件下，电极反应时还是会有极化现象出现，这就是由反应物或反应产物粒子在溶液中传送过程中的阻力在电极电位上的表现。我们将这种由于反应物浓度变化引起的极化，称为浓差极化。

由于在电极反应中有电能的消耗，并由此产生物质浓度的变化，因此，我们可以建立起电流与物质浓度的关系。当我们以电流密度 i 来表示扩散过程的流量，就有

$$i = zFJ = zFD \times \frac{C_0 - C_S}{\delta} \tag{1-16}$$

式中，J 为扩散流量，表示单位时间单位面积上扩散的摩尔数；D 为扩散系数；δ 为扩散层厚度；C_0为反应物的总浓度；C_S为紧靠电极表面附近液层中反应物的浓度。

在通电以前，溶液中的 $C_0 = C_S$，$i = 0$。随着电流的增大，C_S 相应减小。在极限情况下，$C_S = 0$，电流密度 i 达到最大值，成为极限电流密度 I_d，

$$I_d = \frac{zFDC_0}{\delta} \tag{1-17}$$

将式（1-17）代入式（1-16），可得

$$i = i_d\left(1 - \frac{C_S}{C_0}\right) \tag{1-18}$$

或者

$$C_S = C_0\left(1 - \frac{i}{i_d}\right) \tag{1-19}$$

当我们将电极电位方程中的有效浓度换成以电流密度表示的浓度变化时，就可以导出反应产物为金属结晶的条件下的浓差极化方程：

$$E = E_{平} + 2.303 \cdot \frac{RT}{nF} \cdot \lg\left(1 - \frac{i}{i_d}\right) \tag{1-20}$$

显然，当阴极电流密度越大时，阴极表面附近液层中的反应物浓度就越低，电极电位 E 的值就越小，浓差极化就越大。

对电镀溶液来说，当没有外电流通过时，我们可以认为各个部分的浓度是均匀的。但是，通电一发生，电极上就会有反应。在阴极表面，首先就是离电极最近的阳离子的还原，除非溶液中其他部位的离子可以以极高的速度来补充这些一通电就马上发生了还原的离子；否则，溶

液中的浓度均匀性肯定会被破坏。我们知道即使采用极强的搅拌，离子的补充仍然会稍慢于通电瞬间就发生还原的进入到阴极双电层内的离子。因此，浓差极化是必定发生的极化，我们只能用各种手段来减小它的影响。因为在反应电流很大的电极反应中，浓差极化的影响是比较大的。而对电镀来说，有时需要在较大电流密度下工作。这时电极实际上都是在极化状态下工作的。当然，加温和搅拌可以增大反应物或产物的传质速度，从而有利于浓差极化的减小。

1.3 极化曲线

1.3.1 对极化过程的描述

大量的研究表明，电极上通过的电流的大小不同，电极的电位也是不同的。一定的电流密度，对应有一定的电极电位。这样，我们可以通过对一个电极过程（如阴极过程）不同电流密度下的电位进行测量，就可以对电极过程随电流密度变化发生的变化进行定量的描述。当然这些测试要在一定温度和一定溶液组成和浓度下进行一系列的测量，然后根据所测得的值绘出曲线，我们称为极化曲线，如图 1-6 所示，通过曲线可以直观地看出电极反应随电流密度变化的趋势。

图 1-6 中的横坐标表示的是电极向负电位方向的偏离，这通常是阴极的极化现象。图中曲线Ⅱ表示比曲线Ⅰ有更大的极化（电位更小）。

通过不同条件下测出的不同的极化曲线，可以观察其他因素对电极极化的影响。也可以在一个坐标系内绘出不同条件下的极化曲线，以比较不同条件下产生的不同的极化现象。例如不同温度、不同浓度、不同电解液组成、不同表面活性剂、不同添加剂、不同搅拌等，都可以有不同的极化曲线，并且这些曲线与实际电极过程的结果是对应的。这对研究获得不同宏观效果的极化曲线特征来改善电极过程是很有意义的。

极化曲线在电极过程研究中有着重要的作用，因此，有必要了解极化曲线是如何测量出来的。

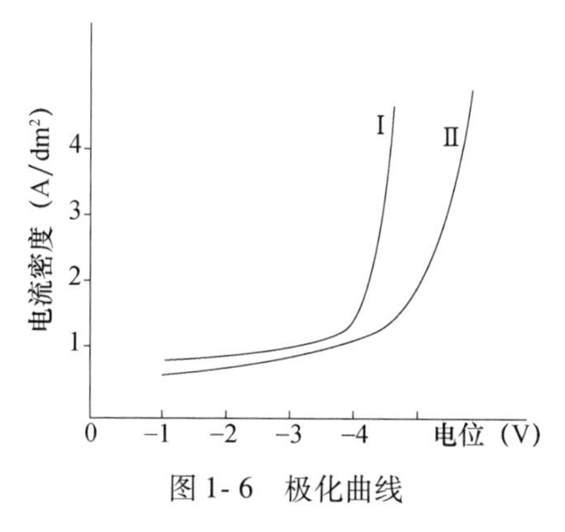

图 1-6 极化曲线

1.3.2 极化曲线的测量

由于电沉积过程中镀液的分散能力和覆盖能力与电解液的极化性能有关，通过测量极化曲线可以了解到电解液的这些性能变化的趋势。极化曲线是电解液中电极在不同电流密度下电极电位偏离起始电位的不同电位值的交点组成的连接线。测量极化曲线有恒电流法和恒电位法两种。

（1）恒电流法

恒电流法是控制被测电极的电流密度，使其分别恒定在不同数值上，然后测定与每一个恒定的电流密度相对应的电位值。将测得的这一系列的电位值记下后，与电流密度在平面坐标系中标出一一对应的点，连接这些点组成的曲线，即为极化曲线。

用恒电流法测得的极化曲线反映了电极电位是电流密度的函数。恒电流比较容易操作，是常用的极化曲线测量方法。恒电流法测量极化曲线的设备与方法如图 1-7 所示。

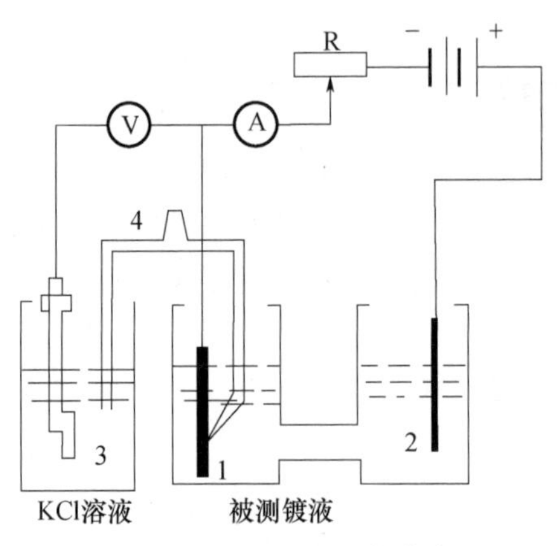

图 1-7　恒流法测极化曲线

在 H 形电解槽中放入被测镀液，被研究电极（阴极）1 和辅助电极（阳极）2 分别安置在 H 形电解槽的两端。为了维持电路中电流的恒定，外线路的变阻器 R 的电阻值要远大于 H 电解槽的电阻（100 倍以上）。调节 R 使电流表 A 上的值依次恒定，可从电位计 V 上依次测得相应的电极电动势。由于参比电极 3 的电位值是已知的，因此可以求出待测电极不同电流下的电极电位。为了消除 H 形电解槽中溶液的欧姆电位降的影响，盐桥 4 的毛细管尖端应尽量靠近待测电极 1 的表面。参比电极不直接放入被测电解液也是为了消除电解液对参比电极电位的影响。参比电极通常都放置在 KCl 溶液中。有时在这两个电解池中间还加一个装有被测镀液的电解池，再增加一个盐桥，使参比电极电位更少受到影响。

（2）恒电位法

恒电位法是控制被测电极的电位，测定相应不同电位下的电流密度，把测得的一系列不同电位下的电流密度与电位值在平面坐标系中描点并连接成曲线，即得恒电位极化曲线。恒电位法的精确度比恒电流法差，但是测量起来比较简便。采用恒电位法的测量极化曲线的方法如图 1-8 所示。

与恒电流法相同的是在 H 形电解槽中装入被测镀液，被测电极 1 和辅助电极 2 分别安置在 H 形电解槽的两端。通过盐桥 4 和参比电极 3 与电源和测试仪器构成回路。为了防止直流电源短路，在线路中增设了可变电阻 5。盐桥内采用的是 KCl 琼脂。通过可调电阻 R 使电位计 V 上的读数固定在某一个数值，然后通过电流表 A 计量这个电位下的电流值。这样通过一组恒定的电位值可以在坐标上绘出各个电位下电流密度值的点连接成的曲线。

以上两种极化曲线的测量都是经典的方法，通常以手动操作的方式进行逐个值的测绘。

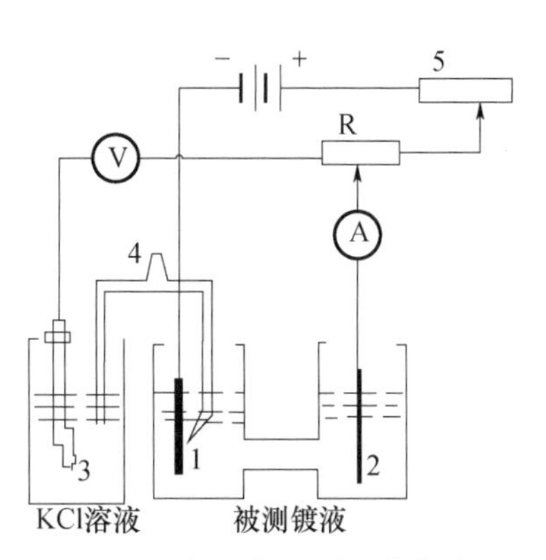

图 1-8　恒电位法测极化曲线

在现代电子技术的支持下，可以将测量数据输入计算机，由计算机进行解析并向终端输出数据或图形，并且打印出来。

1.3.3　极化曲线的应用

极化曲线是研究电极过程的基本方法，通过极化曲线的测量和分析，对各种电极过程都有具体的指导作用。这在电化学工艺的应用中是有积极意义的。

我们以极化曲线在电沉积过程中的应用为例，来说明极化曲线对工作电极的指导作用。

（1）镀液性能的分析

图 1-9 是几种镀锌溶液中电极电位随电流密度变化的曲线。与图中曲线编号对应的这几种体系的溶液的基本组成如下：

曲线 1 为氧化锌 12g/L + 氢氧化钠 100g/L；

曲线 2 为氧化锌 15g/L + 氢氧化钠 120g/L + 添加剂适量；

曲线 3 为氧化锌 35g/L + 氰化钠 90g/L + 氢氧化钠 75g/L。

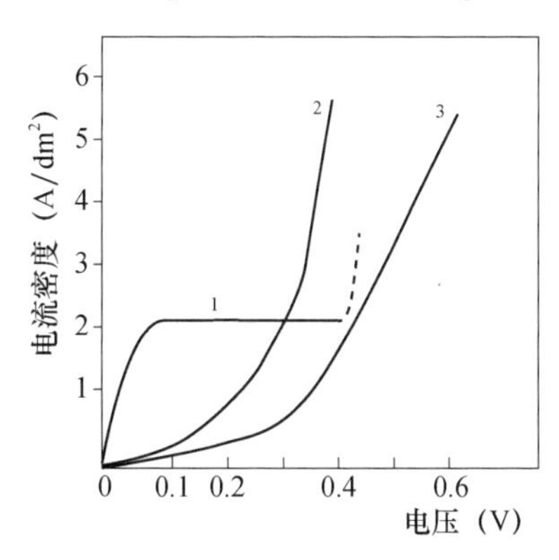

图 1-9　某体系中镀的极化曲线

由曲线 1 可以看出，在氧化锌溶于氢氧化钠的锌酸盐溶液中，氢氧化钠的量大大高于氧化锌，存在过量的氢氧化钠。从曲线上可以看出，当电位从 0 增加到 60mV 时，电流密度上升很快，表示这时极化小，当电流升到 $2A/dm^2$时，过电位从 0. 1V 升到 0. 4V，电流密度不随电位的变负而增加，超过 0. 4V 后曲线又开始上扬，同时可从阴极上观察到有大量气体逸出。表明这时阴极上的主反应是析氢。从曲线所表示的镀液性能可知，这种溶液中不能沉积出有用的镀层，电流达到极限电流后就只能是氢的析出。

曲线 2 是在锌酸盐镀液溶液的浓度略加调整的基础上，加入了适量的电镀添加剂后测得的。虽然溶液的基本组成相似，但是添加剂的加入使极化发生了很大改变，由曲线 2 可以看出在电流密度小于 $2A/dm^2$ 时，阴极极化大幅度提高，电极电位进一步负移，也不出现极限电流密度，阴极上虽然也有氢的析出，但有光亮的镀层析出，电极可以正常工作。

曲线 3 虽然没有添加剂，却在减少氢氧化钠量的同时加入了氰化钠。这是一种典型的氰化物镀液。由于氰化物是很强的络离子配体，使电极表现出更大的极化值和极化率，与这种曲线对应的阴极镀层细晶细致光滑，镀层分布均匀，说明镀液的分散能力好。

通过极化曲线的形式分析镀液的性能及其组成成分的影响，是极化曲线应用中的一项基本和重要的功能。

（2）电极过程的分析

极化曲线还可以用来分析电极过程，无论是阴极过程还是阳极过程。图 1-10 中的（Ⅰ）和（Ⅱ）分别是镀铬阴极过程和镀镍阳极过程的极化曲线图。图 1-10（a）是标准镀铬的阴极过程曲线，溶液组成为铬酸 250g/L、硫酸 2.5g/L。

由图 1-10（a）可以看出，随着电位的负移，在 0.5V 以前，电流很小。当电流到 0.6V 以后，出现了一个电流的峰值，随后又下降。到 0.8V，电流趋近于零。直到 1.0V 电流再次上升并且有大量气泡析出。与之对应的阴极过程，在第一个峰值区没有镀层析出，只有气体析出，从图中的虚线可以看出在 20A 以上的某个值实际相当于达到了一个极限电流密度的值，这时阴极处于钝化状态。直到电流进一步增加后，才开始有铬的沉积。

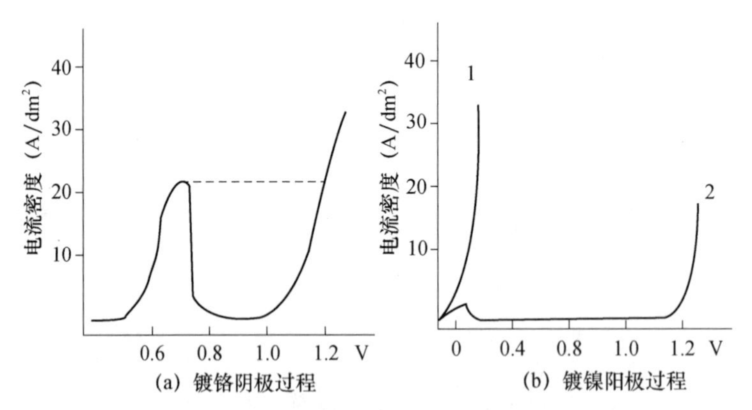

图 1-10 阴极和阳极极化曲线

图 1-10（b）中的 1 号曲线是基础镀镍液的阳极极化曲线，镀液中含有氯离子，所以阳极有很好的溶解；2 号曲线是没有加入氯离子的基础镀液，阳极在很宽的电位内都处在极限电流密度状态，只有氧的析出而没有镍的溶解，说明阳极处于钝化状态。

（3）添加剂作用的研究

极化曲线可以用来对电镀添加剂的作用进行研究和判断，这从图 1-9 中的 2 号曲线中可以看出来，不同的溶液加入不同的添加剂，都会有各自不同的极化曲线，表现出不同吸附能力的有机添加剂或其他添加剂对阴极过程的影响。当然主要是通过电极的极化变化情况来显示这种影响，因而也就可以通过极化曲线的变化情况来分析这些影响。

2 量子电化学（上）

当前世界上十分关注的研究课题如能源、材料、环境保护、生命科学等都与电化学以各种各样的方式关联在一起。因此，从事现代工业技术研究和开发，需要对电化学有所了解；从事与电化学有关的理论研究和工艺开发，更需要深入了解电化学。

电化学既是一门基础学科，也是一门重要的应用技术的基本理论。在当代电子制造极为发达的背景下，经典电化学理论已经难以支持涌现出的许多技术实践中的问题，需要引进量子力学理论来加以深化与拓展，以建立起量子电化学的概念。

所谓量子电化学，是以量子理论诠释电化学过程的新学科。对电极过程的量子诠释，使电沉积过程作为原子级别加法制造技术，在以芯片制造为代表的微电子制造中发挥了重要作用。

本章仍然从经典电化学理论入手，在各个相关领域中引入量子理论，从而得出一些新的过程描述与结论。

2.1 双电层的结构与特性

2.1.1 双电层的结构

2.1.1.1 双电层的形成

双电层是电极与电解质接触而形成的界面。这个固体和液体之间的界面，因为固体表面和液体紧邻固体表面的液面具有密集排列的电子和离子而形成类似电容的结构。显然，固、液两相表面带有电荷且电量相等、电性相反，于是在固、液两相界面之间形成了双电层。这个由相反电荷构成的电荷密集区双电层又分为分散层和紧密层两个区间。

即使电极处在普通水溶液中，这种双电层也会很快形成。由于双电层内两种电荷层之间的电位无法直接测量，因此，对其展开的研究采用间接测量的方法。根据双电层具有类似电容的性质，早期的双电层的研究是建立在电容测量基础上的，这就是 Helmholtz 模型，并且定义了一个界面（OHP 面）。但是，这个模型是静态的模型，并且是建立在无限稀溶液基础上的，对实际应用中的浓溶液和处在动态的电极过程是不适用的。同时，溶液中的离子与水分子之间也有相互作用，加上还有其他影响离子行为的添加物，真实的双电层有一个复杂的动态区间。

金属电极放入溶液中就会形成双电层，这是一种自发的电化学现象。即使在没有添加盐类的水溶液中，这种现象也会发生。对电沉积过程，如电镀过程，在阴极形成的双电层则不是自发形成的，而是在外加电场作用下形成的。其结构就比自发双电层复杂得多。

即使在不通电的情况下，由于电解液中有浓度较高的金属盐和配位剂、辅助剂、添加剂，镀液中离子间距离很近，相互影响较大，对双电层的结构有直接和间接的影响。

图 2-1 是电沉积体系中的双电层结构示意图。由图可知，当体系中添加有机添加剂时，在阴极区双电层内会有特性吸附，会对电极的性能带来很大的改变。镀液本体中各种离子的存在对双电层的厚度、扩散层的厚度等都有影响。

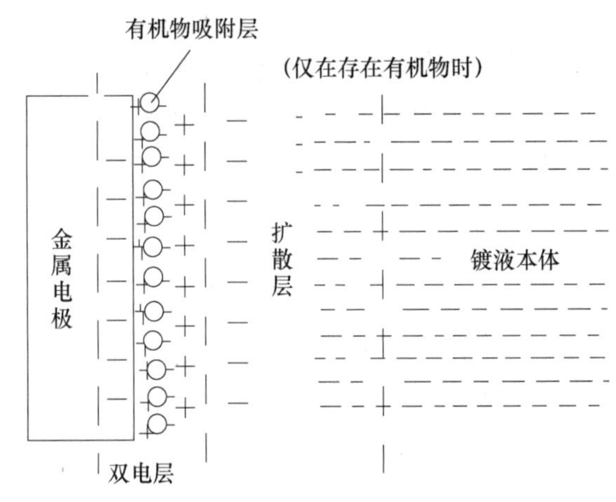

图 2-1　双电层结构示意图

概括起来，电极与溶液界面的双电层溶液一侧是由若干个不同结构的“层”组成的，与电极表面紧密相接的是紧密层，包含溶剂分子、特性吸附物质（离子或分子）；然后是水分子层，这是因为水是强极性分子，能在紧密层外依电荷排布状态而以极性分子的形式与之连接；最后是以有一定电荷的离子的水合离子构成的扩散层。扩散层外才是溶液本体。当电极工作，双电层内的物质发生消耗时，溶液本体中的各种离子就会源源不断地进入扩散层，最后在双电层内的电极表面进行能量的交换。

2.1.1.2　双态双电层

鉴于经典的双电层理论无法完美解释实际应用中的双电层，很多物理化学家对双电层的研究进行了修正，经过几十年的努力，到博克里斯时，已经开始在量子电化学的基础上进行研究。这一新的模型是建立在更加接近电极系统真实表面状态基础上的。其定量表述由电容模式改为电位模式：

$$\Delta\varphi = \Delta\psi + \Delta\chi \tag{2-1}$$

式中，$\Delta\psi$ 是界面上的伏特电位差；$\Delta\chi$ 表示电子跃迁与各偶极电位差之和。

双态双电层是指处在溶液一侧的离子除了受固体表面电荷的影响，还受溶液中水分子的取向的影响，这种考虑了吸附水的模型对研究实际电极过程具有深远意义。

水分子的作用是不可以忽视的，而经典和传统的电化学理论没有考虑这个重要的情况。

水分子的影响为什么如此重要？我们无论是从理论上还是实践中都有具有说服力的理由。

2.1.1.3 水的聚集态

英国科学家菲利浦·鲍尔是现代最杰出的科学家之一，作为著名的科学杂志《自然》的长期科学顾问，他曾说：“没有人真正了解水。承认这件事确实很尴尬，但是这种覆盖了地球三分之二的物质仍然是一个谜。更糟的是，我们所见越多，问题越多。在用最新的科技探索液态水的分子建筑的时候，我们发现了更多的谜团。”

确实，布朗当年所发现的微粒在水分子作用下的无序运动，只是“冰山一角”。此后不断传出的关于水分子的发现，不再与“无序”有关，而是趋向于“有序”。这大大挑战了人们的常识，也令许多科学家难以接受。因此，科学史中各种关于水分子有序性的研究，几乎无一例外地遭到质疑，即便是著名科学家也在所难免。这种建立在已经形成的科学定见基础上的权威的力量是惊人的，它确实为维持科学的纯洁和尊严做出了贡献。但是，有时也会发生在倒掉洗澡水时，将孩子也一起倒掉的情形。关于这方面情形，在《水的答案知多少》（化学工业出版社，2015 年 9 月）一书中有详细论述，有兴趣的读者可以参阅。我们在这里介绍的是水分子趋向有序的一些公知的试验事实，这与我们要讨论的问题是密切相关的。

首先，水的分子结构已经是公认的。一个水分子由一个氧原子和两个氢原子构成。氧原子通过与两个氢原子形成的共用电子对组成的氢键而成为稳定结构。但是两个氢键与中心氧原子不是在一条直线上分布，而是有一个夹角，经测定为 104.5°（图 2-2）。同时水分子中的电子对更靠近氧原子，这就使水分子呈现出极性：氧原子一侧呈负电性，氢原子一端呈正电性。水的所有化学性质都与水分子的氢键和极性有关。

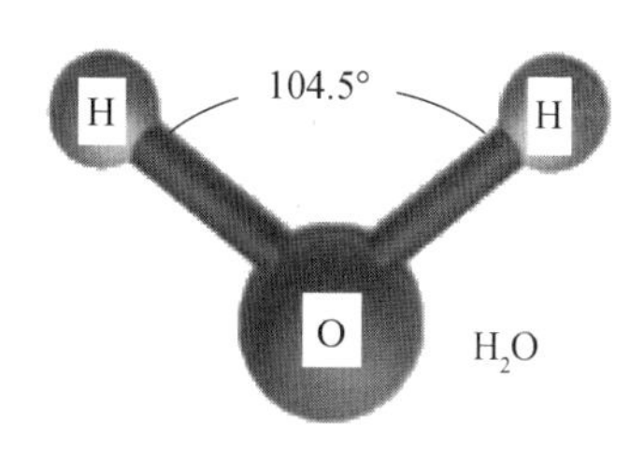

图 2-2 水分子的结构示意图

水的极性使水与环境之间的作用有了方向性。正是水分子的这种极性，使水可以溶解许多物质，我们喝的茶水、糖水、盐水，都是水中溶解了这些物质分子的结果。水同时是组成生命体的最重要成分。水对人类的重要性是不言而喻的。

除了在空中，水总是处在一定的界面内的，或者说在一定容器内，包括细胞也可以看作是水的容器。因此，水分子之间、水与容器器壁之间、水与溶于其中的溶质之间，都会因极性而出现取向排列。例如与溶质形成“水合物”。水的化学组成虽然十分简单，却体现出很多不同于其他化合物的物理化学性质。其中水分子之间因极性靠近而形成的分子团被称为“水簇”。因此，人们推测在自然状态下水并非以单分子存在，而应以分子簇的形式存在。但是直到 1977 年，科学家才利用红外光谱测试仪首次证实了二元水簇的存在。水簇是两个或多个水分子通过氢键组装形成的具有特定构型和拓扑模式的聚集体。水在许多生命和化学过程中起着十分重要的作用。

近年来，随着 X 射线衍射技术的进步，人们可以通过单晶衍射仪精确地测定晶格中水分子的位置，从而精确地描述水分子之间的氢键作用的各项参数，能够更清楚地了解水的各种物理化学行为。

2014 年 1 月，有消息称：“北京大学科学家在世界上首次拍到水分子的内部结构，并揭示了单个水分子和四分子水团簇的空间姿态（图 2-3）。这一成果发表在一期《自然-材料》杂志上。”这与近年来一系列关于水的结构的研究一样，多少为当年被嘲笑过的“聚合水”平了反。

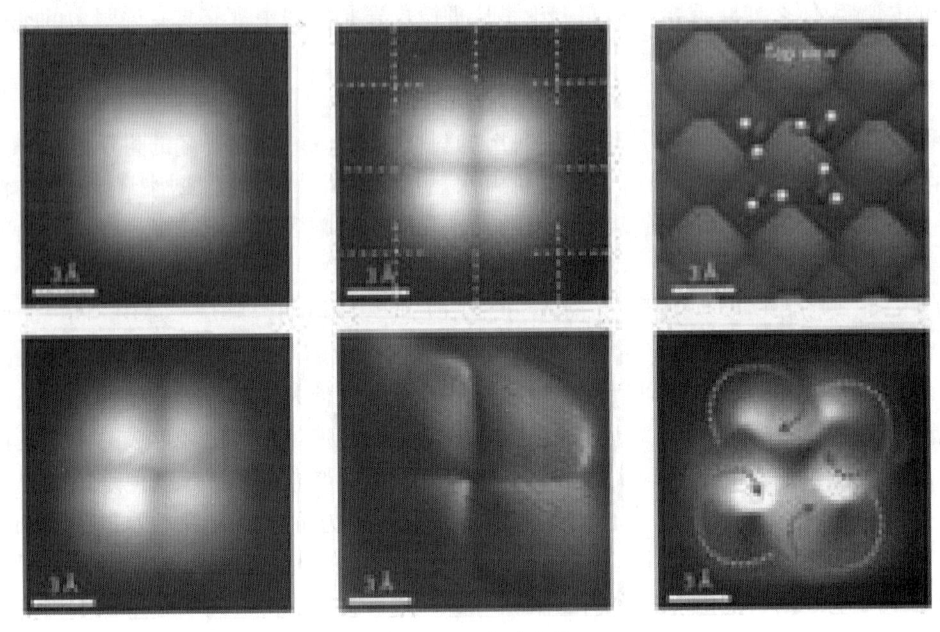

图 2-3　四分子水簇

水作为水分子的聚集体，由于较其他物质更容易通过改变聚集状态实现各种“组装”，成为可以以三态（水、冰、蒸汽）形式在自然中不停地自由转换的物质。从大海江河里的水和一切生物体内的水，到天上的云；从厨房蒸锅里散发出蒸汽到突降的大雨；从冰箱里的冰到冬天飘落的雪，所有这些司空见惯的水三态转变的情形，随时随地在进行中。在华盛顿大学生物工程系教授杰拉德·波拉克看来，水还有第四态，他以大量试验和解析证明液态水还呈现出多姿多彩的不同形态，包括已经说到的水簇现象。其要点是水在与不同界面接触中，会与界面呈现出不同的互动，从而组装出不同的水态，充分表现出水对环境的“识别”能力和基于这种“识别”做出的反应。这是物质之间除了力学、电学等场效应以外一种自发的运动形式，是水分子趋向有序的证明。

水分子的流动性使其在受到任何扰动（包括温度影响）时都会四处“游走”，因此，我们观察到的水分子的无序状态，只是它“组装”过程的“片断”。水分子会在这种运动中通过极性取向和聚集，形成各种“组装”态，从而构成水簇、水合物、双电层介质、膜介质等各种水的组装或参与更复杂结构“组装”的形态。由此，我们可以认为，在水中看似乱窜的微粒的布朗运动，其实是水分子趋向有序的运动过程而已。

上面说到的水分子“识别”环境的过程，其实质是水分子与水分子之间、水分子与其他物质界面间根据分子极性和界面极性出现的分子姿态的调整。例如在电解质溶液中的阳离子周围，会有许多水分子与之形成配位体，即“组装”成水合离子，这些聚集在阳离子四周的水分子，都会将自己负电性的一极与阳离子相吸，正极性一端朝外，形成的水合离子仍然显示阳离子极性，它的周围还会吸引第二层水分子、第三层水分子，只是这种外围的水合体与中心阳离子之间的吸引力更弱。这些外围的水分子随时会因为环境中的各种变化而离散，朝向新的界面移动。水体中的温度差、密度差都会改变水分子的运动。在电化学中称这些为梯度。不同梯度的环境引起的水分子的活度是不同的。因此，水分子始终处在活跃的状态，并且一种完全的平衡状态形成以前，表现出的是无序的活跃。以水中漂浮的花粉为例，在水分子在根据环境极性或各种梯度调整自己姿态的时候，会从不同方向撞到水中的花粉，东一下、西一下，于是花粉就在不停地做无规则的运动。

2.1.1.4 双电层的特性

（1）特性吸附

前面已经介绍过，电极在形成双电层时，电极表面的电荷极性有时是正的，有时是负的。许多研究表明，电极表面的这种不同的电性能表现在电极行为上有很大的差别。概括起来有如下几点：

① 电极表面为负电荷集聚时，溶液中的正离子在电极表面附近分布，这单纯地取决于库仑力的作用。而当电极表面集合的是正电荷时，溶液中的负离子除了在库仑力的作用下分布在双电层内溶液一侧，还受到另一种非静电力的作用，使负离子与电极表面直接接触，说明在负离子与电极分子间有分子轨道的相互作用，使负离子能停留在电极表面。这种作用力被称为吸附力或特性吸附力。

② 水分子是偶极子，在库仑力作用时，水分子也会在电极表面附近排列，从而影响双电层的结构和性能。由于水分子还可以与其他显示电性的离子形成外围水分子极性团，这对这种离子达到和进入双电层都有影响。

③ 很多有机物的分子或离子都能在电极表面吸附，并且对电极过程产生很大影响。例如电镀中的添加剂或金属防腐蚀中使用的缓蚀剂都利用了表面活性物质在电极表面的强吸附作用。有机物的活性离子向电极表面移动时，必须先去掉包围着它的水化极性膜，并排挤掉原来在电极表面的水分子。这两个过程都将使体系的自由焓增加。在电极上被吸附的活性粒子与电极间的相互作用，则将使体系的自由焓减小。只有后者的作用超过了前者的作用，体系的总自由焓减小，吸附才会发生。

（2）紧密层和分散层

双电层是由电极和溶液中异种电荷的离子相对排列构成的。溶液中离子的排列存在紧密和分散两种状态。在静电力或其他作用力大的区间，将形成紧密的离子排列层，双电层的性质主要是这个紧密层决定的。但是在这个紧密层外围，由于偶极子现象会有异种电荷的离子或分子由接近紧密层的离子向外排列，形成分散层。电极表面附近溶液的这些性质，对电极过程都存在一定程度的影响。前面在介绍电结晶过程时已经讲到，对阴极来说，进入紧密层的金属离子要摆脱水合离子、络离子配体等外围离子的包围，才能完成放电过程。

（3）双电层内离子轨道状态

我们将看到，量子诠释将电极过程表述为电子从电极向双电层中离子空轨跃迁的过程。量子化学告诉我们，离子轨道有开壳和闭壳两种状态。只有开壳状态的离子，才能接受跃迁进来的电子。离子在双电层及其扩散层内的状态受所处环境中各种因素的影响，这些影响即决定了离子在电极过程中还原成原子的难易程度。研究这些影响因素对电沉积过程的应用有重要意义。

2.1.2 双电层研究的方法

研究双电层的对象是详细估量粒子之间的各种力，从而能明确地计算出双电层结构的量化参数。作为提出理论的根据，有两个参数是必须测量的：

① 电荷一定时，接触吸附离子的覆盖度与浓度之间的关系；

② 浓度一定时，接触吸附与电位的关系。

除了这两个参数，还有一些电化学参数特别是动态电极过程的参数是必须测量的。这不只是具有理论意义，更具有重要的指导应用价值。毕竟真实的电极过程，往往是电化学应用时的过程。这正是理论研究的真正目的，即推进科技的应用，同时在应用中发展进步。

为了排除体系中多种因素的干扰，电化学普遍采用暂态法进行测量。

所谓暂态法，就是在极短时间内对过程进行测量。例如在 10^{-6}s 时间内进行闪电式测量。这种测量的好处是可以忽略表面发生的变化，并且容易保持测量的重现性，消除因杂质等引起的表面变化。

对体系进行暂态测量可以分为 A、B 两种情形。

A 情形，溶液中的反应物、中间物或产物的扩散速率产生的控制性影响。当电流密度足够高或速率常数足够大时，传质过程对动力学常有某些影响，并因此造成困难。

B 情形，在恒定电位下，表面上原子基团浓度变化而导致电流随时间变化。

2.1.2.1 极谱方法

(1) 极谱方法的原理

极谱方法也即经典的“滴汞电极”方法。这是 20 世纪 20 年代就有人开始采用的方法，到现在已经有百年历史。随着先进电子装备和精密度更高的仪器的引入，这一方法已经有了很大改进。

极谱方法常用的电极是滴汞电极，由一根内径为 50 ~ 80μm 的玻璃毛细管与储汞瓶相连，调节储汞瓶的高度，使毛细管内的汞在汞柱压力下于毛细管末端连续滴落，这就是一个滴汞电极。

滴汞电极作为极谱方法的指示电极，常用作阴极，是一个极化电极，电解过程中在其表面产生浓差极化。其优点是电极表面不断更新，重现性好；许多金属能与汞生成汞齐，它们的离子在汞电极上还原的可逆性好；汞易纯化；氢在汞上的超电位比较高，使极谱测定有可能在微酸性溶液中进行。其主要缺点：使用电位范围不能大于 +0.4V，一旦大于 +0.4V，汞要氧化；产生的电容电流限制了直流极谱法的灵敏度；汞有毒。

任何两界面都存在着界面张力，电极/溶液界面也不例外。但对电极体系来说，界面张力不仅与界面层的物质组成有关，而且与电极电位有关。这种界面张力随电极电位变化的现象叫作电毛细现象。界面张力与电极电位的关系曲线叫作电毛细曲线。

辅助电极一般采用极化很小的甘汞电极。形成回路后，测量电流强度与外加极化电势之间的关系。这类应用滴汞电极进行电化学测量的方法被称为极谱方法，测出的极化曲线被称为“极谱曲线”或“极谱波”。

在一般情况下，加在电解池上的外加电压 V 由三部分组成——阳极电势 V_a、阴极电势 V_c 和溶液中的电势降 IR，即

$$V = V_a - V_c + IR \tag{2-2}$$

这里 V_a和 V_c的值依赖于电流密度的大小。由于极谱测量中的辅助电极采用极化很小的甘汞电极，且因滴汞电极是微电极，通过电解池的电流往往很小，一般为 10^{-4} ~ 10^{-6}A。因而在测量过程中可以视辅助电极为常数。如果电解液中含有大量惰性电解质，则 IR 降也可

以忽略不计，即可以认为外加电压的变化 ΔV 实际上全部用来极化滴汞电极，如果滴汞电极作为阴极，则有 $\Delta V = V_c$。这样，以外加电压对极化电流作图得到的“分解电压曲线”实际上与滴汞电极的极化曲线完全一致，也就是说，可以用辅助电极替代参比电极。

（2）极谱方法的特点

极谱方法中应用的滴汞电极与一般固体电极相比，具有以下几个优点：

① 表面完全均匀，表面面积容易计算。这是滴汞电极的特点。

② 汞的化学稳定性高，在它表面上的氢的过电位较高。因此可以在很宽的电势范围内被当作“惰性电极”使用，在电化学研究中具有几乎不可替代的作用。

③ 汞电极除了具有上述优点外，还有不断更新的特点。首先是每一滴汞滴的寿命只有几秒钟，而低浓度的杂质由于扩散速度限制不可能在电极表面上大量吸附；其次，由于汞滴不断落下，其表面也不断更新，因此不会发生长时间内累积性的表面状态变化。因此，采用滴汞电极有利于提高测量的数据重现性，使之在电化学研究中占有重要地位。这也是它经久不衰的原因。

将这种方法用于元素分析时称线性扫描极谱分析方法。它从三个方面区别于普通的伏安分析方法：电极采用滴汞电极；电极表面仅有 Nernst 扩散层，没有对流层；电极体系为两电极体系，即三电极体系简化为两电极体系。

我们知道，当伏安分析方法的三电极体系中的辅助电极的面积足够大时，电化学池中所发生的电化学反应主要集中在工作电极上。如前所述，这时辅助电极可以作为参比电极，而从线路中将甘汞电极取消。

现代极谱方法分为导数极谱法、单扫描示波极谱法、方波极谱法、脉冲极谱法、阳极溶出伏安法等，并且都已经制成了专门的测量仪器，在市场出售。

2.1.2.2 滴汞电极上的电流特征

由于滴汞电极的面积不断随时间增大，因此极化电流是时间的函数。一般采用 I 表示滴汞上的电流强度，而不是电流密度。

滴汞从毛细管开口形成，长大直至滴落，这段时间称为“滴下时间”或滴下周期。一般来说，滴下时间为 3 ~6s。假定在如此短的时间内汞滴形状恒为球形，则任一瞬时的汞滴的面积 $S = 4\pi r^2$，滴汞体积 $V = 4/3\pi r^3$。

若用 m（g/s）表示滴汞从毛细管中流出的速度，并认为是恒定的，则在任一瞬时有

$$mt = 4/3\pi r^3 d_{Hg} \tag{2-3}$$

式中，d_{Hg} 为汞的密度（g/mm^3）。

由此，求得的汞滴的面积为

$$S = 4\pi\left(\frac{3mt}{4\pi d_{Hg}}\right)^{2/3} = 0.850 m^{2/3} t^{2/3} \ (\mathrm{cm}^2) \tag{2-4}$$

因此，如果暂不考虑电极过程本身引起的复杂情况，则滴汞电极上的电流特征主要来自电极表面的周期性变化。测量滴汞电极上的电流可以采用两种不同的方法：

① 如果测量仪器反应时间比汞滴滴下的时间短得多，则有可能测出汞滴上的每一瞬时的“瞬间电流”。

② 如果测量仪器的反应时间比滴下的时间长，则指示仪表无法跟踪瞬间电流迅速变化，因而只能在“平均电流”附近做幅度不大的振动。

2.1.2.3　现代电极研究方法

（1）旋盘电极

为了研究电极表面电流密度的分布情况，减少或消除扩散层等因素的影响，电化学研究人员通过对比各种电极和搅拌的方式，开发出了一种高速旋转的电极，由于这种电极的端面像一个盘，所以也叫旋转圆盘电极，简称旋盘电极（图2-4）。还有基于这种电极进一步改进了的旋转圆环电极等，可以测量更为复杂的电极过程的电化学参数。

这种电极的结构特点是圆盘电极与垂直于它的转轴同心并具有良好的轴对称；圆盘周围的绝缘层相对有一定厚度，可以忽略流体动力学上的边缘效应；同时电极表面的粗糙度远小于扩散层厚度。

在测量时电极浸入测量溶液不宜太深，一般以2～3mm为宜。电极的转速要适当，太慢时自然对流起主要作用，太快时则会出现湍流，不能得到有效参数，要求在旋转过程中保证电极表面出现层流状态。

利用旋转圆环（圆盘）电极可以检测出电极反应产物特别是中间产物的存在形式与生成量，或判断圆环（圆盘）电极上捕集到的盘电极反应产物的稳定性等，利用这些测量可以探测一些复杂电极反应的机理和获取更多的电极过程信息。因此在现代电化学测量中是常用的测试手段。电镀添加剂的作用机理的探讨或添加剂性能的比较，都可以用到这种电极来进行测试。

（2）旋转圆环-圆盘电极

旋转圆盘电极虽然有一些优点，但是对复杂的电化学反应的中间过程产物的检测受到限制。作为改进，有了一种新型的旋转圆环-圆盘电极。这种电极的圆盘平面如图2-5所示。

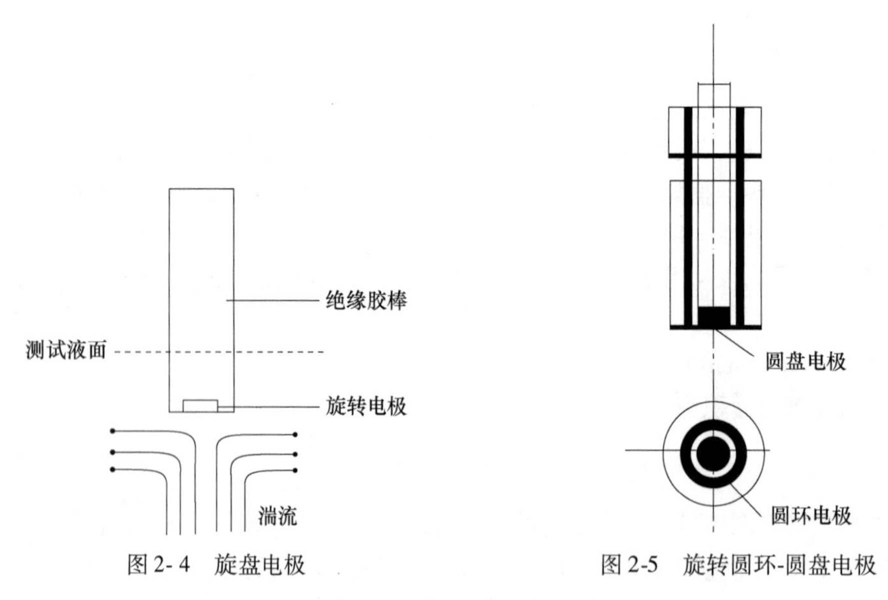

图2-4　旋盘电极　　　图2-5　旋转圆环-圆盘电极

在圆盘电极的同一平面上装有与其同心的圆环电极。圆盘与圆环电极之间以绝缘材料隔离。圆盘电极通常用被研究电极的材料制成，圆环电极一般用惰性的贵金属材料制成。根据理论计算和实际要求，绝缘层越薄越好。其他有关电极装置的配置与旋转圆盘电极的要求一样。

如果某一多步骤电极反应在旋转的圆盘电极上进行，这一过程可以表示为

$$A \xrightarrow{n_{1e^-}} B \xrightarrow{n_{2e^-}} C \tag{2-5}$$

式中，A 为反应物；B 为中间产物；C 为最终产物。

随着反应的进行，有产物 B 或 C 从圆盘电极被液流输送到圆环电极。如果圆环电极上有一个恰当的电位，可以让到达的中间产物在圆环上全部迅速地参加电极反应，就可以根据环电极所控制的电位来判断中间产物的种类，并由环电极上的电流值推算其生成量，从而在环电极上灵敏地检测到中间产物的信息。但是，由于绝缘层的存在和轴向对流的冲击作用，中间产物不可能全部都在环电极上进行反应，因此，在环电极上反应电流（简称环电流）I_R 是圆盘电极上反应电流（简称盘电流）I_D 的一个分数。这个分数表示旋转圆环-圆盘电极的捕集系数 N：

$$N = \frac{I_R}{I_D} \tag{2-6}$$

这种电极通常用来研究复杂的电极反应，并提供反应机理方面很多有用的信息，对包括复杂的氧化-还原反应、有机电极过程和金属的电极过程的研究等有广泛应用。

（3）综合测试仪（电化学工作站）

电化学工作站是电化学测量系统的简称，是电化学研究和教学常用的测量设备。将这种测量系统组成一台整机，内含快速数字信号发生器、高速数据采集系统、电位电流信号滤波器、多级信号增益、iR 降补偿电路，以及恒电位仪、恒电流仪，可直接用于超微电极上的稳态电流测量。综合测试仪如果与微电流放大器及屏蔽箱连接，可测量 1pA 或更低的电流，如果与大电流放大器连接，电流范围可拓宽为 ±2A。某些试验方法的时间尺度的数量级可达 10 倍以上，动态范围极为宽广。综合测试仪可进行循环伏安法、交流阻抗法、交流伏安法等测量。“工作站”可以同时进行四电极的工作方式。四电极可用于液/液界面电化学测量，对大电流或低阻抗电解池（如电池）也十分重要，可消除由于电缆和接触电阻引起的测量误差。仪器还有外部信号输入通道，可在记录电化学信号的同时记录外部输入的电压信号，如光谱信号等，这对光谱电化学等试验极为方便。

电化学工作站已经是商品化的产品，不同厂商提供的不同型号的产品具有不同的电化学测量技术和功能，但基本的硬件参数指标和软件性能是相同的。

2.1.2.4 电极过程的直接观测

在对电镀过程的研究中，经典的电极过程行为的测试都是间接的方法。对过程的直接观测限于技术手段而难以实现，在有了电子显微镜技术后，可以对表面状态进行静态的微观观测，但对动态的过程进行观测还是存在一定困难，近年来随着微电子技术的进步，通过光电子传感器等对微观过程的表面进行观测已经成为可能。这种表面过程的直接观测实际上是通过光电子传感器将表面过程信息经电子显微镜放大后由电子计算机终端进行显示。

对表面进行观测所用到的技术涉及微电子技术、显微技术、计算机及解析软件、微传感技术等。所用到的设备有各种扫描型显微镜，比较典型的有以下几种：探针式扫描显微镜（Scanning Probe Microscope，SPM）；隧道式扫描显微镜（Scanning Tunneling Microscope，STM）；原子间力显微镜（Atomic Force Microscope，AFM）；场式扫描型光学显微镜（Scanning Near－field Optical Microscope，SNOM）；激光扫描显微镜（Scanning Laser Microscope，

SLM)；电化学扫描显微镜（Scanning Electro Chemistry Microscope，SECM），等等。

这些显微技术在现代传感器技术的支持下，可以对表面进行微观静态或动态的观测，从而更加直观地获取表面过程的信息。

（1）电化学显微镜的应用

图 2-6 是用于电极过程直接电化学显微测试装置 SECM 的原理图。

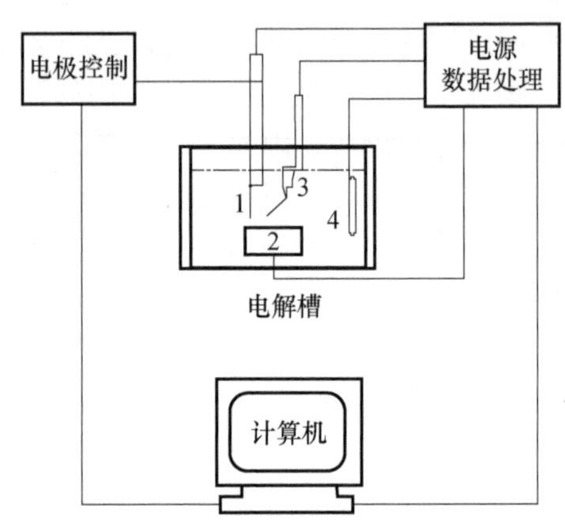

图 2-6 电极过程显微测量

1—工作电极；2—被测电极；3—参比电极；4—计算机传感器

它是通过在被测电极 2 上方的任意高设置的工作电极（探针）1 在二维方向上扫描来获取信息，通过参比电极 3 和计算机的传感器将收集到的研究电极 2 的表面信息进行处理后，以计算机进行解析而以直观图形表现表面的状态。

使用这套装置可以观测电沉积溶液中各组分及添加剂等对电沉积过程的影响，其沉积层的形貌可以通过计算机屏幕观测，比较不同主盐浓度或不同添加剂和不同条件下不同的镀层组织形貌，可以确定最佳的镀液组成和合适的添加剂。

这类直接观测装置的共同点是都使用了显微技术的同时，采用了计算机解析和屏幕显示技术，这与计算机科技的进步和微传感器的采用是分不开的。这类装置的应用结束了以往只能通过测量极化曲线来间接了解表面双电层信息的历史。

首先，利用电化学扫描显微镜（SECM）可以直接观测电沉积物的微观结构。利用针状测试头与被测电极的近距离接触可获得过 1μm 的解析度。对有些镀层甚至可以获得更精确的解析度，如银的析出，可以达到 0. 2μm。这种测试也可以用于溶解过程、腐蚀过程或其他电化学过程，如钝化过程等。

利用 SECM 还可以更精确地确定一些重要的电化学参数，包括对高速化学反应的解析、离子迁移数、钝化电流、腐蚀电流等的测量。

更重要的是，利用 SECM 不仅可以对固液界面进行测量，而且可以对液液界面和生物活性样本进行测量。不仅可以测量完全反应的结果，如金属的沉积或溶解，还可以对一些中间过程或副反应也进行测量，从而使研究人员更多地了解电化学反应的真实过程，并且对这些过程做出适当的有利于改进这些过程的调整。

由于可以在分子水平对电化学过程加以研究，这对表面活性剂的选择、配体的选取、表面性能的改善等都有重要意义。

（2）表面过程的动态观测

通过显微技术来观测表面的微观状态并不是现在才有的新技术，但以往的观测样本只能是静态的，并且对样本的制作也有许多限定和要求，这就限制了其应用的领域。现在的直接观测技术的一个重要的功能是可以对有些过程进行动态的观测，这对确定精确的工艺参数和各项工艺指标都有十分重要的意义，并且有可能通过直接观测而修定一些以往由于间接测量所得出的错误结论。

表面过程的直接动态观测包括结晶过程，晶粒成长、取向，表面吸附、解吸，表面接触、摩擦、磨损，电沉积过程，离子迁移过程等。例如，等离子体膜的密度是活性等离子体膜在制作过程中的重要参数，在实际测量中由于各种干扰而很难准确测量，当这些微粒的带电量和密度都较大的时候，微粒间的库仑力大于每个微粒的热运动量，使粒子的热运动减速，这时以激光照射这些微粒，就会因其不同的反射状态而使其具有可视性，经计算机进行解析后，这种由于粒子间距离大小和排列层数（厚度，也就是成膜过程中的影响膜厚的因素如时间等）不同而产生的不同反射参数，就可以转化为密度。这就是 SLM 测量等离子体密度的简要原理。

表面过程的直接观测对改善表面过程和开发新的表面技术有重要指导意义，是今后表面技术开发中的重要检测手段。

2.1.3 溶液体系

构成电极体系界面的另一侧是电解质溶液，即使溶液中没有溶解任何电解质，电极在水溶液中也会形成双电层，这就是上节说到的自发双电层。这种电极电场中的电势，源于水是极性分子。

2.1.3.1 电解质

电解质溶液是经典电化学研究的重点，也是应用电化学的重点。电镀工艺学研究的主要对象也是电镀溶液。

为了建立起相关知识的连续性，我们在这里复习中学化学中学过的内容。

能够在溶液中形成可自由移动离子的物质，叫作电解质。由于水是最常用的溶液，因此如果没有特别说明，我们所谈到的溶液，都是水溶液。

电解质根据其电离程度可分为强电解质和弱电解质，几乎全部电离的是强电解质，只有少部分电离的是弱电解质。

电解质都是以离子键或极性共价键结合的物质。化合物在溶解于水中或受热状态下能够解离成自由移动的离子。电解质不一定能导电，而只有在溶于水或熔融状态时电离出自由移动的离子后才能导电。离子化合物在水溶液中或熔化状态下能导电；某些共价化合物也能在水溶液中导电，但也存在固体电解质，其导电性来源于晶格中离子的迁移。

我们在学习化学时就已经知道，化合物有离子键化合物和共价键化合物两类。电解质同样也有这种分类，即本身就是离子键化合物的电解质，进入溶液后完全离解为相应的离子，即带正电的阳离子和带负电的阴离子。

例如我们每天都会用到的食盐（NaCl），就是典型的离子键化合物，将其溶入水，就会离解成钠离子和氯离子：

$$NaCl = Na^+ + Cl^-$$

氯化氢分子（HCl）表面上看与氯化钠的结构相似，其实不是离子键结构而是共价键结构，氢原子和氯原子共享一个电子对而使自己处于稳定状态，在进入溶液后，在水分子的作用下发生以下离解：

$$HCl + H_2O = H_3O^+ + Cl^-$$

以上所举的例子是盐和酸的电离，碱也同样是电解质，比如同样是离子化合物的氢氧化钠：

$$NaOH = Na^+ + OH^-$$

通过这几个例子，我们可以知道，酸、碱、盐都属于电解质，它们溶于水时都发生电离，生成相应的阳离子和阴离子。

酸电离时生成氢离子和酸根离子：

$$HCl = H^+ + Cl^-$$

$$H_2SO_4 = 2H^+ + SO_4^{2-}$$

$$HNO_3 = H^+ + NO_3^-$$

$$H_3PO_4 = 3H^+ + PO_4^{3-}$$

由以上电离式可见，所有的酸电离时生成的阳离子都是氢离子。事实上酸的性质正是由氢离子决定的。

碱电离时生成带正电的金属离子和带负电的氢氧根离子：

$$NaOH = Na^+ + OH^-$$

$$KOH = K^+ + OH^-$$

$$Ca(OH)_2 = Ca^{2+} + 2OH^-$$

$$Al(OH)_3 = Al^{3+} + 3OH^-$$

所有的碱电离时都生成氢氧根离子，碱的性质实际上就是氢氧根的性质。而盐电离时则生成带正电的金属阳离子和带负电的酸根阴离子：

$$NaCl = Na^+ + Cl^-$$

$$CuSO_4 = Cu^{2+} + SO_4^{2-}$$

$$AgNO_3 = Ag^+ + NO_3^-$$

强酸、强碱和它们生成的盐，在水溶液中几乎是完全电离的，我们将能够完全电离的电解质称强电解质。还有一些电解质在溶液中只有部分分子电离，多数仍保持分子状态，这种电解质就是弱电解质。例如醋酸（HAc）：

$$HAc \rightleftharpoons H^+ + Ac^-$$

式中的双向箭头等号$\rightleftharpoons$表示这一过程是可逆的。也就是说氢离子和醋酸根离子也会由于相互吸引而由电离状态回复到分子状态。事实上包括强电解质在内，这种逆向反应也是存在的，只是不占主导地位。

2.1.3.2 电离度和离解平衡

弱电解质电离后的离子间的这种双向反应达到平衡时，反应式两边的分子和离子的浓度可以看作不再变化，并且有一个定量的关系，这就是当电离达到平衡后，已经电离的溶质分子数与溶质分子总数的比值可以用来定量地表述电离所达到的程度。这个比值就叫电离度，通常用 α 表示。

$$\alpha = \frac{[\text{已电离的分子数}]}{[\text{溶质分子总数}]} \tag{2-7}$$

以醋酸为例：由醋酸的电离式可知，每一个 HAc 分子电离，就可以生成一个 H^+ 和一个 Ac^-，则醋酸的电离度可以表示为

$$\alpha = \frac{[H^+]}{[HAc]} = \frac{[Ac^-]}{[HAc]} \tag{2-8}$$

电离度的大小与许多因素有关，首先取决于电解质的本性，与溶液的温度、浓度等都有关系。

表 2-1 是几种类型溶液的电离度。

表 2-1　0.1mol 溶液的电离度

类别	电解质	电离度（α）
酸类	硝酸（HNO_3）	0.92
	盐酸（HCl）	0.92
	硫酸（H_2SO_4）	0.58
	磷酸（H_3PO_4）	0.27
	氢氟酸（HF）	0.085
	醋酸（HAc）	0.014
	碳酸（H_2CO_3）	0.0017
	硫氢酸（H_2S）	0.0007
碱类	氢氧化钾（KOH）	0.89
	氢氧化钠（NaOH）	0.84
	氢氧化钡［$Ba(OH)_2$］	0.77
	氢氧化氨（$NH_3 \cdot H_2O$）	0.017
盐类	M^+A^- 型	0.80～0.90
	$M_2^+A^{2-}$ 型	0.70～0.80
	$M^{2+}A^{2-}$ 型	0.35～0.45

2.1.3.3　离解平衡

离解平衡也是表示电解质性质的一个重要概念。它定义已经离解的电解质和没有离解的电解质之间达到平衡时的量的关系，称为离解平衡常数，通常以 K 来表示：

$$K = \frac{[\text{阳离子}] \cdot [\text{阴离子}]}{[\text{未离解的电解质}]} \tag{2-9}$$

以醋酸为例，当其在溶液中达到平衡时，其平衡常数为

$$K = \frac{[H^+] \cdot [Ac^-]}{[HAc]} \tag{2-10}$$

电解质离解平衡常数的值在温度一定时，与溶液的浓度无关。对电解质溶液，其浓度的作用是肯定存在的，但是，由于电解质溶液中各种离子之间存在着相互影响，即便是已经离解了的离子，还是与周边的其他不同电荷的离子存在静电作用。由于水分子也是极性分子，水分子也对不同大小的离子有着不同的水合作用。这些因素都会对离子在溶液中作为单一离子的作用产生影响。

对电化学过程，溶液中的离子不只是传导电能，而且有些离子要参与电极反应。离子在溶液中运动既有能量的传递，也有物质本身的传递，这一过程叫作传质。例如从阳极溶解下来的金属离子，在电场作用下向阴极移动，所经历的行程中，会受到各种因素的影响，对这些影响都有相应的定量的表述。

与传质有关的电化学参数如下：

（1）活度

我们所讨论的电解质溶液基本上都是强电解质溶液，但是，就是在这种强电解质溶液中，离子也不是完全处于自由离解的状态。离子之间的相互作用，使离子参加化学反应和电极反应的能力有所减弱。当我们要定量地描述电极过程时，不能简单地将所配制的电解液的浓度作为依据，而是要根据其参加反应的程度进行修正。修正后的浓度参数就叫活度，也可以称为有效浓度。电解质的活度可以由试验测得，但通常是测量活度与溶液 c 的比值 γ。

当我们以 a 表示活度，则活度与浓度 c 关系为

$$a = \gamma c \tag{2-11}$$

式中，γ 为活度系数，其值可从化学手册中查到。

物理化学中规定固态物质的活度为 1，当溶液的浓度无限稀时，可以认为 $a = c$、$\gamma = 1$。

但是对较高浓度的强电解质溶液，就不得不用活度来取代浓度了。例如 1mol/L 的 NaCl，其活度为 0.67mol/L。

（2）离子迁移数

离子在电场作用下的移动称为电迁移。由于一种电解质通常总是离解为电荷相反的两种离子，两种离子分担着导电任务，阳离子迁移数为 t_+，负离子的迁移数为 t_-，则有

$$t_+ + t_- = 1 \tag{2-12}$$

离子的迁移数比离子的浓度、运动速度和所带的电荷等更真实地表示了离子对导电的贡献。离子的迁移数与离子的本性有关，也与溶液中其他离子的性质有关，因此，每一种离子在不同的溶液中的迁移数是不同的。常用离子的迁移数可以从手册中查到，但手册中所列举的是只有这一种离子导电时的迁移数。如果溶液中有几种离子存在，则其中某一种离子的迁移数比它单独存在时小。例如在单纯的硫酸镍溶液中，镍离子的迁移数是 0.4 左右，即镍离子迁移全部电量的 40%。但是，如果在这一溶液中加入一定数量的硫酸钠，则镍离子的迁移数明显变小，甚至可以小到趋近于零，即镍离子这时根本不迁移。

（3）扩散系数

在电解质溶液中，如果存在某种浓度差，即使在溶液完全静止的情况下，也会发生离子从高浓度区向中低浓度区转移的现象，这种传质的方式就叫扩散。

当我们将电解质溶液中单位距离间的浓度差称为梯度时，如果这个梯度为 1，离子扩散传质的速度就是扩散系数 D。它的单位是米/秒（m/s）。

2.1.4 电极

2.1.4.1 电极的概念与类型

电极的概念是法拉第进行系统电解试验后在 1834 年提出的，原意只指构成电池的插在电液中的金属棒。电极是电池的组成部分，由一连串相互接触的物相构成，其中一相是电子

导体——金属（包括石墨）或半导体，另一相必须是离子导体——电解质（这里专指电解质溶液，简称电解液或电液）。结构最简单的电极应包括两个物相和一个相界面，即（金属|电液）和这两相相接触的部位。这个部位就是界面，也是我们本章将要重点考察的对象，即双电层。

电极概念源于电池，但电极的应用不只是电池，还包括电沉积（电铸、电镀等）、电解、电催化、电渗析等。电极作为电子导体，在这些应用中是有共性的，这个共性就是提供或接收电子。我们可以将电极定义为接收或供给电子的载体。

电极的材料多数是金属，但也有半导体或其他能提供或接收电子的材料。由于金属是电极的最常用材料，因此，我们在讨论中除了特别指明时，所说的电极都是金属电极。

显然，电极都是导体，也就是可以让电能顺利通过的材料，即通常说的导电材料。但是，我们知道，潮湿的木料、纸张都有可能成为导体，在强大的高压之下（例如雷电），所有材料都会成为导体。这些平时表现为非导体的材料我们称为绝缘材料或介电材料，是阻止电流通过的材料，即电阻值极高的材料。金属材料能导电则是它们的电阻很小，能让电能顺利通过。所谓电阻，是电子在其隧道中行动的难易程度，电阻越大，电子穿过隧道就越困难，甚至完全不能通过，这正是强电介材料的特质。例如高压线上的绝缘子必须采用这类材料制造。

由于电能是当代最常用和最普遍的能量，物理电极的使用非常普遍，且分类繁多。而我们讨论的电极是电化学体系中的电极，也是法拉第定义的电极。只不过现在对电化学电极的认识，比当初的经典认识要深入得多。

经典的电化学电极过程被描述为失去或得到电子的过程，即在电极表面发生了氧化或还原反应。因此，一个电极体系也被称为电化学氧化-还原体系。在这些体系中电子虽然是一个重要参数，但它都是一个定性的物理量，通常用 e 来表达。

根据电极发生的电化学反应，人们将发生还原反应的电极称为阴极，即反应物在电极上获得电子的过程；将发生氧化反应的电极称为阳极，即反应物在电极上失去电子的过程。研究这些反应的动力学特征时，电子的状态是不被考虑的。电子在这里是同质的和不变的。

但是，在量子电化学看来，电极上电子的状态是量子态的。对电极和电极上电子的行为需要用量子态来描述。这种描述更接近电子在电极过程中的真实行为。

电极对电镀来说非常重要，因为电极既是为电镀过程提供能量的电源，也是形成产品的载体。由装置在镀液中的阴极和阳极与电源连接构成了电镀体系。阴极上安放着被电镀的产品，阳极则提供电源回路并向溶液提供金属离子（通常为可溶性阳极）。这一装置如图 2-7 所示。

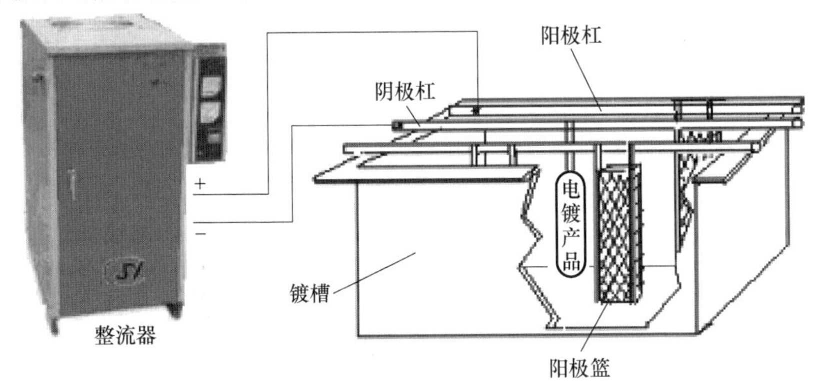

图 2-7　电镀装置

由于本书主要讨论的是量子理论在电镀技术中的应用，因此，本书中所说的电极，除了研究电极、测试用电极等概念电极外，大多指电镀中的阴极，在涉及阳极时，则会专门指出为阳极。

我们在绪论中已经对电镀的定义做了说明，但是电镀还可以有多种描述的方式，例如，我们可以说电镀是使用电源进行电化学加工并且从电极上获得所需要的产品的过程。显然，电极是电镀过程中最重要的研究对象。

2.1.4.2 电极上的电子

量子电化学有别于经典电化学的一个重要区别就是将讨论的重点放在电子上。用对电子的行为和结构的研究来补充和深化电化学。经典电化学研究的重点在离子。

对电极上的电子，在由电极穿过界面向溶液转移时，先由基态向激发态转变后才具备穿过界面的能力。这一过程称为电子的跃迁。这是电极过程中最为本质的过程。同时在进入离子的外层空轨道时遵循量子力学原则，这在经典电化学中是没有关注的领域。我们会在以下几节中详细探讨这一过程。

要认识这一过程，需要先对电子有一个了解。

电子作为一个时代的标志，几乎是当代使用量最多的一个词，电子时代、电子工业、电子商务、电子电镀等。同时，我们不只使用“电子”这个词，而且几乎每天都要操控电子，让它为我们服务，打开或关掉开关就是最常见和普及的操控电子的行为。电子令行禁止，绝对听从指挥。但是，天天与电子打交道，对电子的身份和真容我们认识多少呢?

人类早在原始时代就从自然的闪电中认识了电。它造成森林大火，划破夜空的宁静，一定给古人留下了极其深刻的印象。只是人类那时还没有文字，也就没有留下任何记录。人类中的智者于奴隶社会时期就发现了静电现象，希腊的泰勒斯就将观察到的摩擦琥珀能吸引碎屑的现象写了下来。直到 17 世纪，才又有一位医生有意识地研究了琥珀产生静电的现象，电子的行为从此受到更多关注，直到通过阴极射线管捕捉到电子的踪迹。

电子是物质结构材料中最早被发现的基本粒子。电子带负电，是构成原子的重要组分。它与带正电的质子以弱相互作用力维持原子的电中性和原子的稳定性。处于稳定运行状态的电子是电子的基态。人们常以电子一词的英文 electro 字头 e 代表电子。

电子的质量为 9.10956×10^{-31}kg，是基本粒子中最轻的一种，因此也被归为轻子类。所带电量为 1.60217×10^{-19}C（库仑）。电子是极小的基本粒子，它有多小呢? 如果把一个针尖比喻为一个篮球场，那么一个电子只是这个球场上的一粒极细小的沙子。如果要用宏观的尺子来测量电子，以米（m）为单位，它的大小的只是 1×10^{-16} 数量级，质量只有 0.9×10^{-38}kg，小到即使用一般的显微镜也看不到!

电子在原子核外围绕核子高速飞行，并且自己也在不停地旋转，分别为左旋和右旋两个方向。一个容纳 2 个电子的次轨道中，不允许有两个自旋相同的电子，这就是“泡利不相容原理”，因此如果有两个电子在一个轨道，它们一定是自旋相反的，通常用↑↓表示。

我们经常会听到“自由电子”一说，其实电子是并不自由的，受到许多约束。例如电子进入原子核外轨道不是随意的，而是有一定数量和形态的规定。例如第一层只能容纳 2 个电子，并且这两个电子必须是自旋相反的。第二层最多只能有 8 个电子，它们也只能以自旋相反的规定一对一对地在各自的分轨中运行，第 n 层则有 $2n^2$ 个电子。但最外层又最多只能有8个电子。最外层和次外层的电子由于离原子核较远，动量比较大，又容易受到外力影响，因此会在最外层电子层间跳跃，这就是我们常说的“自由电子”。外层电子如果处在激发状态，电子容易脱离原子而“跑掉”。这时它们也许有短暂的自由，成为离域的电子，然后还是会进入别的轨道，成为新的核子的俘虏。因此，我们对电子的运动形态，可以做出以下归纳：

① 电子有两种运动状态——基态和激发态。这两种状态依环境的改变而改变。例如受力、温度变化等。

② 处于基态的电子表现为“本征”性质，即组成原子，平衡质子电性而保持原子中性。这时电子是“不导电”的，即不发出能量。所有非导体都是电子处在本征态时表现出的物理现象。

③ 处在激发态的电子，是量子化的电子，它在核子外不同轨道间跳动时放出能量，电流和电磁波是它分别作为粒子态和波态做的功。

④ 导体是电子在激发态时将电功传送出去的载体。电子并没有离开导体中的原子去流浪，而是以电子在原子外层能级间的跃迁而释放的“位能”（正极）向低位能端（负极）传导。电能只有在构成的电子回路中才得以释放，如果开关不打开，回路不通，电能就不会传导。

⑤ 电子在核外电子轨道中的运动是极高速的（接近或等于光速），这么高的速度使它的轨迹就像云一样包围着核子，因此电子轨道是以电子云的状态呈现的。电子在“云”轨层中的具体位置无法精确确定，它出现在任意一处的状态只能是一种概率。

⑥ 电子也确实有离开原子的时候。这时这些转移的电子一定会进入其他结构中去，构成新的原子或分子，而失去了它们的原子或分子就不再是原来的原子或分子，而成为离子。例如氢失去一个电子后就不再是气体，而是一个质子，并且表现出完全不同于氢气的性质。

显然，电极过程中电子从一类导体向二类导体转移的行为，正是上述第（6）条所说的行为。

正如我们在绪论中已经说过的，这一过程的最显著特点是极高速下大量离子的空轨被快速而连续的电子一一填充，还原为原子并组装在金属晶体内。注意极快速和连续，这是我们宏观可以观察到的在电镀槽中一通电就能连续从阴极产品表面得到金属镀层的结果做出的判断。这种惊人速度只能是电子以量子态从电极向双电层中离子轨道跃迁的结果。这时电子是量子态的，它仍按照泡利不相溶原理一个一个或一对一对地进入空轨，让一价或多价态的离子有序地还原为原子，再“组装”成镀层。

需要指出的是，这个电沉积过程的量子解释是电子能量足以进入金属离子轨道的情况。如果电子能量不足，在它穿越势垒后最容易进入的空轨是质子的空轨，也就是氢离子的还原，并“组装”成氢气从电极上析出，这一过程将使电流效率下降。这时我们就可以理解，金属离子还原的电流密度对应的电极电位，是电子能量足以进入金属离子空轨时的电位。在电子不能获得足够的能量时，电极上还原的是低能态的原子，例如氢原子或其他低电流密度下可以还原的金属离子。例如，在镀镍槽中以低电流密度电解，将作为杂质的铜离子还原出来，就是利用电子能量差别而进入不同离子轨道的行为。

事实上，不同的离子在电解液中被还原出来的难易程度与电极上跃迁的电子与处在开壳状态的离子轨道之间能级的匹配程度有关。只有能级相同的电子才能进入同一能级的离子空轨。

因此，根据经典的电化学理论以电流密度、温度、离子浓度参数控制影响电极过程，或通过添加剂的方式影响结晶过程，甚至外加物理场影响电极过程，本质上，都将是以影响电子和离子的能态，来获得所需要的离子还原过程，从而获得不同效果的最终镀层。这一过程不只是对单一金属离子的电化学还原有意义，对形成多种合金、复合镀层等也特别有意义。这些电沉积方法可以制取用冶金方法无法获得的各种特殊的合金，具有重要的实用价值。

2.1.4.3　电子的量子态

电极过程涉及电子从电极穿过界面到溶液的转移。电子在这个过程中的行为是我们所关注的。

量子力学告诉我们，电子既具粒子性又具有波态性，即电子本身也具有波粒二象性。电子的状态（或者说量子态）是用电子的自由度来表征的。譬如，一维自由电子只有一个自由度，所以只要一个参量来表示就可以了，一般用电子的动量来表征。束缚在原子中的电子则需要 4 个物理量来表征，分别是 n（壳层）、l（轨道）、lz（磁量子数 m）、s（自旋）。

要知道电子在某个地方的概率，需要知道的是电子的波函数，而且必须是以电子的坐标为自变量的波函数的形式。波函数的模的平方就是电子的位置的概率。

如果将一个量子态作为一个固定不变的态，那么只能说电子是否处于这个量子态上，而不能说电子的量子态是否改变了。电子的状态一般是用波函数来表征的，也可以用能量来表征。一般来说，在非简并的情形下，两者是等价的。因为波函数本来就应该是电子各自由度的函数，而能量同样也应该是电子各自由度的函数，而且能量和波函数就是本征值和本征矢的关系。

电子从没有外力到受到外力的作用，状态一定发生了改变，这时候我们需要写出电子的哈密顿量，然后求解电子的波函数，才能得到电子到底是哪个自由度发生了改变。当然我们可以通过一系列分析与推理得出结果来。下面回顾科学家对电子研究的历史。

1927 年，美国贝尔实验室的戴维孙和他的助手革末在美国《物理评论》上发表了发现电子衍射的试验结果，从而证明电子也有波动性。他们早在 1921 年就开始从事这项研究，但是在去英国牛津参加一次科学年会时，听到玻尔讲到德布罗意提出波动理论时预言过电子衍射，于是由不经意的试验转为主动研究这一现象，终于实现了电子衍射，并且与德布罗意的计算结果相符。同一时期汤姆逊也在英国《自然》杂志上发表了发现电子衍射的论文。这样，1937 年，汤姆逊和戴维孙一起获得了诺贝尔物理学奖。

戴维孙和革末发现，当电子在镍单晶表面上反射时，有干涉（衍射）现象产生。从镍表面反射出来的电子表现出显著的方向性。在同入射束成 50°角的方向上反射出来的电子数目最多。这同 X 光在晶体表面上反射所产生的衍射类似，只能用电子具有波的性质来解释，设入射（电子）波的波长为 λ，则衍射花样的第一极大的角度 θ_m 由下式给出：

$$d\sin\theta_m = \lambda \tag{2-13}$$

式中，d 是晶格常数。

从晶体表面相邻两原子（离子）所散射出来的波，如果在 θ_m 方向上的光程差为 λ，就会加强而产生极大值。由式（2-13）可以计算出 54eV 的电子束的相应波长：

$$\lambda = 2.15 \times \sin 50° = 1.65\ (\text{Å}) \tag{2-14}$$

德布罗意在光的波粒二象性的启发下，根据经典质点力学同几何光学十分相似的特点，在1923—1924年间提出物质波的假说：一个能量为E、动量为P的质点同时也具有波性质。其波长λ由动量P确定，频率ν则由能量E确定：

$$\lambda = h/P \quad \nu = E/h \tag{2-15}$$

用式（2-15）计算出来的波长与上述试验结果一致。因为能量$E = 54\text{eV}$的电子的动量$P = (2mE)^{1/2} = (2 \times 9.1 \times 10^{31} \times 54 \times 1.6 \times 10^{-19})^{1/2} = 3.97 \times 10^{-24}$（kg/s），于是就有$\lambda = 6.6 \times 10^{-34} / (3.97 \times 10^{-24}) = 1.66 \times 10^{-10}$（m）$= 1.66$Å。

1928年以后，人们还拍摄到电子束通过薄云母片或金属箔所生的衍射花样的照片，与X光通过这类物体时所产生的衍射花样完全类似，并且由此测得的波长也同样可以用式（2-14）计算出符合的结果。进一步的试验还发现，不只是电子具有波动性，其他一切微观客体如原子、分子、质子、中子、α粒子以至大分子等也无不具有类似的波动性。其波长同用式（2-15）计算出来的完全一样，这就终于确立了物质波的假说，确认波粒二象性是一切物质（包括电磁场）所普遍具有的属性。

2.1.4.4 电子的波函数与波动方程

在经典力学中，一个质点的运动状态是由它的空间坐标r随着时间的变化，即作为时间t的函数$r(t)$来描述的。$r(t)$遵从牛顿的运动第二定律的方程：

$$F = m \cdot \frac{d^2 r}{dt} \tag{2-16}$$

式中，m为质点的质量；F为作于质点的力。

从微分方程解出$r(t)$，再加上一些初值条件，就可以知道质点运动的全部情况，特别是它的轨道。

但是，从上面对微观客体的波粒二象性的分析，我们看到，经典力学中关于质点运动的轨道的概念不适用于微观客体，必须放弃。因为微观客体具有波动性质，而且是针对一种统计学意义下的波——概率波。这种波在空间某处的强度只确定微观客体以微粒形式出在该处的概率，而不能确定微粒在什么时刻到达什么地方。因此，微观客体的运动状态要用波的概念来描述。

定量地表示微观客体运动的概率波，必须有这种波的数学表达式及它所遵从的变化规律。前者是波函数，用来替代经典的函数$r(t)$，后者是波动方程，用来替代经典力学的牛顿方程。

先考虑波函数。

既然概率波决定着微观粒子在空间不同地点出现的概率，那么，在一定的时刻t，概率波应当是空间位置(x, y, z)的函数。我们把该函数写为$\psi(x, y, z, t)$或$\psi(r, t)$，称作波函数。

在光的电磁波理论中，光波是用电磁场$E(x, y, z, t)$和$H(x, y, z, t)$来描述的。光在某处的强度与该处的$|E|^2$或$|H|^2$成正比。与此类似，概率波的强度应与$|\psi(r, t)|^2$成正比。

因此，$|\psi(r, t)|^2$正比于在t时刻粒子出现在空间(x, y, z)这一点的概率或者

更确切地说，$|\psi(r,t)|^2 dxdydz$ 正比于在 t 时刻出在空间（x，y，z）这一点的一个体积元 $dxdydz$ 内的概率，而 $|\psi(r,t)|^2$ 则为概率密度。

应该注意的是，由于 $|\psi|^2$ 所代表的是粒子在空间各不同地点出现的概率，所以重要的是 $|\psi|^2$ 在空间不同点的比值；也就是说，设 C 为一任意常数（可以是复数），则 $C\psi$ 和 ψ 所描述的是同一概率分布（或同一个波）。因为 $|C\psi|^2$ 的比值和 $|\psi|^2$ 比值是一样的。

量子力学中的概率波的这一性质同经典概念中的波的性质不一样。对经典波来说，波函数乘上一常数 C 意味着波的振幅改了 $|C|$ 倍。在经典理论中，波的能量与振幅的平方成正比，因此相应的能量改变将改变 $|C|^2$ 倍，而 $C\psi$ 和 ψ 不能代表相同的波。

在电子被证明也具有波动性后，电子的波动方程也随之建立。应当强调，描述电子运动的波动方程代表着一种新的客观规律。在物理学的发展历史上，这种新的规律一般说来总是根据大量的试验结果总结出来的。但是，由于电子的波函数本身不是一个直接可测的物理量（原则上，直接可测的是它的绝对平均值的平方——概率），直接通过试验来寻求或建立相应的波方程是困难的。

薛定谔在德布罗意关于物质波的概念的启发下，通过对力学和光学的分析、对比提出了电子的波动方程。

可以设想，由于电子波的波长极短（大约为 10^{-10}m），在通常情况下，电子表现为一个经典微粒，并遵从与几何光学对应的经典质点力学的运动规律（牛顿力学）。

但是，到了原子的范围（约 10^{-10}m）内，经典力学就像几何光学在波长与物体大小相等时不适用一样，必须由某一更为精确的波动力学来替代。于是，薛定谔把从波动力学方程出发做近似而得到几何光学的基本方程的推导反过来，从经典力学的基本方程出发建立波动力学的基本方程。这样的思想很有启发性，但在今天看来，它并不总是能够导致正确结果。

这里不介绍薛定谔的原来方法，而是从最简单的特殊情形出发，讨论一个自由电子运动的平面波所满足的方程，然后加以补充和推广，提出普遍的波动方程。

我们知道，一个沿着 x 方向传播的平面波可以表示为

$$A\cos(kx-\omega t) \qquad A\sin(kx-\omega t) \tag{2-17}$$

$$Ae^{i(kx-\omega t)} \tag{2-18}$$

式中，$k=2\pi/\lambda$；λ 是波长；$\omega=2\pi v$；v 是频率；ω 是圆频率。

对物质波，按德布罗意的假设

$$\lambda=h/p \quad v=E/h$$

式中，p 是电子的动量；E 是电子能量；h 是普朗克常数。

把式（2-15）代入式（2-17）或式（2-18），得到物质平面波的表达式

$$A\cos 2\pi/h(px-Et) \qquad A\sin 2\pi/h(px-Et) \tag{2-19}$$

或

$$e^{i2\pi/h(px-pt)} \tag{2-20}$$

这些表达式代表一个恒定动量为 p 和能量为 E 的自由电子沿着 x 方向运动的电子的波函数。

此外，在经典力学中，自由运动的电子的动量和能量满足下列（非相对论）关系：

$$E=p^3/2m \tag{2-21}$$

此关系在量子力学中仍然成立。通过一系列计算，可以消去 p 和 E，从而得到下式：

$$i\hbar\frac{\partial\psi}{\partial t}=\frac{\hbar^2}{2m}\times\frac{\partial^2\psi}{\partial x^2} \tag{2-22}$$

式中，$\hbar=h/2\pi$（$=1.06\times10^{-34}$J·s）；$\hbar$ 是约化普朗克常量，$\hbar$ 等于 $h/2\pi$。式（2-22）是电子运动的普遍波动方程。

由于计算角动量时要常用到 $h/2\pi$ 这个数，为避免反复写 2π 这个数，因此引用另一个常用的量为约化普朗克常数，有时称为狄拉克常数（Dirac constant）。

上述结果很容易推广到三维的情形。在三维情形中，代表一个自由电子运动的复数表达式是

$$\Psi=A\exp\{i/\hbar\ (pr-Et)\} \tag{2-23}$$

式中，p 是电子的动量矢量，E 是能量，它同 p 有下列关系：

$$E=1/2mp^2=1/2m\ (p_x^{\ 2}+p_y^{\ 2}+p_z^{\ 2}) \tag{2-24}$$

式（2-23）代表一个沿着 p 方向传播的平面波，波阵面 $pr-Et=$ 常数，是一以 p 为法线方向的平面。将式（2-23）对 t 求一次偏微商，对 x、y 和 z 分别求两次偏微商，然后用式（2-24）的关系消去 E、p_x、p_y、p_z，即得三维的自由（不受外力）电子运动的波方程：

$$i\hbar\cdot\frac{\partial\ \psi}{\partial\ t}=-\frac{\hbar^2}{2m} \tag{2-25}$$

这就是外力场作用下电子运动的普遍波动方程（非相对论的），通常称为（含时间的）薛定谔方程。

2.2 表面与界面

2.2.1 表面的新定义

表面是物质整体构成相与另一相直接接触的区域。环境信息就是在这种界面间进行传递的。能量的流动也首先在界面之间发生。图 2-8 显示的是经化学处理后硅片表面形成的有利于太阳光能吸收的“陷光结构”。这说明在采用金刚石复合镀线锯切割硅片后，硅片切割面光亮度增加而增强了对光的反射，不利于硅片对太阳能的吸收。这是提高切割效率后的负面影响，为了消除这种不利影响，对切割后的硅片需要进行化学粗化处理，这就是硅太阳电池业所说的“制绒”工艺，实际上就是表面处理领域的粗化处理。

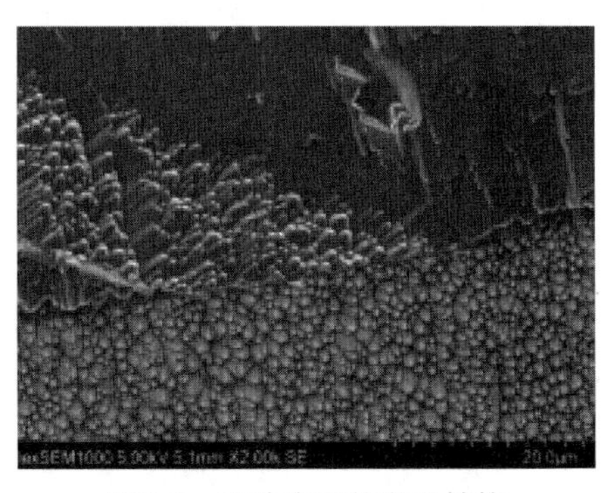

图 2-8　硅片表面的微观结构

现代科技告诉我们，表面是一个包含有大量信息的区域，人们对表面有了许多新的认

识。表面技术与表面处理行业也出现了一些应对市场需求的新的分支，这种情况随着新材料的应用，还在持续发展中。

首先，微观的实际状态已经大大超出我们平常的“眼见为实”，使我们对表面有了新的认识。即使是平滑如镜面的表面，在显微观测下，也是极为粗糙的结构，分子结晶的间隙或非正则结构、杂质等，在微观世界完全是另一番面貌（图 2-9）。

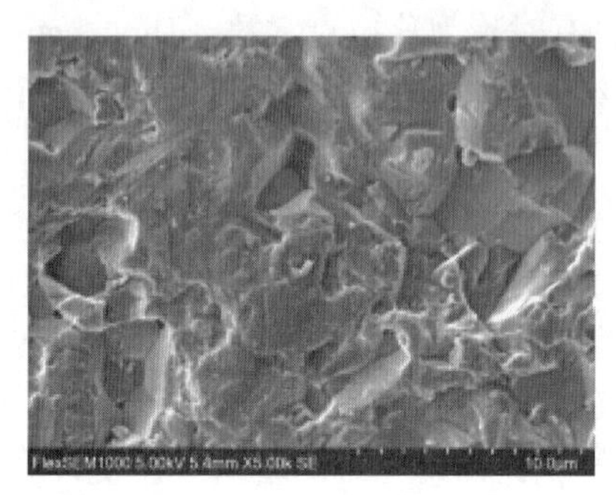

图 2-9　陶瓷表面的微观结构

表面除了显示物质的物理信息如硬度、表面粗糙度、表面电阻等，还有大量化学信息，例如暴露的晶面、断开的分子基团、化学键等。

最重要的是表面还有量子信息，这是基于物质具有意识的判断的必然结论。物质意识就是量子意识，是在量子力学领域承载和传递的信息。

关于物质具有意识的判断，可以参阅《光子信息——关于光子是物质自组装信息载体的推想》（化学工业出版社，2019）一书。关于表面的量子态，我们将在第 3 章详细讨论。

2. 2. 2　表面新含义在表面工程学中的意义

表面新含义可以让我们重新认识表面所扮演的角色。具有意识的表面将一向被动的材料表达为主动的信息交换区。这在工程学上是有重要意义的。这使我们在进行表面研究和处理时，多了一个重要的思考层面，要更多地从微观层面或者说从量子信息角度思考表面现象，包括对杂质影响、环境影响、工艺参数的影响等，做出一些新的判断。

当我们认识到表面对环境的响应是一种主动行为时，表面在不同工艺条件下的表现，实质上是物质在不同环境下出现的不同的“组装”结构。以电镀过程中的温度为例，图 2-10 是不同温度下镀银层的结晶形貌。可以看到温度对比结晶大小的影响非常明显，40℃以上镀银层的结晶明显变粗大。因此，电子电镀特别是波导产品的镀银液的温度一定要控制在 30℃以下。因为精细结构结晶的电子通道更加畅通，从而减少波传导时的损耗。

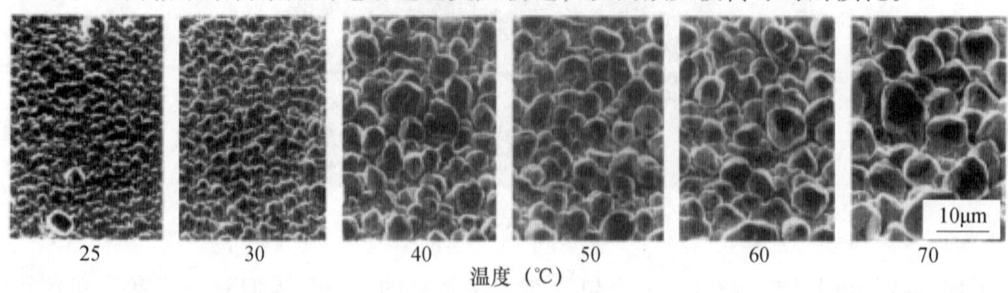

图 2-10　不同温度下镀银层的结晶形貌

图 2-11 是不同电流密度下镀镍层的不同状态，很直观地反映了材料表面在不同电流密度条件下晶核形成和长大的不同情况，这是材料在不同条件下做出不同自组装行为的结果。

图 2-11　不同电流密度下镀镍层的不同状态

其他如环境的 pH（酸碱度）、表面活性物质的性质和含量，都在极为精细的程度上影响着材料自“组装”的过程，量子力学中的“微扰”概念，在这种自组装中都有明显作用。这对表面活性剂和各种添加剂的作用机理的研究，都提出了新课题。

基于这些考虑，结合微观观测手段，我们在确定工艺参数时，会更多关注参数对自组装过程的影响，可以更为精确地确定工艺参数的管控。我们在一些表面处理工艺中应用这种思路，提出将有些工艺原来很宽泛的参数控制做出修正，收到良好的质量管控效果。例如将温度控制中的波动范围由原来的 5℃ 改为 1℃，能明显改善良结构质量的稳定性。

相信随着对物质表面性质新含义的概念的普及，会在表面工程的应用中出现更多新的思考，从而对材料自“组装”过程的理解和应用会出现一些新思路。这对腐蚀与防护研究、转化膜过程、电极过程、表面微观测试、表面更多物理和化学信息读取等都有理论和实践意义。

电极表面与溶液接触时，构成固体相与液体相之间的界面，这个界面其实就是双电层。

2.2.3　界面微粒的量子态

电化学动力学所有过程的研究都与界面有关，如金属电极与离子溶液之间的界面。对金属电极而言，则涉及电极的表面，就需要建立量子化的表面结构模式，进一步需要了解基本粒子在表面迁移、吸附等情况，进而对双电层内电子的转移进行量子化的思考。

与固体表面有关的一个量子概念是量子粒子，即对涉及表面动力学过程的粒子要建立既是微粒形态又有波动性质的概念。

如何将一个具体的微粒如电子既看成实体粒子，又看成一种波，在电化学中是一个新问题，但也是更有趣味的问题。我们可以考虑电子在刚性的电极的原子中的行为与进入溶液中的电子行为是不同的，而经典电化学从来不考虑电子是否有多种不同的形态，也很少去讨论一个电子的行为。用量子观研究粒子在电化学过程中的行为，这是量子电化学的一个显著特点。

对处于不同环境的粒子的状态，量子理论给出不同的虚拟态，这些虚拟态粒子被称为量子粒子，其中与电化学直接有关的是以下两种粒子的量子态：

（1）极化子（polaron）

被称作极化子的量子在量子电化学中很重要。极化与局部电荷导致空穴振动的相互作用能有关。晶体格子内的电子同该格子的离子或原子相互作用，并使格子变形。格子中电子的快速运动及电子周围电极化介质结合在一起，称作“极化子”。

极化子说明一个电子有效质量往往大于它的真实质量。这是因为当电子运动时，带电离子也在运动，这样可以想象电子和离子是纠缠在一起运动的。

（2）激子（exciton）

激子是由被束缚的电子-空穴对组成的。例如半导体中的电子同空穴相互作用，如同电子与核子的相互作用一样。与能量传递讨论有关的激子的另一个定义是离域电子的激发态。其中，激发能是借助于同相邻原子或分子的静电微扰相互作用，从一个原子或分子传递到另一个远程原子。

这两种粒子可能呈现的量子态，正是由电极向溶液转移的电子可能呈现的状态。由此我们可知，电极过程中电子由一类导体进入二类导体的空轨（或者说格子、空穴）时，是量子态的。由此导致的结晶的形态与冶金学（物理）的结晶是不可能相同的。这正是镀层的晶体结构与金属物理态结晶不同的最根本原因，也是电镀可以制造出许多冶金方法无法制造的合金的理由。

电子在界面间的跃迁是量子电化学最重要的课题。这一课题不仅具有重要的理论意义，而且具有重要的应用价值。例如，基于这一课题包括测试仪器在内的研发，都是极为重要的。

2.2.4 金属电极中的电子分布

金属电极中的电子分布在电化学中是一个重要的研究对象，可以用费米分布定律描述。与之有关的概念包括费米面和态密度。作为参照，可以将两个适用于气体中的电子分布定律联系起来讨论，这两个定律就是玻尔兹曼定律和玻色-爱因斯坦定律。

（1）费米分布定律

对费米分布定律，其统计热力学讨论基于下述考虑：由于电子之间的排斥，存在一些未占有态（按照顾玻尔兹曼定律，每一个态被认为是充满的）。这样，结果就是使粒子（电子）填充能量为 E 的态的概率可由方程（费米定律）给出：

$$P_{\mathrm{E}}=\left[\exp\left(\frac{E-E_{\mathrm{f}}}{KT}\right)+1\right]^{-1} \tag{2-26}$$

式中，E_{f}是金属中电子的费米能量，在该能量上占有粒子的概率（占有率）是二分之一。

费米能量也可定义为 $T\to 0$ 时，金属中导电电子的最大动能。

（2）态密度

费米定律表达了对一个给定态被占有的概率。为了计算量子电极动力学中的电流密度，必须确定能量范围（在 E 和 $E+\mathrm{d}E$ 之间的能量）内的电子数目。该数目就是具有给定能量的态（这个态可以是占有的或未被占有的）密度同这些态被一个电子所占有的概率（由费米定律所给定的概率）的乘积。

单位体积内具有的能量 E（被占或者未被占）的态密度 P（E），由方程给出：

$$p(E)=1/2\pi\ (2m_{\mathrm{e}}/\hbar^{2})^{3/2}E^{1/2} \tag{2-27}$$

式中，m_{e} 是电子的实际质量。

（3）费米面

费米面不涉及任何实际物理表面，只是指动量空间中或波数空间（K）中的概念上的表面，即虚拟表面。

试考虑一种碱金属，其大多数电子将被束缚在核附近，只有价电子可离去，且此价电子不再像在气相中那样仅为两个原子核所公有，而是为金属中所有原子核所共享。这些电子被称为导电电子（参与电化学反应的电子），存在于穿过整个晶体的布洛赫（Bloch）态之中。导电电子的能量可表示为

$$E=\frac{\hbar^2k^2}{2m_e^*} \tag{2-28}$$

式中，m_e^* 是电子的有效质量，k 是核电子的波数。

最初波数定义为电子波长 λ 的倒数，而现在通常被定义为 $k=2\pi/\lambda$。导电电子的动量是 p。

需要指出的是，科学研究和理论研究的一种传统方法就是将研究对象典型化或者定态化，这是为排除多因素的干扰，便于对研究对象做出具有普遍性的分析。这种方法的应用一直是有效的，并随着研究手段的进步而更趋精确。但是，不可否认的是这种形而上学的静态的简化方法与实际状态有较大差距，在应用到实际问题的分析时只具有参考价值，并且对新的现象难以做出精确的分析。因此，建立动态和多因素的研究模式就显得很重要了。

2.2.5 连续介质和哈密顿算符

采用连续介质理论来研究溶液体系有较久的历史，其要点是引入量子力学的方法来处理与溶液中离子、电子、质子相关的一些问题。将溶液作为一种连续介质体系进行研究时，离子体系被视为一种提供了电子轨道通道的体系，这个体系在一定条件下产生极化。因为这个体系有电荷转移过程，在界面上有电子的跃迁发生，而在体系内则有各中粒子之间的力场相互影响等，总之是一个活跃的动态的体系。

当将把介质当成一个整体时，极化强度可以表达为

$$P=naX \tag{2-29}$$

式中，n 为每单位体积中的粒子数；a 为分子的极化率；X 为内在的场。

联系总极化强度与介电常数的关系式是

$$P=\frac{\varepsilon_s}{4\pi\varepsilon_s}D \tag{2-30}$$

将介质作为一个总反应体系用哈密顿算符可以做如下表达：

$$H_{总}=H_{电子}+H_{离子-溶剂}+U_{电子-溶剂} \tag{2-31}$$

式中，$H_{电子}$为在两个离子的场中转移电子的哈密顿算符；$H_{离子-溶剂}$为在有离子存在时溶液的哈密顿算符；$U_{电子-溶剂}$为描述电子与溶剂相互作用。去掉下标的汉字，可以用 H_e、$H_{i,s}$ 和 $U_{e,s}$来标记。

在电子转移过程中，如果将比较重的离子看成是不动的，则可按电子的动能及其与离子的相互作用，将电子的哈密顿算符写成：

$$H_e=\frac{\hbar^2}{2m_e}\cdot\frac{\delta^2}{\delta r^2}+\frac{(Z_1e_0)^2}{r}+\frac{(Z_2e_0)^2}{|r-R|} \tag{2-32}$$

式中，$\hbar$ 是约化的普朗克常数，即 $h/2\pi$。

如果设体系中有 A、B 两个离子，则 Z_1是 A 离子的价数，Z_2是 B 离子的价数，电子坐标 r 表示电子对离子的位置，R 表示两个离子之间的距离，如图 2-12 所示。

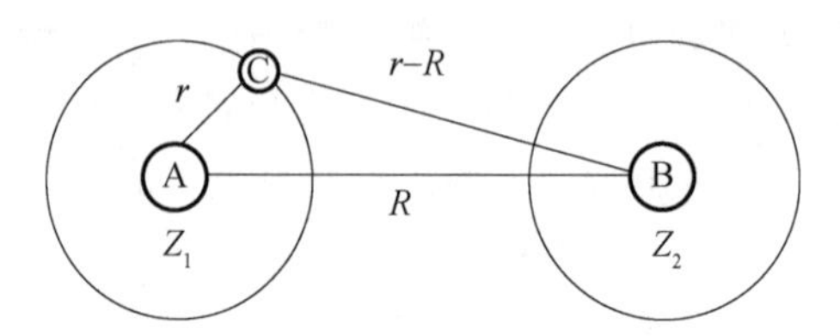

图 2-12　反应离子间的距离

2. 2. 6　半导体电极上的电子转移

过去，人们对半导体与溶液界面的电化学过程研究得不多，从量子力学角度的研究就更少。但是，随着半导体材料应用的增长，半导体材料的电化学行为也相应地引起关注，一个应用的例子是太阳能硅片在采用金刚石钢丝线锯切割后的表面黑化处理（增加表面陷光性能）。在半导体材料表面实施其他电化学过程，也是完全可能的。

半导体 | 溶液界面上的电子转移过程与金属 | 溶液界面上的电子转移过程是有区别的。这些区别可以表述如下：

① 在半导体情况下，无论是来自导带的电子，还是来自价带的空穴，都被包含在转移过程中。但是，在金属情况下，主要是导带的电子参与转移过程。

② 与金属情况不同的是，电场可以作用于半导体内部引起界面电位降，这种电位降部分处于导体内部、部分处于界面中。电位降发生在 n 型（多电子型）和 P 型（多空穴型）半导体内的程度，对不同的极化作用是不同的。

③ 在具有宽带隙的半导体中，表面态（也就是在带隙禁区内有电解质存在时所增加的反应物的能级）也可对电子转移过程产生影响。

由于以上半导体与金属之间的区别，对半导体 | 溶液界面间的电子转移过程，在动力学表达中是有一定差异的。

半导体电极上有下述电子交换反应：

$$O_x + \mathrm{sc}\ (\mathrm{e})\ \rightarrow \mathrm{red} \tag{2-33}$$

式中，O_x 为表示氧化型离子；red 为表示还原型离子；sc（e）为代表半导体中的电子。

O_x 型表示溶液中物质的未占电子能级，因为这些物质是缺电子的；而 red 型则表示物质的被占电子能级。在全部能量范围内所发生的阴极过程中，到达氧化还原体系的电子转移速率同半导体电极中被占态数目和氧化-还原电解质中未占态数目是成正比的。这个关系可用下式表述：

$$i(\text{阴极}) = e_0\int_0^{\infty} v^{\mathrm{e}}(E)p_{\mathrm{sc}}(E)f^{\mathrm{e}}(E - E_{\mathrm{E,sc}})G_{\mathrm{ox}}(E)\,\mathrm{d}E \tag{2-34}$$

式中，半导体价带底的能量被取作零；v^{e}（E）是比率因素，该因素包含频率（具有该频率的界面电子可沿着适当的方向半导体内部向电子有相同能量的氧化离子运动），同时包含隧穿概率因子；p_{sc}（E）是半导体电极导带中的电子态密度。

当 $E > E_{\mathrm{c}}$ 时，p_{sc}（E）可由下式导出：

$$p_{\mathrm{sc}}\ (E)\ = 4\pi\ (2m_{\mathrm{e}}^{*}/h^{2})^{3/2}\ (E - E_{\mathrm{c}})^{1/2} \tag{2-35}$$

式中，m_{e}^{*} 是导带电子的有效质量；E_{c} 是对导带底的电子能量。在式（2-35）中，f^{e}（$E - E_{\mathrm{E,sc}}$）是半导体导带中电子的费米分布。其中 $E_{\mathrm{E,sc}}$ 是半导体的费米能级，并近似地（相对于电子数等于空穴数时的本征半导体）可给出下式：

$$E_{E,sc} \approx 1/2\ (E_c + E_v) \tag{2-36}$$

式中，E_v 是价带顶的能量。

式（2-33）中的 G_{ox}（E）是溶液中被氧化的物质的分布，可表示为

$$G_{ox}(E) \approx G_{ox}\exp[-(E_{F,氧化\text{-}还原} - E)/kT] \tag{2-37}$$

式中，G_{ox}是氧化形式的浓度；$E_{F,氧化\text{-}还原}$是氧化还原电解质的费米能量，而该能量可被认为与平衡状态下半导体中的费米能量相等。

氧化-还原的电解质的费米能量是从半导体的费米能量类推而来的，因为能级 $E_{F,氧化\text{-}还原}$ 将同半导体的费米能级相一致。这就意味着 $E_{F,氧化\text{-}还原}$是得到“被还原”物质和得到“被氧化”物质的概率相同的能级。

2.3 界面电子的隧道效应

2.3.1 电子跃迁概率

我们在前面已经讨论过电极上的电子跃迁。同时，我们知道电子在质子外各个轨道的位置是由概率来描述的。同样，电子通过界面时的跃迁状态，也只能由概率来描述。

我们考察三价铁离子（Fe^{3+}）在电极表面还原为二价铁离子的过程（图 2-13）。注意图中的三价铁离子（Fe^{3+}）和 6 个水分子缔合，因其结构是三维的，故而其中有两个水分子是垂直于纸面在 Fe^{3+} 的前面和后面。图中 E 是金属电极中的电子能量，并被取作电子的费米能量 E_f。在可逆电位为 V_R时，电子能量为 $E = E_f - V_R$，此时的导电电子的初态波函数 ψ_i为

$$\psi_i(r) = L_0^{-3/2}e^{iK,p} \tag{2-38}$$

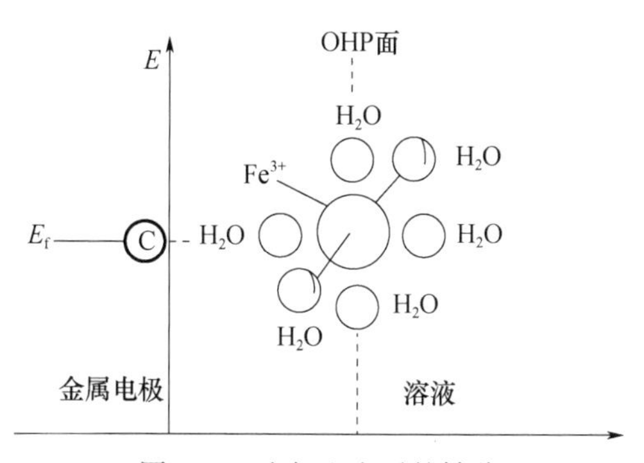

图 2-13　电极上电子的转移

式中，L_0是自由粒子波函数的归一化常数；K 是电子的波矢。

K 由下式给出：

$$|K| = (2m_e^* E/\hbar^2)^{1/2} \tag{2-39}$$

式中，m_e^* 是电子的有效质量；E 是电子能量，如前所述，可表述为 $E = E_f - V_R$。

终态波函数可表述为

$$\psi_f = \psi_d^{(i)}(r)\ Y_{tm}(r) \tag{2-40}$$

2.3.2 隧道效应

1957 年，受雇于索尼公司的江崎玲於奈（Leo Esaki，1940—　）在改良高频晶体管 2T7 的过程中发现，当增加 PN 结两端的电压时电流反而减小，江崎玲於奈将这种反常的负电阻现象解释为隧道效应。此后，江崎玲於奈利用这一效应制成了隧道二极管（也称江崎二极管）。1960 年，美裔挪威籍科学家加埃沃（Ivan Giaever，1929—　）通过试验证明了在超导体隧道结中存在单电子隧道效应。在此之前的 1956 年出现的“库珀对”及 BCS 理论被公认为是对超导现象的完美解释，单电子隧道效应无疑是对超导理论的一个重要补充。1962 年，英国剑桥大学试验物理学研究生约瑟夫森（Brian David Josephson，1940—　）预言，当两个超导体之间设置一个绝缘薄层构成 SIS（Superconductor Insulator Superconductor）时，电子可以穿过绝缘体从一个超导体到达另一个超导体。约瑟夫森的这一预言不久就为 P. W. 安德森和 J. M. 罗厄耳的试验观测所证实——电子对通过两块超导金属间的薄绝缘层（厚度约为 10Å）时发生了隧道效应，于是称之为“约瑟夫森效应”（图 2-14）。宏观量子隧道效应确立了微电子器件进一步微型化的极限，当微电子器件进一步微型化时必须考虑上述的量子效应。例如，在制造半导体集成电路时，当电路的尺寸接近电子波长时，电子就通过隧道效应而穿透绝缘层，使器件无法正常工作。因此，宏观量子隧道效应已成为微电子学、光电子学中的重要理论。

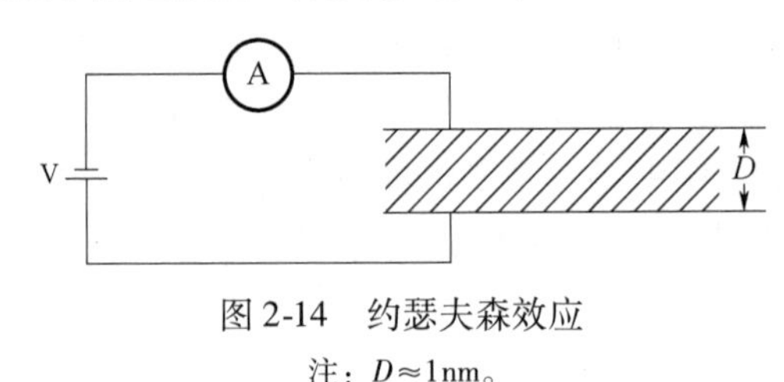

图 2-14　约瑟夫森效应

注：$D \approx 1$nm。

所谓隧道效应，是指在两片金属间夹有极薄的绝缘层［如氧化薄膜，厚度大约为 1nm，（图 2-14）］，当两端施加势能形成势垒 V 时，导体中有动能 E 的部分微粒子在 $E < V$ 的条件下，可以从绝缘层一侧通过势垒 V 而达到另一侧的物理现象（图 2-15）。

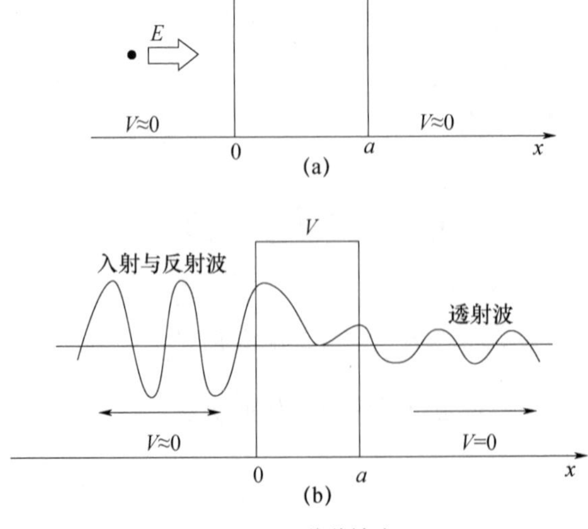

图 2-15　隧道效应

隧道效应由微观粒子波动性所确定的量子效应，又称势垒贯穿。考虑粒子运动遇到一个高于粒子能量的势垒，按照经典力学，粒子是不可能越过势垒的；按照量子力学可以解出除了在势垒处的反射外，还有透过势垒的波函数，这表明在势垒的另一边，粒子具有一定的概率贯穿势垒。

在势垒一边平动的粒子，当动能小于势垒高度时，按经典力学，粒子是不可能穿过势垒的。对微观粒子，量子力学却证明它仍有一定的概率穿过势垒，实际也正是如此，这种现象是一种隧道效应。对谐振子，按经典力学，由核间距所决定的位能绝不可能超过总能量。量子力学却证明这种核间距仍有一定的概率存在，此现象也是一种隧道效应。隧道效应是理解许多自然现象的基础。在两层金属导体之间夹一薄绝缘层，就构成一个电子的隧道结。试验发现电子可以通过隧道结，即电子可以穿过绝缘层，这便是隧道效应。使电子从金属中逸出需要逸出功，这说明金属中电子势能比空气或绝缘层中的低。于是电子隧道结对电子的作用可用一个势垒来表示，为了简化运算，把势垒简化成一个一维方势垒。

产生隧道效应的原因是电子的波动性。按照量子力学原理，有能量（动能）E 的电子波长一定时，在势垒 V 前：若 $E>V$，它进入势垒 V 区时，波长改变为 λ'；若 $E<V$，虽不能形成有一定波长的波动，但电子仍能进入 V 区的一定深度。当该势垒区很窄时，即使是动能 E 小于势垒 V，也会有一部分电子穿透 V 区而自身动能 E 不变。换言之，在 $E<V$ 时，电子入射势垒就一定有反射电子波存在，但也有透射波存在。

2.3.3 量子尺寸效应

各种元素的原子具有特定的光谱线，如钠原子具有黄色的光谱线。原子模型与量子力学已用能级的概念进行了合理的解释，由无数的原子构成固体时，单独原子的能级就合并成能带，由于电子数目很多，能带中能级的间距很小，因此可以看作是连续的，从能带理论出发成功地解释了大块金属、半导体、绝缘体之间的联系与区别，对介于原子、分子与大块固体之间的超微颗粒而言，大块材料中连续的能带将分裂为分立的能级；能级间的间距随颗粒尺寸减小而增大。当热能、电场能或者磁场能比平均的能级间距还小时，就会呈现一系列与宏观物体截然不同的反常特性，称之为量子尺寸效应。

例如，导电的金属在超微颗粒时可以变成绝缘体，磁矩的大小与颗粒中电子是奇数还是偶数有关，比热亦会反常变化，光谱线会产生向短波长方向的移动，这就是量子尺寸效应的宏观表现。

因此，对超微颗粒，在低温条件下必须考虑量子效应，原有宏观规律已不再成立。电子具有粒子性又具有波动性，因此存在隧道效应。近年来，人们发现一些宏观物理量，如微颗粒的磁化强度、量子相干器件中的磁通量等亦显示出隧道效应，称之为宏观的量子隧道效应。

量子尺寸效应、宏观量子隧道效应将是未来微电子、光电子器件的基础，或者它确立了现存微电子器件进一步微型化的极限，当微电子器件进一步微型化时必须考虑上述的量子效应。例如，在制造半导体集成电路时，当电路的尺寸接近电子波长时，电子就通过隧道效应而溢出器件，使器件无法正常工作，经典电路的极限尺寸大概在 0.25μm。目前研制的量子共振隧穿晶体管就是利用量子效应制成的新一代器件。

2.3.4 电极反应中得电子过程的量子解读

我们已经多次讲到，对电化学，电子在电极与溶液间的转移是其研究的核心问题。经典电化学总是用“给出电子”和“得到电子”这种宏观描述简单地处理这个极为微观的过程。这一过程是在瞬间完成的，因而没有关于这个过程的行程与时间的关系，经典电化学也通常加以省略。量子电化学则是将这一过程做详细的研究，从而深化了人们对电化学过程的认识。

为了建立量子电化学电子转移过程的概念，就要对这一过程的行程和时间加以考察。

2.3.4.1 电子转移的时间

在经典电化学体系中，电子的转移是瞬间完成的。至于这个瞬间具体发生了什么，并没有经典模型加以描述，通常都将从电极获得电子作为离子在溶液中反应的终点，然后就是结晶的成长。这个瞬间在时间上到底是多少？这个时间内发生了什么？在量子电化学看来，是值得探讨的。

要求得电子转移的时间，首先需要知道电子距金属表面处于溶液中双电层内第一排接收电子的离子的距离。这一距离通常被确定为5Å。于是我们可以根据这个距离和电子在转移过程的速度，求出这个时间：

$$\text{电子转移时间}=\frac{\text{电极与受主离子间距离}}{\text{费米能级电子的速度}}=\frac{5\times10^{-8}\text{cm}}{3\times10^{8}\text{cm/s}}\approx10^{-16}\text{s}$$

也就是说，电子从电极表面跃迁到溶液中的离子轨道，约为10^{-16}s。

我们还可以从量子力学角度推导电子转移的速率和时间。这个推导过程涉及量子力学中的微扰理论。

决定跃迁概率或跃迁速率的与时间有关的微扰理论，在两个主要近似条件下是可以应用的。

第一个近似条件涉及有关该理论适用性的时间条件。这一条件是，微扰时间τ将足够小，以至于：

$$\tau<\frac{h}{\Delta E}=\frac{2\pi}{\omega_{\text{ml}}} \tag{2-41}$$

式中，$\Delta E=E_{\text{m}}-E_{1}$。

第二个近似计算与微扰的极限有关，定性地说，微扰能必须相对地小于体系的能量。那么它必须小到什么程度呢？关于跃迁概率极大值的条件之一是

$$\omega_{\text{ml}}\simeq0 \tag{2-42}$$

从而

$$E_{1}\simeq E_{\text{m}} \tag{2-43}$$

这意味着，在上述意义上，微扰能必须小到可以利用测不准原理：

$$\Delta E\Delta t\approx h \tag{2-44}$$

当我们用这个定义来说明微扰时，ΔE就是微扰能。

因此，作为与时间有关的微扰理论的适用范围是

$$\Delta E\leqslant\frac{h}{\Delta t} \tag{2-45}$$

式中，$\Delta t\simeq\tau$是微扰时间。

这些条件适用于穿过界面的电子跃迁、光谱偶极子跃迁和发生在分子间碰撞过程中的能量转换。

对电化学电子转移的情形，如果我们考虑到电子转移时间就是微扰的持续时间 τ，而当微扰控制在 $t=0$ 时电子初态处于金属表面之中，并在紧接着的 10^{-16}s（电子转移时间）内进行跃迁，这样，微扰只能在 10^{-16}s 内对逸出表面的电子起作用。

如果电子位置的不确定度就是金属表面同假定处于溶液内第一排离子中的受主态间的距离，亦即 5Å，于是 $\Delta x=5\times10^{-8}$cm，由此可求出 $\Delta E\approx10^{-11}$erge。

由式（2-47）可知 $\Delta t\simeq\tau$，便有

$$\tau\leqslant6.6\times10^{-16}\text{s}$$

于是，只要电子跃迁时间（约为 10^{-16}s）被认为是微扰持续时间，则关于微扰时间的限制在电化学跃迁的情况下是被满足的。关于微扰在电化学中意义，我们在第 3 章中讨论。

2.3.4.2 电子进入受主离子轨道过程

在计算出电子转移的时间后，我们关注的是在这个时间内发生了什么。这个时间是电子穿过势垒进入受主离子、完成离子还原为原子的时间。也就是说，这个时间内发生的是进入双电层中离子的空轨接受了跃入的电子，使离子还原成为原子。

这时需要关注的已经不只是电子的能态，还有离子本身的轨道能级分布的问题。这与电解质溶液的组成有关。具体到电镀溶液，就与镀种有关，即镀的是什么金属，例如是金、银、铜、镍、锌、锡等。不同的金属离子的空轨是不同的，即便是同一种金属，也有不同的价态。例如铜有一价铜和二价铜之分，对于一价铜，进入双电层的铜离子只要得到一个电子就可以还原为铜原子，而对二价铜，则需要有两个电子进入铜离子的空轨中，才能将铜离子还原铜原子。如果是四价锡镀锡溶液，则需要有四个电子进入锡离子的空轨，才能还原出一个锡原子。在宏观上，无论多少电子进入离子轨道，都是瞬间完成的，没有细节。但是，在量子电化学看来，这些不同数目电子进入相应轨道，一定是有区别的，即电子的量子态是有所不同的，只是它们都得遵守量子力学相应的规则。例如同一能级轨道只能有自旋相返的两个电子，同一电子层内电子总量符合核外电子分布规律等。这种限定，使电子的跃迁并非随意的，而是有规律的。也就是说这个时间内，电子的行程是有所选择的。这个行程就是电子到达离子空轨的距离，这个距离由于离子的状态、离子价态和离子与其周边的水合状态都有关系。因此，这个过程不可以是完全同样的。

3 量子电化学（下）

3.1 基本粒子的量子态

3.1.1 实体粒子的二象性

20 世纪最重要的物理学进展就是确定基本粒子的“波粒二象性”。实体是由原子、分子构成的。实体的内能被发现具离散性且是量子化的。

实体的这种双重本质具有重要的理论意义和应用价值。但是，实体的量子态在现实中受一个重要原理的支配，这就是著名的测不准原理。海森伯格在经过研究后提出，一个电子（或粒子）的位置和速度不可能同时被精确地测量。要描述一个电子的具体行为只能采用概率性描述。

实体的粒子行为是由牛顿力学描述的平动能量。其动能 $=1/2mv^2$，动量 $p=mv$。实体粒子的波动行为是由薛定谔方程描述的量子化能量。其波长 $\lambda=h/mv$，$h=$ 普朗克常数。

概率（统计）描述利用了与一个粒子相关联的波的概念。从薛定谔方程出发可以得到所允许的量子化的能态信息。该方程是一个二阶微分方程，最初是通过对波动方程做某些修改得到的。其最简单的形式为

$$\frac{-h^2}{8\pi^2 m}\cdot\frac{\mathrm{d}^2\psi}{\mathrm{d}x^2}+(V-E)\psi=0 \tag{3-1}$$

式中，h 是普朗克常数，m 是粒子质量。

波函数 $\psi(x)$ 作为此方程的一个数学解而可得到。它是一个关于 x 的函数并与波的振幅有关。$\Psi^2(x)\mathrm{d}x$ 表示在 x 与 $x+\mathrm{d}x$ 之间的长度段中发现粒子的概率。在上面的方程中，V 是势能，而 E 表示所允许的量子化的能量（又称作本征值）。E 是粒子的总能量，包括势能与动能。从式（3-1）的解得出的所允许的 E 的离散值代表粒子的能级。最低的能级叫作基态。

3.1.2 原子的量子态

薛定谔方程在一个原子情形的应用，使人们获得绕核运动的电子的各个准许能级，即一个原子的各个量子化的电子能级。对电子所占据的一个特定能级（换言之，一个电子具有一定特定的准许能量值），在原子核周围空间发现该电子的概率是由一个波函数描述的。这个波函数确定了电子的轨道。这种电子轨道可看作是电子出现概率高的区域。氢原子的薛定

谔方程可得到精确解，但是，由于电子在围绕核运动的同时存在着相互排斥，这样的数字精确解对一个多电子原子是不可能的。于是，各种近似的方法被引进来，并由此提出了一些指导性的原则，从而可以用来定义多电子原子的电子轨道。

这些原则包括：

分步构建原理：对多电子原子，电子将从最低能级的轨道开始填充，依次向高一级能量的轨道分配电子。

泡利原理：每个电子轨道只能容纳两个自旋相反的电子。

简并规则：如果有多个轨道的能级相同（这种现象称为简并），则电子首先成单地填满这些简并轨道，然后按相反自旋进行配对填充。

一些电子配置的例子如 $He1s^2$ 和 $Li1s^22s^1$，此处轨道符号上的小标表示该轨道中的电子数。任一轨道中的任一电子均由四个量子数表示，即 n、l、m_l（此三个量子数由电子所有轨道得出）和 m_s（由电子自旋转方向得出，其最简单的描述是 $+1/2$ 表示向上自旋，$-1/2$ 表示向下自旋）。量子数 l 代表电子轨道角动量，而 m_l 定义了轨道角动量的方向。

对多电子，相关效应（电子间相互作用）产生总的角动量量子 L 和 M_L。类似地，电子自旋间的耦合产生一个总量子数 S。另一个重要的现象是自旋-轨道耦合，它源于电子自旋磁矩与电子绕核的轨道运动产生的磁场（就如一个线圈中的电流产生磁场一样）间的磁相互作用。这种自旋-轨道耦合（常被称为重原子效应），导致自旋性质和轨道性质的强混合。由此引进了另一个量子数 J 以表征总的角动量。自旋-轨道耦合在光谱学中扮演着一个重要角色。

电子轨道与自旋的各个相关效应和自旋-轨道耦合使原子能级偏移和分裂。这些原子能级用一套术语符号（谱项）来表示。一个原子能级的谱项形态可表示为 $^{2S+1}\{L\}_J$。此处，S 表示总自旋量子数，$2S+1$ 表示自旋多重度。当 $S=0$ 时，$2S+1=1$，表示一个单重态。当 $S=1$ 时，$2S+1=3$，则表示一个三重态。$\{L\}$ 是代表某个 L 值（用以表示总的轨道角动量）的选定字母，例如，0、1、2、3 的 L 值分别用 S、P、D、F 表示。这样，谱项 $^1S_0$ 就表示一个自旋 $S=0$、轨道量子数 $L=0$、总角动量量子数 $J=0$ 的能级。这些术语符号（谱项）常被用来标明一个原子的能态及在这些能态之间的光谱学跃迁。它们还被用来标注在激光产生过程中一个原子或离子的两个量子态之间的跃迁。

3.1.3 分子的量子态

因为一个分子包含着多个原子核，不能简单地只考虑电子相对于单个原子核的运动。这样，分子的量子态代表了另一水平的复杂程度，这时不能像处理多电子原子的方法来简单地以多电子相对于单个核的位移作为处理分子薛定谔方程的起点。因此，分子薛定谔方程既包括电子-核的运动，还包括由于电子-电子相斥、电子-核相吸、核-核相斥而产生的势能。因而，一个分子波函数既依赖于各个电子的位置（合在一起用一个高维量 r 表示）又依赖于各个核的位置（合在一起用一个高维量 R 表示）。由于所有的电子和核都在运动中，所以 r 和 R 是在不停地变化的。对包含如此多维坐标（r 和 R）的薛定谔方程，根本就不可能找到数学上的精确解。一个主要的突破是 1930 年波恩等引入的一个简单近似解。其方法是将分子薛定谔方程分成两部分：

一部分描述各个电子在一个变化的静电场（准静电场，由于各核相对较慢的运动）中的快速运动。

另一部分描述各个核在一个平均势力场（由于各个电子的快速运动）中的慢速运动。

通过坐标系变换（使用分子内部坐标系，即质心坐标系），可以对核部分的薛定谔方程进一步分解。

电子能级的跨度最大，覆盖了从远紫外至近红外之间的光谱范围。电子在分子轨道上的排布也遵从多电子原子的轨道排布规则。例如，在包含多个电子的双原子分子中，电子填充轨道的方法遵循三个原则，即分布构建、泡利原理和简并规则。分子轨道理论（MO）的最成功例子之一是它预言了基态氧分子中有两个未配对的电子，总自旋量 $S=1$ 时，自旋多重度为 $2S+1=3$（三重态）。净自旋量可以增加顺磁性，这样 MO 理论就可以解释为什么氧分子具有顺磁性。

以上描述的性质适用于所有两个同核原子以同类型轨道且以相同组合系数结合成键而形成的双原子分子。这是非极性共价键（其中两个原子周围的电子概率分布即电子云密度是相同的）情况。对异核双原子分子如 HF，要遵守以下规则：

分子轨道线性组合方法：这一方法涉及能级相似的原子轨道的混合。例如 H 的 1s 原子轨道与 F 的 2p 原子转道组合形成 HF 的 δ 和 δ^* 分子轨道。

能量最低原则：在更加精确的成键理论中，一个成键线性组合中可以包含一个原子的多个原子轨道。混合系数由变分原理决定，使得在这样的混合系数下，能量最低。

非成键轨道：一原子轨道（内层电子轨道）并不明显参加成键。所以这些轨道能量和未成键的时候基本相同。这些叫作非成键轨道或者 n 轨道。例如 HF 分子中，F 的内层轨道 1s 就是一个非成键轨道。

经变分原理优化后，不同原子轨道混合系数可以不相等。这意味着电负性强的原子（如 HF 中的 F）周围的电子云密度高。

对一个多原子的分子来说，电子的能量与键长和键角都有关。量子力学的几何优化方法常被用来推算分子的几何结构。求解薛定谔方程的量子力学方法涉及对一个微分方程的积分运算并需要对许多积分求解。

有机分子是多个碳原子的大分子，其参与成键的能态变化较多。因为碳原子的一个不寻常的特点是既可以形成单键也可以形成多键。也许正是因为碳键的化学多样性，大自然选择碳成为组装生命的基本元素。

一个碳原子包括四个成键轨道，即 2s、$2p_x$、$2p_y$、$2p_z$。碳原子和其他原子生成单键的时候（例如 CH_4 中的 C—H 键或 $H_3C—CH_3$ 中的 C—C 键），四个原子轨道（2s，$2p_x$，$2p_y$，$2p_z$）的能级相近似，首先导致它们混合（sp^3 杂化）而形成四个同等的、分别指向四面体的四个顶点的 sp^3 杂化轨道。然后这些杂化轨道与合适的原子轨道（例如 H 的 1s）以分子的对称性简化方法进行线性组合。

除了多原子分子的复杂性，在分子之间也存在相互作用。当分子处于凝相时（如液体、固体或嵌入 DNA 双螺旋结构），它们之间可进行多种不同类型的相互作用。这些相互作用会改变个体分子单元的量子态。

首先，一个分子由于处于周围分子形成的静态势场中，其能级会漂移。其次，分子间的动态谐振使激发态在分子之间传递（能量转移）。如同一对摆动的钟摆碰撞，一个钟摆把动能传递给另一个。这种激发态间的相互作用也可被描述成激发态的混合。如果所有分子都是全同的，则它们的简并（能量相同的）激发态的混合会导致能级分裂。

3.2 量子与电极表面

3.2.1 量子粒子

电化学动力学所有过程的研究都与界面有关。例如金属电极与离子溶液之间的界面。对金属电极而言，则涉及电极的表面。当我们以量子化的观念来考察表面时，就需要建立量子化的表面结构模式，进一步需要了解基本粒子在表面迁移、吸附等情况。进而对双电层进行量子化的思考。

与固体表面有关的一个量子概念是量子粒子，即对涉及表面动力学过程的粒子要建立既是微粒形态又有波动性质的概念。

如何将一个具体的微粒如电子既看成实体粒子，又看成一种波，在电化学中是一个新问题，但也是有趣味的问题。我们可以考虑电子在刚性的电极的原子中的行为与进入溶液中的电子行为是不同的，而经典电化学从来不考虑电子是否有两种不同的形态，也很少去讨论一个电子的行为。用量子观研究粒子在电化学过程中的行为，是量子电化学的一个显著特点。

对处于不同环境的粒子的状态，量子理论给出不同的虚拟态，这些虚拟态粒子被称为量子粒子。

（1）声子（phonon）

固体中微粒的运动根据量子理论有两种状态，即机械振动和波动。机械振动可以理解为声学的，而波动则可以理解为光学的。这样可以将处在机械振动中的粒子称为声子，以区别于非量子态中的实体粒子。

（2）等离子体（plasmon）

在高温环境中气化的分子或原子可以电离为电子和离子气体。从一定意义上说，等离子体是由其动能大于粒子间相互作用势能的带电粒子所组成的实体。在金属中，导电电子的动能比电子与金属离子中心间的相互作用势能大得多。因此，针对等离子体而言的上述条件，可适用于金属及其电子气。这种金属电子气具有与金属内部电子密度起伏有关的特殊性能。

在金属中，我们必须考虑到正电荷对电子的吸引力。在一个离子体附近，电子必然会被吸引，其局部密度增加。电子之间又会产生排斥，有些电子被推开，然后又被吸引，于是产生电子的来回振荡。

对电子的等离子体的频率，可以考虑电子通过一定距离 X 的运动，将有一个极化强度 P，可以定义

$$P = N_{e0}X \tag{3-2}$$

式中，N 为每单位体积中的带电粒子数，而 X 是电子离开局部极化强度为零处的位移。

但是，当 N 等于每单位体积中的带电粒子数时，场为

$$N_{e0}X/\varepsilon$$

因此，作用于偏离平衡态的一个粒子上的力是

$$\left(\frac{N_{e0}X}{E}\right)e_0 = m_e \cdot \frac{d^2x}{dr^2} \tag{3-3}$$

这就是谐振方程。与此相应的量子称作等离子体激元，其频率的数量级是 10^{15} Hz。

（3）极化子（polaron）

被称作极化子的量子在量子电化学中很重要。正如声子对应固体晶格的振动一样，极化与局部电荷导致空穴振动的相互作用能有关。晶体格子内的电子同该格子的离子或原子相互作用，并使格子变形（电子-声子偶合）。格子中电子的快速运动及电子周围电极化介质结合在一起，称作“极化子”。

极化子说明一个电子有效质量往往大于它的真实质量。这是因为当电子运动时，带电离子也在运动，这样，可以想象电子和离子是纠缠在一起运动的。

（4）激子（exciton）

激子是由被束缚的电子-空穴对组成的。例如半导体中的电子同空穴相互作用，如同电子与核子的相互作用一样。与能量传递讨论有关的激子的另一个定义是离域电子的激发态。其中，激发能是借助于同相邻原子或分子的静电微扰相互作用，从一个原子或分子传递到另一个远程原子。

3.2.2 表面量子态

对表面量子态的重视源于半导应用研究的深化。最初的概念是由前苏联物理学家塔姆（Tamm）在一篇论文中提出的。他在论文中采用克朗尼格-朋奈（Kronig-Penney）模型，这一模型将表面看作一组 δ 函数型势能的直线阵列，即表面可用不连续的势能表示。间断点前后位置的波函数已经弥合，而且 $\partial \psi/\partial x$ 的值已经得出。据此，塔姆指出，在对应表面势能发生大的变化的某些条件下，稳定的表面量子态可清楚地显示出同本体量子态是分立的。

这一研究也得益于美国物理学家肖克利（Shockley）的贡献。

他通过弥合波函数曲线在表面的间断点表明，在他所描述的“本体能带相交叠”的特定条件下表面态便会出现。只不过这时的条件是表面附近所发生的微扰应该足够小。因此，塔姆态和肖克利态是有区别的：两者都是表面态，都是有前提的。因为这些“纯表面态”（仅仅是十分纯净的固体在极高的真空条件下方可存在），在表面的离子或分子处在电化学场合，通常都会被“真实表面态”（由吸附而引起的表面态）所替代。

关于半导体表面和表面态理论研究的发展非常快，这是半导体晶体管的应用迅速发展所促进的。因为在晶体管和集成电路制造中的一些工艺技术问题，需要有理论支持。

通常将定域态的量子理论作为理想表面来处理。自 1960 年以来，借助于低能电子衍射，人们开始了对半导体表面进行的试验研究，这些工作对前述理论提供了大量证据。例如，当观测自由表面（零吸附量）时，在显示屏上可以观测到一些本身不稳定且与温度有关的光点。这些光点并不代表原子，而是表面局部微扰，这就证实了肖克利态的真实性。

塔姆，前苏联物理学家。1895 年 7 月 8 日生于海参崴；1971 年 4 月 12 日卒于莫斯科。塔姆是一个工程师的儿子，1918 年毕业于国立莫斯科大学。第一次世界大战前夕，他在爱丁堡学习。回到俄国后，他积极投入了 1917 年革命，但没有正式加入共产党。在 20 世纪 20 年代和 30 年代早期，他以量子力学为基础，研究了固体中光的色散问题，但他的主要成就是在 1937 年与弗兰克一起对切伦科夫辐射现象进行了解释。他因此分享了 1958 年的诺贝尔物理学奖。第二次世界大战之后，塔姆从事控制氢弹裂变的技术研究，以使这种技术转入和平应用。1950 年，他建议利用“箍缩效应”，用磁场把热等离子体（带电的原子碎片）控制在适当位置上。1924 年以后，他执教于国立莫斯科大学，1927 年获评教授。

肖克利，1910 年生于伦敦。3 岁随父母举家迁往加州。从事矿业的双亲从小给他灌输科学思想，加上中学教师斯拉特的熏陶，他考入了麻省理工学院（MIT），获固体物理学博士学位后留校任教。不久，位于新泽西州的贝尔实验室副主任凯利来“挖角”，将肖克利挖走了。第二次世界大战结束后，贝尔实验室开始研制新一代电子管，具体由肖克利负责。1947 年圣诞节前夕，肖克利的两位同事沃尔特·布兰坦（Walter Brattain）和约翰·巴丁（John Bardeen）用几条金箔片、一片半导体材料和一个弯纸架制成一个小模型，可以传导、放大和开关电流。他们把这一发明称为“点接晶体管放大器”（Point-Contact Transistor Amplifier），这就是后来引发一场电子革命的“晶体管”。肖克利和这两位同事荣获 1956 年的诺贝尔物理学奖。这是一种用以代替真空管的电子信号放大元件，是电子专业的强大引擎，被媒体和科学界称为“20 世纪最重要的发明”。也有人说“没有贝尔实验室，就没有硅谷”。

对表面态的试验研究的深入势必发展到表面量子态研究的阶段，而表面吸附是表面态中一个重要的研究方向。

在处理原子与表面之间的量子力学相互作用的近似方法中，假如有某种键存在如 Heitler-London 相互作用，就可以得到哈密顿（Homilton）算符。最后得到的解包含被吸附原子或分子的波函数，于是，在某种程度上可以看出化学吸附过程中所发生的情况。

在上述近似方法中，相互作用的金属-原子体系态，可从金属态的未微扰连续谱波函数 $\psi_{k\delta}$ 和原子的具有本征值的分立基态波函数的线性组合进行构建。金属的本征值用 $\varepsilon_{k\delta}$ 表示，而基态原子的本征值用 $\varepsilon_{a\delta}$ 表示。k 表示金属态的动态量子数（波数），而 δ 代表给定态下电子的自旋。吸附原子与金属间的耦合是引起吸附的主要原因，并且可用非对角矩阵元 $V_{ak} = <\psi_{a\delta} | H | \psi_{k\delta}> = <a | H | k>$ 表示，其中 H 是复合体系的完全哈密顿算符。

在这个模型中，当电子是在被吸附原子上时，已经考虑到相反自旋电子间的电子与电子之间的相互作用。这种相互作用趋向于增加原子态的能量。于是在被吸附原子上，具有单自旋的态与带有相同净电荷并且上下自旋态电子同时存在的态之间便存在能量差。附加于 V_{ak} 的上述效应可导致能量的下降，这是吸附态所特有的性质。与这一模型相应的哈密顿算符，可用二次量子化符号记为

$$H = \sum \varepsilon_{k\delta} n_{k\delta} + \sum \varepsilon_{a\delta} n_{a\delta} + \sum (V_{ak} C_{a\delta}^{+} C_{k\delta} + V_{ak}^{*} C_{k\delta}^{+} C_{a\delta}) + U_{a\delta} n_{a\delta} \tag{3-4}$$

数值算符的对角矩阵元 $n_{k\delta}$ 和 $n_{a\delta}$，分别给出了在态 $\psi_{k\delta}$ 和 $\psi_{a\delta}$ 中的电子数目。式（3-4）中，前两项是各自属于金属和原子的未微扰哈密顿算符，第三项代表原子-金属耦合，这种耦合可导致金属和原子间的电子转移并可引起键合和吸附，最后一项表示吸附原子内上、下自旋电子间原子内库仑排斥。

3.2.3 表面态与表面能

表面态的理论计算涉及几种不同的方法，考虑表面内势能与表面距离的关系，可将其代入薛定谔方程求解。

在薛定谔方程中，往往采用布洛赫轨道。人们可将所选取的原子轨道代入薛定谔波动方程：

$$H\psi = E\psi \tag{3-5}$$

式中，H 是关于单电子的哈密顿算符；E 是轨道能量。

通过乘以 ψ 并积分，即可得到平均能量：

$$< E > = \int \psi H \psi_{\mathrm{dr}} / \int |\psi|^2 \mathrm{d}r \tag{3-6}$$

式（3-6）中，重叠积分、共振积分和库仑积分均已包含在 H 之中。其能量可用变分法求得。也即通过每个常数系数求能量极小值，从而确定通常表示成行列式的一组方程式。一般采用若干近似的方法求解。一种途径是令重叠积分等于零，而共振积分则只限于最近的相邻者。人们必须给定库仑积分和共振积分的数值。表面的库仑积分与内部库仑积分是不同的，前者可看作是一种“表面微扰”。表面共振积分与内部共振积分有关，然而有“畸变”。这些方程求解可给出表面态的能量。

不仅对半导体表面，对金属表面上的表面态也进行了计算。通过对表面与切片薄膜的比较，结果表明，薄膜结构与表面结构之间是有差异的。有些表面态中的原子深入主体达 15Å。

固体表面是存在表面能的，固体的总能量 E_t 可写成

$$E_t = \varepsilon_u V + \varepsilon_s S \tag{3-7}$$

式中，V 是固体的体积；S 是其表面积；ε_u 和 ε_s 分别是固体单位体积和单位表面积的能量。

为了定义晶面的表面能，可将固体本体看作是沿平行于某晶面的平面分割而成的，因而该晶面便由两个新表面所构成。为分割每单位面积的表面所需要的能量就是表面能。与金属有关的表面能的大多数测定都是用液体来完成的，因为其表面张力很容易确定。因此，该测定不适合于任何特殊的晶体学表面，并且杂质有明显影响。

3.3 微扰

3.3.1 微扰的解读

我们在第 2 章对电子跃迁的时间进行推导时，就用到过微扰的相关计算。微扰是量子力学中一个重要的概念。

微扰在不同领域有不同定义，但总体上是与字面相符的，那就是会带来显著影响的微小扰动。微扰经常是在原状态以外出现的新因素，因此，有时在设想中或实际操作中给出一个微小的扰动使其略微偏离原状态，以获得原状态新的信息。

我们认为最可以说明微扰的应该是量子力学中的哈密顿方程：

$$\hat{H} = H^{(0)} + H' \tag{3-8}$$

式中，$H^{(0)}$ 是可以精确求出解析解的“可积”部分；H' 是“微扰”部分。

对 $H^{(0)}$，可以求其从 0 到 1，2，…，n 的精确的解，例如在薛定谔方程中的解。而对 H'，则要引入各种近似的解，以校正整个体系。

显然，微扰作为参数在量子力学和在其严密的数学基础中，其实一直都是被重视的。如果一定要找出“不可知论”的理论依据，那这个微扰因子项就是其根源。我们不妨将其定义为量子角度的不确定性，虽然极其微小，达到基本粒子中最为基础的微粒——量子的维度，却不可以无视。我们恰恰在许多时候是无视的，要么忽略不计，要么根本就没有想到还存在量子级别的干扰。但是，无论是数学逻辑还是试验结果，都证明微扰现象不仅存在，并且作用是明显的。

以前都是从数学角度将微扰作为一种近似求解的方法，可以通过对微扰项进行计算来获得相应的结果，即按微扰（视为一级小量）进行逐级展开，从而获得值域范围内的微扰的数学表达。这些数学表达在一些专业数学著作中都有详细表述。但是，作为应用学科，实际应用中对应的问题比某一个结果的计算更为重要。

在实际试验过程中，我们无法知道具体是什么因素在影响过程，这时我们可以在已知的可计算的方程中增加一个隐性因子项，根据实测结果倒推出可能的影响因子。

由于电子从一类导体向二类导体的跃迁是量子态的，对这一过程应用微扰理论进行研究就是必要的了。

量子力学中的微扰理论是一种对复杂问题求近似解的计算方法。对具体的物理问题的薛定谔方程，可以求出准确解的问题的情况很少。在遇到许多问题中，由于体系的哈密顿算符比较复杂，往往难以求得精确解，而只能求得近似解。这种近似方法，通常从简单的问题的精确解出发，求较复杂问题的近似解。微扰方法又视其哈密顿算符是否与时间有关分为定态和非定态两大类。

从动力学角度，微扰涉及从一种分子态转变成另一种分子态的速率的处理（例如光谱跃迁、粒子的散射和界面的电子转移等）的量子力学方法。我们可以称其为与时间有关的微扰理论，但是实际上微扰与时间的相关性有时并不明显。

在电极动力学中，基本过程是从电子导体到溶液中客体上的键（或在相反方向上）的电子转移。这样，我们所讨论的体系就是固体中的电子和溶液中的受主（或施主）。电子是存在于两个态中的粒子，当我们将与时间有关的微扰理论应用于电化学时，所讨论的正是这种粒子在这两个态之间的转移。

这与光子活化的键振子能态的转移形成鲜明对比。在光子吸收键振子的势能变化只存在于一种状态中，电磁场是随时间变化的。因此，辐射场对分子键的扰动也就与时间有关，这也是提出“与时间有关的微扰理论”概念的原因。在电化学中，微扰与时间的相关性是指微扰对体系中电子起作用的时间。这样，与时间有关的微扰理论不一定是微扰本身随时间变化。其时间相关性可以指施加微扰所持续的时间。

一种微扰应是电极和与其相接触的离子之间的电场。当电子处于电极表面时，它将受到存在于电极表面和溶液中受主离子间的场的影响。电子的运动和能量因而受到扰动，这种自身不随时间而改变的微扰正是与时间有关的微扰理论中所指的微扰。借助于这种微扰理论便可以求算电极和溶液间的电子跃迁概率。微扰本身不一定是与时间有关的。

另外，就界面电化学中的跃迁而言，一般不存在辐射的发射或吸收，因此处在初态（金属内部的）电子与进入离子后还原为原子中的电子具有同样的能量子，也就是

$$E_{e,1} = E_{e,2} \tag{3-9}$$

电化学中的典型情况正是这种能量相等但结构不同的态之间的转移速率的计算。金属中的电子态和溶液中的离子内的电子态之间的跃迁，只有在量子力学范围进行讨论，才能有更接近真实的解读。

3.3.2　微扰的类型

考虑到某些其他粒子体系，如 HCl 分子，令分子在两种方式下被微扰。按所谓绝热的第一种方式，其微扰（例如一个电场）是被缓慢引入的。意思是说，微扰的施加缓慢到足

以使分子完全受电场控制，以便于它进入另一个能态。这种“绝热跃迁”也就是成功的跃迁。

现在来看另一种情况——当我们迅速地关掉或接通电场时可能发生的情况。体系的态可急剧地趋于图3-1中的最大或较低能级。这就不能调节，以便选择施加电场的最佳结果，使体系仍处于较低能级的曲线上。事实上，在微扰场非常迅速施加的条件下，其体系未能达到图3-1中的第Ⅱ状态，即错过了交叉点（最佳条件），只能按其原来的形态上升到更高的能量形式（第Ⅲ态）。这样，如图3-1所示，分子可能临时达到第Ⅲ态，但随后会松弛，不是到达第Ⅱ态（成功的跃迁），而是回到第Ⅰ态，最终跃迁没有发生。这就是一个非绝热事件。

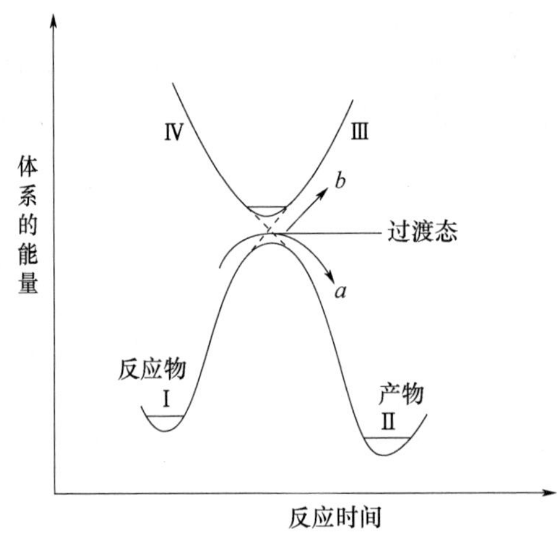

图3-1 微扰的两个类型

a—绝热运动；*b*—非绝热运动

那么，“非绝热事件”的说法指的是什么呢？可以想象，如果微扰施加得太快，则将没有反应发生。“非绝热反应”是其中多次尝试跃迁都不成功的一种状态。

还有一种状态叫“绝热近似”。在理想化的绝热情况下，微扰的施加是无限缓慢的。在绝热近似状态，默认多数微扰都随时间缓慢变化，于是，随时间的这种变化是被忽略的。

3.3.3 隐因子

提出隐因子的概念，是将微扰定义扩展到应用中的一个创新。实践过程中一时难以发现的隐因子是客观存在的。因此，将其纳入研究领域而在理论上加以界定，有利于分析和解决问题。

隐因子原本是因子分析法中的一个重要概念。因子分析是指研究从变量群中提取共性因子的统计技术，最早由英国心理学家C. E. 斯皮尔曼提出。因子分析的主要目的是用来描述隐藏在一组测量到的变量中的一些更基本的但又无法直接测量到的隐性变量（latent factor）。可以直接测量的可能只是它所反映的一个表征（manifest），或者是它的一部分。

从数学角度看，对变量群进行分析和运算时，可以采用以主成分分析为基础的反复法。主成分分析的目的与因子分析不同，它不是抽取变量群中的共性因子，而是将变量进行线性组合，成为互为正交的新变量，以确保新变量具有最大的方差，以此定义影响因子的权重。这些方法对确定的影响因子的定性和定量是有意义的，并且在科学试验中经常应用，特别是对电解质配方的研究和工艺参数影响的研究中常用的正交法，就是这种分析的例子。但是，对隐性因子，就难以用这种方法加以确定。例如当正交法的结果完全没有线性规律或出现许多意外偏差时，就表明有某个重要影响因子在影响过程而又没有被采集到群中。这在科研实践中是经常发生的事情。

事实上，对实践性很强的电化学过程，验证过程对现有理论的符合程度不是我们的目的，也不能完全根据现有理论来指导科学研究，不断补充和更新理论，引进新的变量和找到新的平衡，才是最重要的。

除了极为严密的科学试验过程，大多数生产实践都难以完全将过程变量全部严密控制。同时，有些过程的隐因子还因为限于科学认识水平和测试装置的精度而难以完全侦测到。因此，如何做到在科学试验和生产实践中尽量将隐因子进行管控，是需要理论指导的。

在经典公式中引入隐因子项，可以为已知或未知的隐因子做出定量或半定量的估算，这对评估隐因子的影响是有意义的。

显然，对有些过程，某些影响因子可以忽略不计。这时可以令隐因子项等于零，公式就回到经典形式。

但是，对有些精细过程，隐因子是不能忽略不计的。例如，即便是配制工作液的水，普通非电子类电镀过程的镀液用自来水配制即可（现在已经普遍使用去离子水）。但是，如果是用于电子电镀特别是芯片电镀的用水，则必须是高纯度水，除了控制电阻率指标，对细菌等非离子杂质也有要求。这就是对隐因子管控加强的一个典型的例子。《电子级水》（GB/T 11446.1—2013）中规定了各种金属离子、杂质和细菌等杂质的控制量。这些已经确定的杂质和控制量是科学试验和生产实践中得出的数据的归纳。但是，这个标准只是对已经认识到的影响因子的管控，一定还存在未能认识到或还没有发现的因素（隐因子）的影响。在半导体制造行业曾经传说，如果某位员工吃过鱼，就不能进入半导体生产车间，原因是吃过鱼的人呼出的二氧化碳分子中杂有鱼腥分子，会影响半导体性能。这听起来似乎离谱，却有一定道理。

这类不知道原因的影响随着芯片尺寸的进一步缩小而会渐渐显现。例如，现在只能笼统地将细菌定为影响因子，如果深入研究下去，可能就会发现是具体哪一种或哪一类细菌有影响。电镀添加剂制造商现在制造添加剂时使用的水不只是纯净水，还要对水进行杀菌处理，就是因为出现过存放期内因细菌大量繁殖而导致添加剂变质的事件。

3.3.4 薛定谔方程的解

本节将求解关于粒子处于同隧道效应有关的、被简化了的典型情况下的薛定谔方程。例如，粒子的动能小于它在势垒内的势能时贯穿方形势垒的情况。所考虑的问题如图 3-2 中的方形势能垒所示。在图中Ⅰ区和Ⅲ区的粒子总能量等于动能。在Ⅱ区中，粒子承受高度为 U_m 而宽度为 a 势能垒。在势能垒内部，势能是常数。这些势能可表示为

$$
\begin{aligned}
U(x) &= 0,\ X<0,\ \text{在Ⅰ区} \\
U(x) &= U_0,\ 0<X<a,\ \text{在Ⅱ区} \\
U(x) &= 0,\ x>a,\ \text{在Ⅲ区}
\end{aligned}
\tag{3-10}
$$

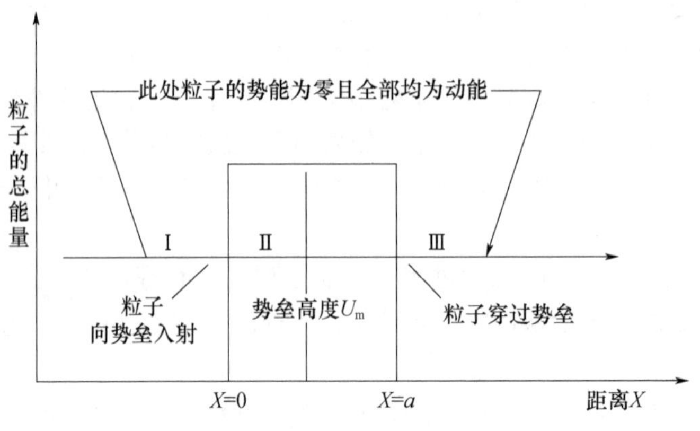

图 3-2　粒子穿过势垒的隧道效应

按照经典理论的说法，在Ⅰ区中从左边沿 X 轴正向投射到势垒、总能量为 E 的粒子，在 $E<U_0$时，其反射的概率为1。就是说，粒子进入势能区Ⅱ并继而在Ⅲ区中出来的概率是零。透射概率将是1，亦即反射概率将是零。然而按量子力学得不到这些结果。

在Ⅰ和Ⅲ势能区中的粒子的一维薛定谔方程可写成

$$\frac{\hbar^2}{2m}\times\frac{d^2\psi(x)}{dx^2}=E\psi(X) \tag{3-11}$$

势能为 U_0的Ⅱ区中的方程是

$$\frac{\hbar^2}{2m}\times\frac{d^2\psi(x)}{dx^2}=(U_0-E)\ \psi(x)\ (E<U_0) \tag{3-12}$$

在Ⅰ区和Ⅲ区中，薛定谔方程就是总能量为 E 的自由粒子的方程（E 是粒子的动能，因为在Ⅰ、Ⅲ区中粒子的势能为零)，方程有解：

$$\psi_{\mathrm{I}}(x)=A\exp(ik_1x)+B\exp(-ik_1x)\ (在Ⅰ区) \tag{3-13}$$

$$\psi_{\mathrm{III}}(x)=C\exp(ik_1x)+D\exp(-ik_1x)\ (在Ⅲ区) \tag{3-14}$$

$$k_1=(2mE/\hbar_2)^{1/2} \tag{3-15}$$

式中，k_1 是用其能量 E 和质量 m 表示粒子的波数。

式（3-13）和式（3-14）的 $\exp(ik_1x)$ 和 $\exp(-ik_1x)$ 两项可分别描述从左向右和从右向左运动的投射粒子。

式（3-13）的 $\exp(ik_1x)$ 和 $\exp(-ik_1x)$ 两项有重要的物理意义。例如，在Ⅰ区中表示粒子存在的波的状态并不是那种粒子在真空中行进而同环境没有相互作用的简单情况。事实上，Ⅰ区中的粒子理应在量子力学意义上感受到势垒的存在。势垒的作用之一是将粒子从右向左由势垒反射回去。式（3-13）中的第二项，即用 $B\exp(-ik_1x)$ 表示的项，代表那些由于势垒的反射而从右向左并不是从左向右行进中的粒子。

类似地，用式（3-14）可给出Ⅲ区中粒子的波函数，方程中的第一项代表从左向右行进的粒子。然而，来自Ⅲ区的方程的第二项只代表粒子能够从右向左行进的形式上的可能性。在假定Ⅲ区中没有另外势垒的情况下，也就不存在Ⅲ区中粒子从右向左的实际运动，从而式（3-14）中的第二项便可定为零。

在Ⅱ区中，相对于 $E<U_0$ 的薛定谔方程可有解：

$$\psi_{\mathrm{II}}(x)=F\exp(+k_2x)+G\exp(-k_2x) \tag{3-16}$$

$$K_2 = \left[\frac{2m\ (U_0 - E)}{\hbar^2} \right]^{1/2} \tag{3-17}$$

k_2 是Ⅱ区中粒子的波数。在Ⅱ区中，式（3-13）的第一项和第二项分别代表从左向右与从右向左运动的波的概率振幅。于是，我们注意到，存在一个有限的概率振幅 $\psi_{\text{Ⅱ}}$（x）和 $\psi_{\text{Ⅲ}}$（x），因此，即使当粒子的总能量 $E < U_0$时，在经典上的禁区Ⅱ和Ⅲ中也能发现该粒子。

由于Ⅰ区和Ⅲ区中的粒子的总能量是相同的并且等于 E，而该区能量 E 又纯粹是动能，则Ⅰ区中的速度 $v_{\text{Ⅰ}}$ 就等于Ⅲ区中的速度 $v_{\text{Ⅲ}}$，也就是 $v_{\text{Ⅰ}} = v_{\text{Ⅲ}}$（$E$ = 总能量 = Ⅰ区和Ⅲ区中的，因为这两个区中的势能为零）。这就叫弹性隧道效应。

我用这些篇幅讨论隧道效应，就是为了说明量子力学如何令在经典力学中不可能出现的情况得以出现。这正是粒子的波动性质在一定环境中的体现。

这些情况表明，质量为 m、总能量为 E 的实体粒子，当它入射到高度为 U_0的有限厚度为 a 的势垒时，实际上确实具有透过势垒并在另一边（Ⅲ区中）出现的确定的概率 P_{T}：

$$P_{\text{T}} = \frac{16E}{U_0}\left(1 - \frac{E}{U_0}\right)\exp\ (-2k_Z a) \tag{3-18}$$

这在经典力学中是不可想象的。这就是势垒的贯穿或穿过势垒的隧道效应。虽然这一效应在 20 世纪 30 年代就被提出来，但是一直都没有引起足够的重视并且一度还被认为是错误的。

这一效应在电极上的应用是一项具有开拓性的工作。电子从金属电极上进入溶液中离子的隧道是要穿过这个电位势垒的。这对电化学动力学具有重要的意义。

3.3.5 多种离子受体中电子的跃迁

我们以合金电镀为例，在溶液中存在组成合金成分的多种金属的离子，它们如何按设计的合金成分比率从电极获得电子，是一个非常有趣的问题。

电子在电极表面由初态进入激发态并且穿过势垒后，如何奔向不同的金属离子的空轨，或者说受何种引导进入不同的金属离子空轨还原其原子，是需要有模型加以解读的。

我们可以以图 3-1 的模型来表述不同金属离子在溶液中与跃迁的电子互动的情景。图 3-3 中，不同金属离子实际上就是具有电子空轨的不同质子数的质子。它们都是以不同能级的状态分布在溶液中的，在进入扩散层和双电层中时，各自保持着自己的能态，由此吸引相同能级的电子进入自己的轨道。激发态的电子这时跃迁进入离子空轨，这也被描述为非辐射跃迁，以区别于电磁波的超距辐射。

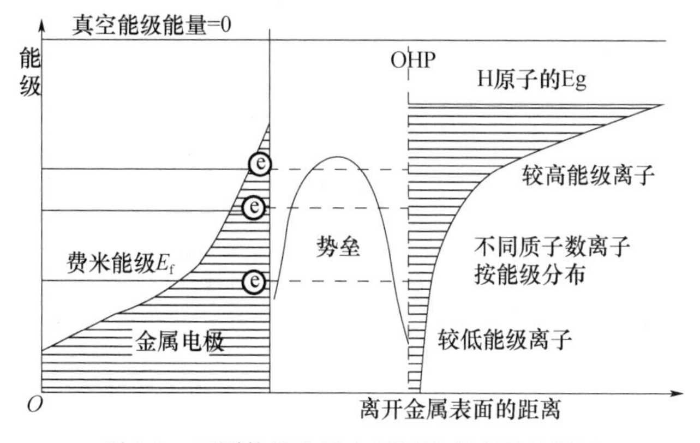

图 3-3 不同能级电子向不同能态离子的跃迁

因此，合金电镀中不同质子的离子所具有的能态，决定它接收相同能级电子的能力，这种不同能态离子的在溶液中的浓度，决定它们还原为原子态的比率。宏观工艺参数的控制最终是提供不同质子维持不同能态的能量，合金比率的调控也就是不同质子能态的控制。

在合金电镀过程中，有时要维持某一金属在合金成分中的比率，需要保持较高的电流密度，实质上是这种成分的金属离子具有较高能态，需要激发电子达到与之共振的能级才能使之还原。同样的情形在镀液温度的控制上也会出现。给镀液加温是提高溶液中离子能态的一种方式。被提高能态的离子在较高电流密度下容易还原，从而提高这种金属在合金中的比率。

因此，在多种离子存在的场合，离子的能级与电子的能态的共振，是实现不同离子还原的次序或比率的基本条件。改变离子的能级并提供相应能态的电子，就能控制其还原的过程。

当然，实际过程中，影响离子能级的因素很多，不仅仅是离子之间的作用，还有与溶剂（在没有特别指定溶剂时，通常都是水）作为配体与中心离子的作用。离子之间的作用又有同种离子之间的作用和不同质子、离子之间的作用，还有辅助离子（导电、pH 调节剂、表面活性剂等）与中心离子之间的作用。所有这些都使受体离子的能级和在波动中，这也是多元合金电镀的合金成分比率控制的难度较大的原因。

值得注意的是，科学家早在 2001 年就曾发现电子在发射时存在一种“分支流”（branched flow）现象。在此之后，科学家又在从微波到宏观的海浪等不同波中观测到这一现象。某种波形成分支流的条件是，波的长度存在差异，并且其受到的干扰的变化长度远超波长本身。这也是波的散射性质的一种表现。电子流从电极向溶液离子轨道的跃迁很有可能就是这种散射状态的，不同能级的电子的频率是不同的，也即波长是不同的，这是它们分别进入不同质子外轨道的原因。这种微观过程较好地解释了能在电化学体系中获得合金镀层的原理。

光波也具有这种分支流性质。光波在不均匀的介质中传播，受到干扰时，会偏离此前的传播方向，向各个方向散射。从蔚蓝的天空到深邃的海水，自然界的很多现象都可以用光的散射来解释。2020 年 6 月，《自然》杂志的封面文章中说以色列理工学院的研究团队首次发现，光线可以以一种不同寻常的方式散射，形成类似于河流支流的“分支流”。他们通过让激光照射肥皂泡表面观察到了这一奇特现象（图 3-4）。

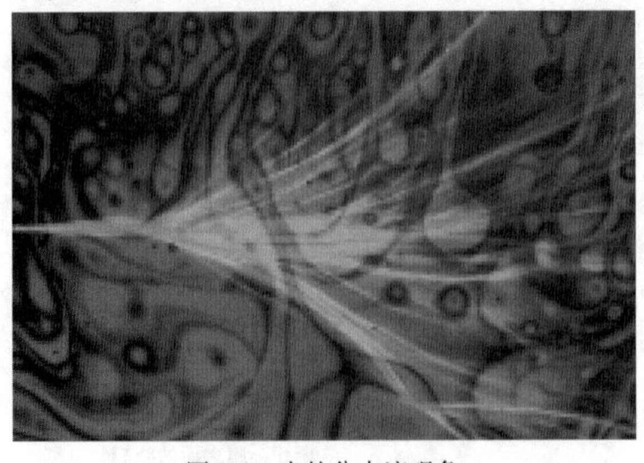

图 3-4　光的分支流现象

4　电极过程及影响因素

经典电化学研究电极过程时，通常是在标准状态下将电极理想化来讨论电极过程，但是实际应用中的电极都是具体而复杂的。要想学以致用和能根据实际情况判断和研究问题，我们将以实际生产和科研中的电极为对象来讨论电极过程与影响因素，以利获得真知灼见，从而对实际应用有指导意义。

4.1　电极材料与基体材料

4.1.1　电极材料

工业和科研中实际使用的电极涉及多种材料，而电极材料对电极过程的影响是非常重要的。这在电镀过程中特别明显，因此，我们将以电镀电极为例进行解析。

电镀电极严格地说包括阴极和阳极，而阴极又分为导电和装载产品的工装、挂具，以及装载在工装或挂具上的产品。我们将阳极放到专门讨论阳极的章节中探讨，这里主要讨论挂具和产品的材料。

4.1.1.1　挂具材料

在传统电化学中，电极性能对电极过程的影响被限定在较小的范围，在讨论电极体系时，一般都泛指一类导体浸入溶液中的电极，不展开研究不同电极材料和形状、表面状态等对电极过程的影响。但是对应用电化学，特别是电化学工艺，电极性能的影响是非常重要的因素，是一定要讨论和研究的。

从应用的角度所说的电极性能，包括电极的材料、电极的金属组织状态、金属的表面状态等。

电极材料指电极是由哪种金属或导体构成的。不同金属材料构成的电极有完全不同的电极行为，如锌浸入硫酸锌和铜浸入硫酸铜构成的电极，就是性能不同的电极。当然它们还都属于可逆电极。如果将锌置于硫酸铜溶液中，就完全是另外一种电极行为，构成的将是不可逆电极。如果电极是一种惰性材料，如铂、金或碳电极，则电极行为就又完全不同。由此可知，电极材料的本性即金属的物理化学性能对电极过程是有影响的。

电极材料还有一个重要的指标是其导电性能，例如，用铜材还是钢材做挂具，在相同截面面积下，导电能力会有很大差别。而金属导体的导电能力直接影响电子导通的能力，如果电子在一类导体中受到的阻力较大，将有一些电能消耗在一类导体的电阻上。这其实还包括从电源导向电极的电阻和电极到挂具的电阻。因而用在电镀过程的实际电能比名义电能小一些。这对电镀过程是肯定有影响的，有时影响很大。

因此，选择导电性能好的材料和根据电镀生产所需要的最大电流强度来设计导流排和挂具主导电杆截面是非常必要的。显然，使用纯铜材料是最佳选择，黄铜次之。不应该使用钢材等有较大电阻的材料。如果从强度和节约有色金属的角度采用钢材，应该根据其导电能力保证有足够大的截面面积，否则产生的电阻热效应不仅是电能的浪费，而且会对镀液和环境都有加热作用，是不可取的。

4.1.1.2　材料的组织状态

即使是同一种金属材料，其结晶组织的状态对电极过程也是有影响的。例如通过热加工的电极或通过冷加工的电极，其电极行力将有所差别。金属中的杂质的含量和分布对电极过程也是有影响的。特别是在新相生成的时候，电极的不同组织结构对新相的生长有直接影响，某些杂质点会成为气体最先或集中析出的极化点，金属组织的缺陷也会影响金属镀层的电沉积层的正常生长。

冷加工的材料则有存在内应力的危险，这种有应力集聚的区域，氢的过电位下降，吸氢能力加强，容易产生氢脆。

材料组织状态这个概念的确立，对电镀过程质量控制是很重要的。了解材料的组织状态，对选择不同的前处理是重要参考因素。因为挂在挂具上的产品的材料表面就是我们所研究的电极的表面。也就是说，我们要明确被电镀的产品就是阴极的组成部分，并且是最重要的部分。我们讨论电化学中电极的行为，主要就是发生在这些产品材料表面的。正是这些产品的材料的性质，非常直接地影响着电极过程。或者说所有与电镀过程有关的双电层的研究，是建立在这些产品材料表面形成的双电层之上的。

4.1.1.3　材料的表面状态

进一步来看，即使是具有同一种组织结构的同一种金属材料，如果其表面状态不同，也会对电极过程产生不同影响。特别是微观表面的区别，将有如同材料组织差异一样的影响。例如，有油污的表面和无油膜的表面显然是不同的，抛光的表面与粗糙的表面的电极行为也会有很大差别。金属电极表面的晶态和电子轨道的基态，决定或影响着离子还原的初始状态，从而影响到其后的晶格成长的状态。

这里所说的表面状态，既包括前面已经提到的宏观的物理状态，也包括量子电化学所讨论的表面量子态。这样，我们就能从宏观和微观两个层面考虑表面状态在实际生产和科研过程中对电极过程的实际影响。

对电镀过程而言，产品的质量和生产效率都与所要电镀的产品的表面状态有直接的关系，无论是对装饰性要求的产品还是防护性要求的产品，更进一步是有功能性要求的产品，其表面状态与所要求的结果有着极为密切的关系。在实践中，需要根据产品的设计要求和产品的表面状态选择不同的前处理方案和工艺，这是决定电镀产品质量的关键。我们将在后面以一章的篇幅来讨论这个问题。

以下讨论的电极过程，是建立在电极材料表面是纯净的活性表面基础上的。

4.1.2 电极过程

4.1.2.1 电极反应的步骤

工作电极的电化学反应过程是分步骤完成的。整个反应的速度受到各个反应步骤速度的影响，其中反应最慢的过程是过程的控制步骤。

参加反应的粒子通过传质过程到达电极区内以后，还要经过放电过程，直至出现新的产物，也就是生成新相。

无论是氢气或氧气的析出，还是金属沉积物的沉积，在电化学中都是新相的生成。有新相生成是电极反应的最终结果，也是电极电化学过程的最后一个步骤。这样我们可以将电极过程归纳为以下三个步骤。

（1）传质步骤

溶液导电与电子导电的根本区别在于溶液中离子的运动既有传导电能的作用，还有物质自身的传递。

所谓传质，就是电解质溶液中的反应物粒子向电极表面附近移动的过程。阴离子或带负电荷的偶极子、络离子等，向阳极移动，阳离子或带正电荷的偶极子、络离子等向阴极移动。这种在电场作用下的粒子的移动由于同时有传导电能的作用，可以看作是电场作用下的运动。但传质不仅只是电场作用的下运动，关于传质的几种形式，我们在下节将做专门的讨论。

带有电荷的离子在电场作用下的移动称为电迁移。以 N_d 表示电迁移产生的物质流量，则有

$$N_d = \pm E_x u^0 c \tag{4-1}$$

式中，E_x 为 x 方向的电场强度（V/cm）；u^0 为带电离子的运动速度［cm/（s · V）］；c 为带电离子的浓度。

公式中的正负号分别表示带正电的离子和带负电的离子。物质流量的单位为 mol/（cm^2 · s）。

事实证明，电迁移虽然是一个重要传质参数，但是对一个完整的电极体系，电迁移产生的物质传递，只是整个体系中物质传递的一部分，有时还是很小的一部分。

（2）电子转移步骤

当溶液中的离子经过传质过程到达阴极区进入扩散层后，还会进行一些复杂结构离子的离解等过程，使自己成为单纯带有电荷的简单离子，通常是阳离子或者说是带有空穴的离子进入双电层，然后在电极表面接收或放出电子，也就是发生了电子的转移，这是整个电极反应中最为本质的步骤，也叫电化学步骤。

经典的电化学的电极过程用“电子转移”这个概念概括性地总结了这个过程，但量子电化学研究的关系则正是这个“电子转移”步骤。我们在前面的章节中已经明确，这个过程是电子跃迁的过程，要用电子的量子态来考察这个过程。这个过程中，电子的状态对新相生成的过程和结构是有影响的。

当电极上进行了电子的转移时，就意味着在电极上发生了两件事情：一是有电流通过了电极；二是有新相生成的化学反应发生。对电沉积过程，就是发生了电结晶过程。

在电极表面进行的电子转移步骤，与其他场合的电子的移动不同，它是将电流与化学反

应紧密地联系在一起的。这就是电化学反应，或者说电能转化为化学能。在其他场合也会有电子的转移，但并不是有电子转移就一定会发生电化学反应，只有在电极上与电流有关的反应，才能定义为电化学反应。

例如溶液中的二价铁离子氧化为三价铁离子，只要溶液中存在能接收二价铁给出的电子的离子，就可以发生电子的转移：

$$6FeSO_4 + 2CrO_3 + 6H_2SO_4 = Cr_2(SO_4)_3 + 3Fe_2(SO_4)_3 + 6H_2O$$

这虽然也是化学中的氧化-还原反应，但显然不是我们讨论的电极反应中的那种电子转移。这种溶液中离子间的电子转移是不定向的或说是杂乱的，因而不能形成电流。

由此可知，电极上发生的电子的转移是有方向性的。这种电子转移或者是反应物将电子传给电极，自己发生氧化反应，或者是电极将电子传给反应物，使反应物发生还原反应。在一个完整的电极体系中，这两个反应总是同时存在的。如果在一个电极上这两个方向的反应速度相等，则在宏观上看不出有任何变化发生，没有外电流流过。如果一个方向的反应速度大于另一个方向的反应速度，则在宏观上就会有外电流流过。当还原反应的速度大于氧化反应的速度时，电极上就会出现阴极电流；如果电极上氧化速度大于还原速度，电极上就会出现阳极电流。

（3）新相生成步骤

从前面的讨论我们已经知道，一旦有电流流经电极，也就同时有以氧化或还原为特征的化学反应发生。在化学中，表明化学反应发生的各种特征是发光、发热、气体析出或出现沉淀。其中，气体析出和出现沉淀可以说是有新相生成。

电极反应也是一样，总是伴有新相的生成。到达阴极的物质，经过电子转移后生成的新相在阴极上可能是金属晶格的形成和成长，也可能是气体的析出；在阳极则可能是一部分原子转变为离子向溶液本体扩散，也可能是气体的析出，或者是其他离子的氧化。电极过程只有完成了这个步骤，才是一个完整的电极过程。

当电流不停地流经电极时，这一过程就快速地重复发生。以金属离子还原为特征的电沉积过程正是这一过程随时间的连续和重复。从而在阴极上获得电镀层。金属镀层，是从电极（阴极）上获得的新相——金属电结晶组织。

这种电结晶组织的结构与冶金学上的金属结晶有所不同。冶金学上的金属结晶是金属在高温熔融状态下金属原子的重新排列，这种排列受冷却速度的影响而有所改变。而电结晶是离子接收电子时受电子能态和离子状态的影响，出现的变化比冶金学的组织结构复杂得多。这是可以从电沉积获得一些用冶金法不可能获得的合金镀层的原因。

4.1.2.2 扩散与对流

电解质溶液中往往不只有一两种单纯阴、阳离子。特别是电镀液，除了提供电镀金属的主盐离子，还有配位剂离子、导电盐离子、pH 调节剂离子、镀液稳定剂离子或光亮剂等其他功能性添加物。这么多的离子，在电场作用下会做电迁移运动，但是也会因为其他的作用力而做各种运动，如扩散和对流。

电解质溶液中的粒子除了电迁移外，还可以在浓度差别（又称浓度梯度）存在的时候出现扩散性移动，使其浓度趋向于均匀。这种浓度梯度可能是电极区反应物的消耗导致的，也可能是外界添加物进入溶液后形成的。

显然，外加的机械搅拌或温度差异（也可以叫温度梯度）也会引起粒子的流动，我们称之为对流。

（1）扩散

在溶液中，某种离子如果存在浓度差别，即使在表面上完全静止的情况下，也会发生这种离子从高浓度区向低浓度区转移的现象。这个过程就是扩散。例如我们将一块盐放入一杯纯水中，即使不去搅拌这杯水，最后这些盐也会完全溶解并且扩散到整杯水内，直到完全均匀地分布，整杯水变成同一个浓度的盐水。

扩散引起的物质传递的流量 N_k 可以由下式表示：

$$N_k = -D\ (dc/dx) \tag{4-2}$$

式中，D 为扩散离子的扩散系数（cm^2/s）；dc/dx 为单位距离之间的浓度差，称为浓度梯度。

由式（4-2）可以看出，当溶液中相关离子的浓度差为 1（$dc = dx$）时，D 就是浓度梯度作用下离子的扩散速度。

（2）对流

溶液中的离子随着流动着的液体一起运动，这时离子与溶液之间没有相对运动，这种传质方式就叫对流。形成对流的原因可能是溶液中各部分之间的浓度差别，也可能是温度差别，这些因素引起的对流叫自然对流。如果用搅拌的方式让溶液流动，这就是外力作用下的对流，叫强制对流。由对流引起的物质流量 N_x 可由下式表示：

$$N_x = u_x c \tag{4-3}$$

式中，u_x 为 x 方向的液体流量（cm/s）；c 为掺入流动离子的浓度（mol/cm^3）。

在对流的传质过程中，正、负离子随着液体一起运动，按照电中性原理，这种运动不会引起净电流。

（3）液相传质的基本方程式

在实际电极过程中，以上讨论的三种传质方式总是同时发生的，因此，溶液中总的传质基本方程应该是它们的总和：

$$N_{总} = N_k + N_x + N_d = -D\ (dc/dx)\ + u_x c \pm E_x u^0 c \tag{4-4}$$

当然，在实际过程中，这三种传质方式所承载的传质分量不是平均分配的，在不同条件下的不同区域，以一种或两种传质方式为主要方式。

例如，在离电极较远的区间，即使不搅拌溶液，溶液中对流的速度也比扩散和电迁移大几个数量级。这一区间的扩散和电迁移可以忽略不计，主要是对流传质。而在阴极区内的电极表面，对流的作用就很小，传质的任务主要由扩散和电迁移承担。

如果溶液中除了参加电极反应的带电离子外，还存在大量不参加电极反应的惰性电解质，则因 E_x 和反应离子的电迁移速度大大减小，电迁移作用几乎可以被忽略。这种场合，可以认为电极表面附近薄层中只存在扩散传质过程。

4.1.2.3 速度控制步骤

在电极过程中，每一个步骤在进行时都有可能遇到一定的阻力。显然，这些步骤的进行速度是不一样的，有的快，有的慢，并且改变电极过程进行中的某些条件，如浓度、温度、搅拌等，各个步骤的速度会有所不同。但是，其中速度最快的那个步骤不能代表整个电极过程的反应速度。相反，那个速度最慢的过程决定整个电极反应过程的速度。这个最慢的过程就叫控制过程或控制步骤。

研究和分析电极过程，实际上就是分析和研究这个过程中的控制步骤。整个过程的动力学特征，实质上就是控制步骤的动力学特征。

由于远离电极表面溶液深处的对流传质速度比电极表面附近液层中的扩散速度大得多，而这两种过程又是连续进行的，因此液相中的传质速度主要由电极表面附近阴极区内的扩散传质速度所控制（图 4-1）。

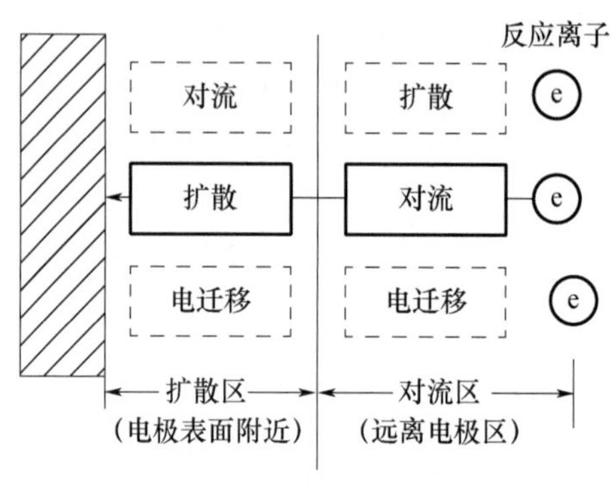

图 4-1　电极附近传质过程

由图 4-1 可以看出，电极表面附近和远离电极区的溶液中的主要传质过程是不同的。这两个区域的反应是串联的连续过程，通过对流到达阴极区域的离子进入扩散区后，就不再受对流的影响，而受扩散过程的影响。在一定的电流密度以内，扩散和对流是传质的主要过程，电迁移只占有较少的份额。

只有当电流极大时（极限电流密度），电迁移才会成为主导过程，这时无论是扩散还是对流，都来不及向阴极表面传递反应离子，只有水成为电极反应的唯一粒子，水的电解成为唯一的反应，在宏观上的表现就是阴极和阳极分别大量析出氢气和氧气。

需要注意的是，电极表面的扩散层和溶液内其他区域的划分没有一个绝对的分界线，扩散层可能会因某些因素而扩大其区域，有时也会因某些因素而压缩其区间，成为紧密扩散层。加大强制对流的力度，将大大压缩扩散层的范围，使对流的作用得到加强。这有利于提高离子在电极表面的反应速度。

4.1.3　金属离子的还原

4.1.3.1　金属离子的还原过程

在电极反应的应用中，金属离子的还原是一个最为重要的过程，受到了许多研究和关注。因为金属离子的还原在阴极上的产物就是金属镀层或电铸层，或其他需要的金属材料，这些都是现代工业和科技需要的产物。

由电解质溶液中的传质过程我们可以想到，金属离子的还原过程应该遵循溶液中其他基本离子同样的过程。事实确实如此，金属离子在阴极上的还原过程，同样经由传质、电子交换和生成新相的过程。

（1）金属离子的传递（传质过程）

单纯的金属离子都是阳离子，也就是带正电荷的离子，在电场作用下，都会向阴极泳动，最终在阴极获得电子而还原。但是，在实际应用的还原过程中，不要说在极限电流密度下，就是稍大一些的电流密度，都会很快将阴极表面附近的阳离子消化掉，使阳离子供不应求。阴极区内的扩散速度这时也远远低于电迁移的速度，使金属离子的还原效率大为下降。实际应用中解决这个问题的办法是加大金属离子的浓度和进行强制对流。

另外，在实际应用中，金属离子在许多时候并不是简单的金属离子，而有可能是有配体的配体离子，至少也是水合离子，这使其还原的速度也受到影响。同时在有些时候，过高的金属离子浓度不仅对获得合格的金属镀层不利，反而有害。因此，真正能帮助金属离子传质过程的，就主要是强制对流了。

（2）金属离子的得电子还原

金属离子到达阴极表面后，得到阴极提供的电子，使离子态的金属离子还原为金属原子，实现了电子的交换过程。

从我们对电子导电和离子导电现象的研究可知，电流是一种能量的传递，是电子运动中以振动的方式在金属中传递电流。那种认为电流是自由电子流动的说法在需要大量“电子”使金属离子还原的电解液面前，有些说不过去。因此，电流的实质才有能带说和振动说的出现。在原子外层激发态电子的振动传递电子能量，就是电流。因此，金属离子从电极（一类导体）上得到电子，其实就是获得了能量。离子态的金属是失去了一部分能量的状态，现在获得了能量，就变回原来的面目，成为金属原子。所以这一过程叫作还原。我们还可以理解为得到电子还原。

（3）新相的生成

金属离子得到电子还原为金属原子，还不是金属离子还原过程的终点。只有当原子态的金属组成金属晶格、成为金属实体时，才真正完成了全部还原过程。金属实体才是新相的生成的体现，具体到应用中就是电沉积物如镀层的出现。这一过程就是金属的电结晶过程。由于这一过程对金属还原的整个过程非常重要，因此我们将在下一节详细讨论。

4.1.3.2 金属的电结晶过程

金属的电结晶过程是金属离子经历传质、电子交换后还原为金属的过程，是我们应用电化学原理从阴极获得产品的最为直观和直接的过程。由于反应产物是从溶液中看上去无形、无色或有色透明离子从电极上沉积出的有形有色的金属固体，就像有物质从溶液中沉淀出来一样，因此这一过程也叫电沉积过程。

我们已经知道电沉积过程实际上是金属离子从阴极持续获得电子、在阴极上还原为金属原子，然后结合成金属晶体的过程。因此，也有人将电沉积过程叫作电结晶过程。以下就来研究电结晶过程。

（1）电结晶过程介绍

前面已经说过，电沉积过程也被叫作电结晶过程。这是以电为能量从含有所需金属离子的溶液中获得金属结晶的过程。这个过程的要点是金属离子的还原，如果没有金属离子还原为金属原子，就不可能有金属结晶的出现。很清楚，金属离子（化合物）的结晶体是与同种金属的结晶体性质完全不同的物质。因此，金属结晶过程是金属离子已经还原为原子后的过程，是原子晶核的成长。如果用电结晶来定义电沉积过程，正确地说应该是“电化学还原结晶过程”，简称电结晶过程。

一般盐类的结晶过程是一个物理过程。只要提高溶液的浓度，使其达到过饱和状态，就可以实现结晶。但是，对含有金属盐的溶液，无论将浓度增加到多少，都不可能得到金属的结晶。只有在外电场的作用下，达到金属离子的还原电位，使金属离子还原为原子以后，才可以实现金属的结晶过程。电结晶中的过电位与溶液的过饱和度所起的作用是相当的。同时，过电位的绝对值越大，金属结晶越容易形成，并且形成的结晶的晶核尺寸越小。显然，电结晶过程是一个消耗能量的过程。

电结晶的另一个重要特征是金属结晶必须在电极上进行，也就是说必须有一个载体或平台，使金属结晶可以在上面成核和成长。由于电极（金属）本身也是金属晶体，而金属晶体表面一定会存在结晶缺陷，这些部位会有金属晶核露出，因此，还原的金属原子也可以从这些晶核上成长起来。也就是说，对电结晶而言，不形成新的晶核，也可以进行电结晶，而一般盐的结晶，形成晶核是必要条件。

（2）电结晶过程的步骤

金属离子还原为原子后结晶为金属实体，也要经过几个步骤。

① 金属离子的“瘦身”

在电解质溶液中的金属离子都不是简单盐的离子，通常是有配体的配位离子（配体）。即使是简单盐溶液中，金属离子外围也有极化水分子膜的包围。在电场作用下进入阴极区紧密层以前的金属离子，必须去掉这些配体离子和水分子膜，使自己“瘦身”后才能在电极表面获得电子而还原。如果没有这个步骤，金属离子缺电子的空轨道被配体或极性水分子膜屏蔽，无法接收电子能量而使自己还原。

② 还原为吸附原子

成为完全裸露的金属离子在电极表面获得电子成为可以在电极表面自由移动的原子。靠吸附作用在表面移动，寻找最低能量的位置，也可以说是向低位能处流动。这个过程也可以被叫作原子的固体表面扩散步骤。

③ 进入晶格成为金属组织

在化学中金属分子是特殊结构的单原子分子，其结晶组织也就是单一金属原子组成的金属晶体。对电结晶过程，还原后的金属原子将在金属表面移动低能位置与相邻的原子“牵手”，进入晶格而成为晶体的成员。

电极表面的低位能位置实际上是晶体表面的台阶位或“拐点”（图 4-2）。这些位置的能量比较低，原子进入这样的位置才能够稳定下来，成为结晶体的成员。这种适合接纳新来的原子进入晶格的地方，我们也可以称为“生长点”。

实际上作为阴极的金属基体表面的生长点在反应进行的最初阶段都是基体金属表面的裸露金属晶体的低能量位置。当第一层金属还原层出现后，活泼的新形态金属原子就会在镀层上寻找低能位置，或在金属结晶有缺陷而处于低能量的位置进入晶格，这是金属晶格有时出现异常的原因之一。这也是我们对电镀制品在电镀的基体前处理方面有严格要求的原因或原理。

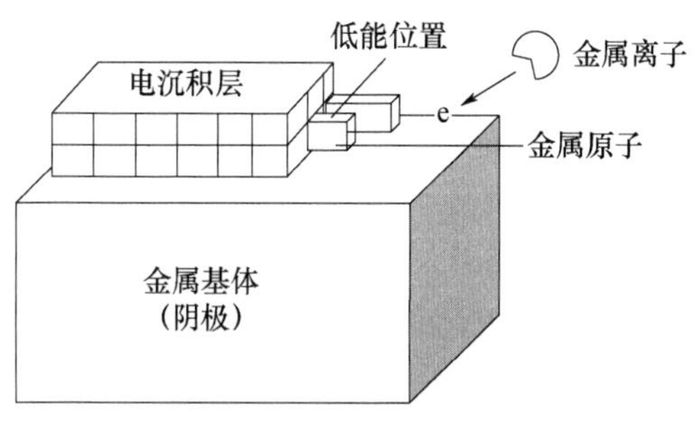

图 4-2 金属的电结晶

4.1.3.3 电结晶过程的关系式

用电结晶来定义电沉积过程，确切地说应该是“电化学还原结晶过程”，简称电结晶过程。其特点是有新相的生成。生成新相的最重要条件是电能。表达电结晶过程与电流强度关系的关系式如下：

$$I = I_0 + I_C = nF\frac{a}{N}P + nF\frac{m}{A}P' \tag{4-5}$$

式中，I_0为形成晶核电流；I_C 为晶核成长电流；n 为金属的价态；F 为法拉第常数；a 为组成晶核的原子个数；N 为阿伏伽德罗常数；m 为晶体的质量；A 为金属的原子量；P 为形成晶核的概率；P'为正在成长的晶体的个数，它等于概率 P。

由于这个理论推导的公式计算起来比较困难，在实际应用中可以将第一项省略，理由是晶核生成的电流份额与晶核成长的电流比是非常小的，因此，电结晶的电流强度可以表示为

$$I \approx nF\frac{m}{A}P \tag{4-6}$$

这个方程是原方程的第二项，但是用新相生成概率 P 替代了 P'。由于将新相形成的概率保留在方程中，而新相形成的概率受温度的影响较大［$P \approx f(T)$］。因此，整个电结晶过程中的主要影响因素就包括电解液的温度、浓度、阴极电流和电位、析出金属的性质等。

4.2 电结晶形态

4.2.1 电结晶的微观形态

我们平时面对的电极过程实际应用的结果都是宏观的状态。例如具体的镀层有光亮的、无光的、细致的、粗糙的等，都是金属的常态之一。但是，这些宏观结构其实都是微观结晶成长后的结果，并且其看上去相似的表面状态在微观状态下是差别极大的。

图 4-3 是镀银层在非晶态基体上从 0.25μm 到 15μm 不同厚度下的结晶形貌电子显微图像。

图 4-3 中下方的模拟图表达了微观结晶的生长过程。非晶衬底指的是非晶态基体，在这样的基体上电镀，镀层结晶不受基体结晶取向的影响。在以后的讨论中我们还将看到，基体

的结晶状态，对在其上生长的结晶是有一定影响的。图 4-3（d）在长大的晶体上标有晶面指标 <110>，这是描述结晶形态的一种标识。掌握这种标识的意义对研究电结晶过程是必要的。

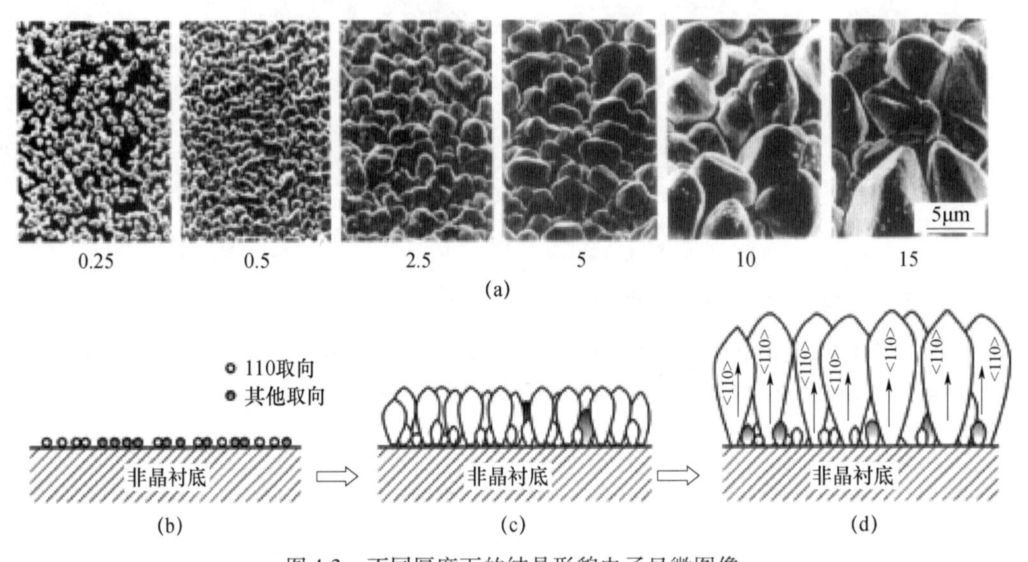

图 4-3　不同厚度下的结晶形貌电子显微图像

4.2.2　晶面指标

很多研究电沉积过程的报告在描述金属结晶的结构时，用到了晶体的晶面指标。这种晶面指标也叫密勒指标（Miller indices）。

（1）晶面指标的定义方法

选择一组把阵点划分为最好格子的平移向量 $\vec{a}$、$\vec{b}$、$\vec{c}$ 的方向 a、b、c 为坐标轴。如果有一平面点阵或晶面与 a、b、c 轴相交于 M_1、M_2、M_3 三点（图 4-4），则截长分别等于

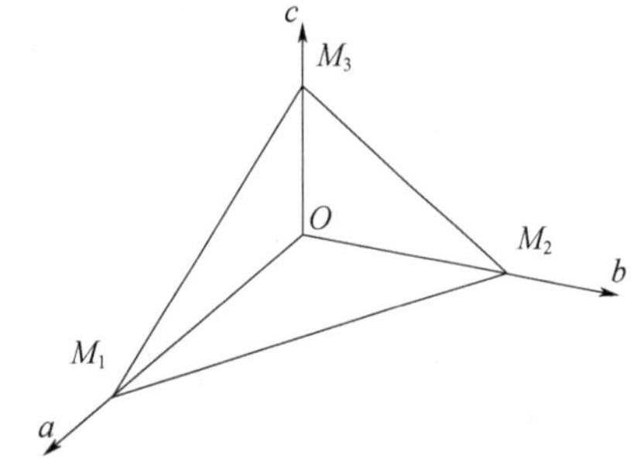

图 4-4　晶面指标参数示意图

$$\begin{aligned} OM_1 &= h'\vec{a} \\ OM_2 &= k'\vec{b} \\ OM_3 &= l'\vec{c} \end{aligned} \tag{4-7}$$

因为点阵面必须通过阵点，所以截长一定是单位向量的整倍数，即 h'、k'、l'必定是整数。这 h'、k'、l'三个整数可以作为表示晶面的指标。但是，如果平面与 a 轴平行，则 h'会无穷大。为了避免这个无穷大，密勒采取用 h'、k'、l'的倒数的互质比来表示晶面：

$$\frac{1}{h} : \frac{1}{k} : \frac{1}{l} = h : k : l \tag{4-8}$$

这个 hkl 就叫密勒指标或晶面指标。

例如某晶面的截数是 2，2，3（可以理解为 XYZ 空间坐标上，与 X、Y、Z 轴截得 $X=2$，$Y=2$，$Z=3$ 的一个平面），那么 1/2 : 1/2 : 1/3 = 3 : 3 : 2，该晶面指标就是（332）。如

果和任一个坐标轴平行，如平行于 X 轴，这时 X 的截长为无穷大，倒数就记为0。

（2）晶格指标的标识方式

我们已经知道，晶格是由各种参数加以定义的。其中最常用的是晶格常数。这些常数是由晶向、晶面的组成方式根据一定的规律构成的。这些参数是人为定义的整数组，由于可以方便地交流关于晶体的认识，成为晶体学中常用的符号。

① 晶向和晶向族

空间点阵中节点列的方向：空间中任两节点的连线的方向，代表了晶体中原子列的方向。晶向指数表示晶向方位符号。

晶向指数特征：与原点位置无关；每一指数对应一组平行的晶向。

晶向族：将原子排列情况相同但空间位向不同的一组晶向的集合称为晶向族，用 $<uvw>$ 表示。

例如 $<110>$ 包括［110］［$1\bar{1}0$］［101］［$10\bar{1}$］［011］［$01\bar{1}$］。

② 晶面与晶面族

空间中不在一直线上的任三个阵点构成的平面，代表了晶体中原子列的方向。晶面指数是表示晶面方位的符号。

晶面指数特征：与原点位置无关；每一指数对应一组平行的晶面。

晶面族：原子排列情况相同但空间位向不同的一组晶面的集合称为晶面族，用｛hkl｝表示。

例如｛110｝包含（110）（$1\bar{1}0$）（101）（$10\bar{1}$）（011）（$01\bar{1}$）。

③ 六方晶系晶面与晶向指数

与立方晶系的结构有所不同，六方晶系的结构多出一组数据：让原点为晶向上一点，取另一点的坐标，有

$$p\vec{a}_1 + q\vec{a}_2 + r\vec{a}_3 + s\vec{c} = \vec{op} \qquad (4\text{-}9)$$

并满足 $p+q+r=0$，然后化成最小整数比 $u:v:t:w$，用［$uvtw$］表示，不加逗号，负号记在上方。六方结晶的模式与标识与图4-5所示。

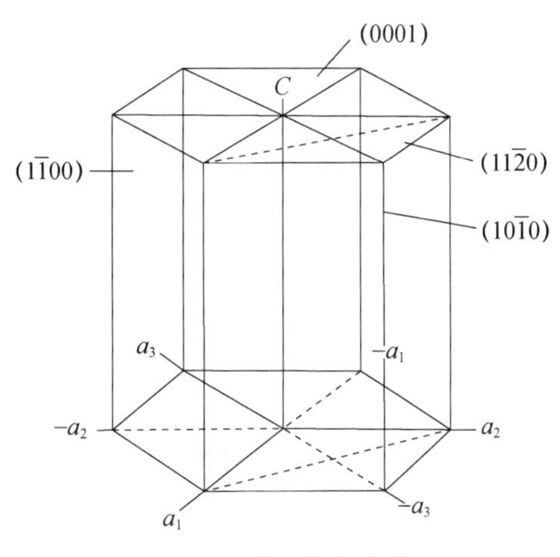

图4-5　六方晶格与常数

4.2.3　金属结晶的结构与参数

（1）金属晶体与金属键

结晶是指在一定条件下，溶液中的分子从溶液中形成一定结构的固态物质的过程。例如过饱和盐溶液中的盐晶体。结晶过程是从晶核生成到晶体长大的过程。如果晶核形成的速度比晶核长大的速度快，则结晶比较细小；相反，如果结晶长大的速度比晶核形成的速度快，则结晶比较粗大。金属结晶过程基本上也遵循这个机理。

金属晶体原子间的结合力是由金属键维持的。金属键是由金属的自由电子和金属原子及离子组成的晶体格子之间的相互作用构成的。金属键实际上是一种包含有无限多的原子的多原子键。电子能量可以在整个金属晶体内自由传递。

需要指出的是，金属结晶实际上有自己的一些不同于一般化学结晶体的性质和特征，这主要是因为金属结晶所依靠的键力不同于一般分子间的键力。

首先金属晶体实际上是由金属原子直接堆积而成的晶体，也可以说是多原子晶体的极限情况。当多原子共价键中的原子个数由几个、几十个发展到 10^{20} 个多时，键的性质就会发生转化，我们可以称这种极强的多原子间力或金属分子间的力键为金属键。

金属键的另一个特征是没有方向性、饱和性，可以在任何方向与任何数目的邻近原子的价电子云重叠，从而成长为任意规格的金属结晶体，并且是最为稳定的结晶结构。这就是金属有最好的力学性能的原因。

（2）晶格

为了方便研究晶体的各种性能，表达空间原子排列的几何规律，把粒子（原子或分子）在空间的平衡位置作为节点，人为地将节点用一系列相互平行的直线连接起来形成的空间格架称为晶格。

由 8 个节点定义的一个立方体通常就是一个晶格的空间。但是，晶体的结构并不都是完全方方正正的立方体，节点之间对角线连接构成的面和空间也是结晶的形式。因此，由节点构成的空间就出现了多种形式，根据边长和交角的不同，现在确定的空间点阵单位一共有 7 种，即立方晶系、六方晶系、四方晶系、三方晶系、正交晶系、单斜晶系、三斜晶系。

这些空间点阵又因构成形式不同而分为简单 P、面心 F、体心 I、底心 C 等 14 种形式（图 4-6）。

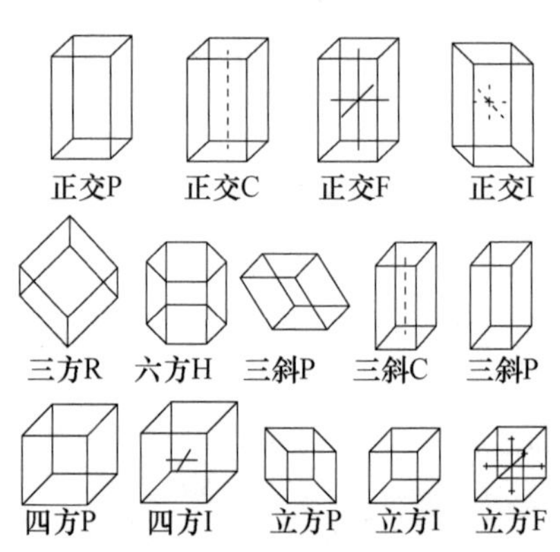

图 4-6　晶体结构的 14 种形态

其中较为常见的有三种，即：

① 体心立方 bcc（body-centered cubic）结构

点阵常数为 a，单胞的原子数为 2，配位数为 8，致密度为 0.68。

② 面心立方 fcc（face-centered cubic）结构

点阵常数为 a，单胞的原子数为 4，配位数为 12，致密度为 0.74。

③ 密堆六方 cph（close-packed hexagonal）结构

点阵常数为 a、c，$c/a=1.633$，单胞的原子数为 6，配位数为 12，致密度为 0.74。

点阵一般为整数（包括零），可采取 100、110、111、200、210、211、220、221、222、300 等数值。最常用到的是晶面指标，用它表示金属组织的结晶模式如在低电流密度下的镀镍层具有［100］或［111］的结构。

（3）晶体结构模型

为了较为准确地描述金属结晶的结构，通常是将金属原子看成球形体，从而提出了球体密堆积结构模型（图 4-7）。这种模型能更好地说明金属结晶的特征，在对构成体按不同层面进行解析时，也可以借用化学结晶的晶面指数加以描述。由于球体的紧密堆积可能有至少两种模式，即所有位置都有原子球的 ABC 模式和每三个球构成的空间位没有被原子填补的 AB 模式，也可以将金属结晶分为面心结构和体心结构的结晶。

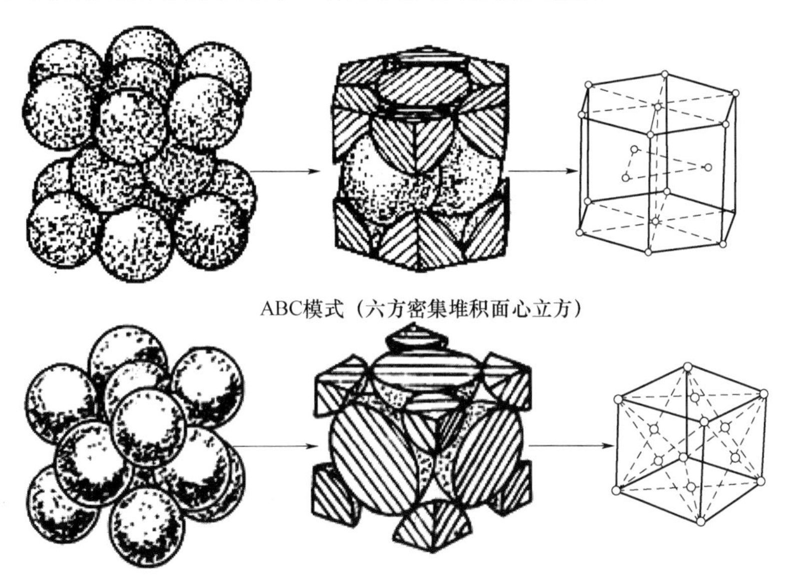

图 4-7　球体密堆积结构模型

无论用哪种方法获得的金属晶体，基本上都有自己特定的金属组织结构，特别是以熔炼法获得的金属材料，同一种金属的结晶基本上是相同的。

（4）电结晶与金属结晶的关系

目前用来描述金属结晶的所有参数主要是源于金属学的研究成果，而金属学所研究的金属是基于金属热熔成型后的构成。热熔金属的结晶受温度变化的过程影响非常大。随着温度的下降，处在熔融状态的金属原子运动的自由度下降，最终固定在一定的结晶组织中。只要温度缓慢下降，金属原子的排列就是非常有序的，因此，金属结晶有较好的均匀结构。这些构成与电结晶所获得的金属结晶是不一样的。但是，当我们从原子级别观测时，发现无论是火法冶金还是湿法冶金，其金属微观组织基本上是相同的。当然，由于过程的不同仍然存在一些差异，也正是这些差异构成了电结晶过程与熔融结晶的区别。

值得一提的是，最纯的金属材料的获得往往采用的是湿法冶金的方法，即电解冶金的方法，如高纯度的电解铜、电解镍、电解银板等。这是因为电结晶可以通过电解液的配制和电沉积条件的控制等来控制杂质的影响，使在阴极的还原严格地只限于所需要的金属离子。这是火法冶金所难以做到的。现在，许多有色金属和稀有金属的回收也多采用湿法冶金的方法，即用酸处理各种含金属材料的废旧电子回收物，制成电解液，再以电镀的方法将金属镀到同种金属的阴极上，获得有色或稀有金属。

4.3 镀层结晶与微观结构

4.3.1 镀层的七类微观结构

有关镀层的微观结构，虽然在不同时期有不少研究者都做过一些相关的工作，但是基本上是分散和不成体系的。在镀层微观结构方面长期和系统地做了研究工作的要数日本东京都立大学的渡边博士。

根据渡边博士的研究，可以将镀层的微观结构分为七种类型，或者说从七个方面对金属的微观结构进行研究，如图 4-8 所示。这些不同类型的微观特性如下：

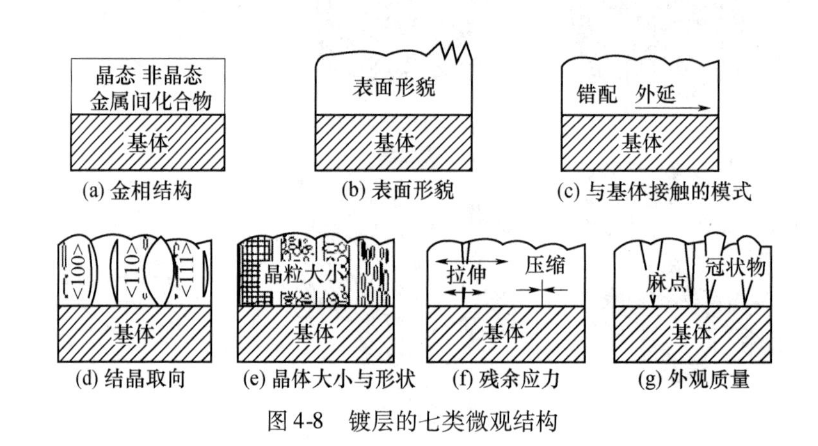

(a) 金相结构　(b) 表面形貌　(c) 与基体接触的模式

(d) 结晶取向　(e) 晶体大小与形状　(f) 残余应力　(g) 外观质量

图 4-8　镀层的七类微观结构

（1）金相结构

可以对金属组织的金相结构进行观测，从而确定金属组织的晶态或非晶态状况，以及形成金属间化合物的情况。

（2）表面形貌

不同的金属组织从微观上观测有不同的表面形貌，这些表面形貌可以反映结晶粗细和镀层平整度的不同变化。

（3）与基体接触的模式

所有镀层都是从金属基体上生长出来的，基体的初始状态对镀层的结晶与生长过程有着很直接的影响。基体是单晶还是多晶、表面粗糙度状态、表面活化状态、表面应力等都将影响镀层的结晶和生长。

（4）结晶取向

通过微观观测可以获得结晶取向的更为准确的信息，并且可以获得影响结晶取向的因素。

（5）晶粒大小与形状

通过微观测试可以获得结晶镀层晶粒大小与形状的信息。这些信息与其他结晶参数是有互相印证和影响作用的。

（6）残余应力

通过对微观结构中结晶错位、开裂和变形等情况的观测，了解镀层残余应力的影响。

(7) 异状物

可以通过对镀层中结瘤、麻点等微观状态的观察，进一步了解出现这类异常结晶的原因，从而为提高外观质量提供参考。

测试表明，冶金获得的金属镍、钯、铂、铜、银、金、铝等都是面心立方（fcc）结构，而铬、钼、钨等是体心立方（bcc）结构，锌、镉等金属是密堆六方（cph）结构。电沉积法获得的金属镀层基本上与其金属学结构是一致的。金属结晶的生长方向与镀槽中的电场有关，通常沿电力线方向生长，但并不一定垂直于基体。结晶的生长可以取两种模式，即层状和柱状。

4.3.2 层状结晶和柱状结晶

层状结晶指镀层在结晶过程中是一层一层地展开的，即第一层覆盖完成后，由第二层开始生长，逐步增加层数，形成宏观镀层，如图 4-9 所示。

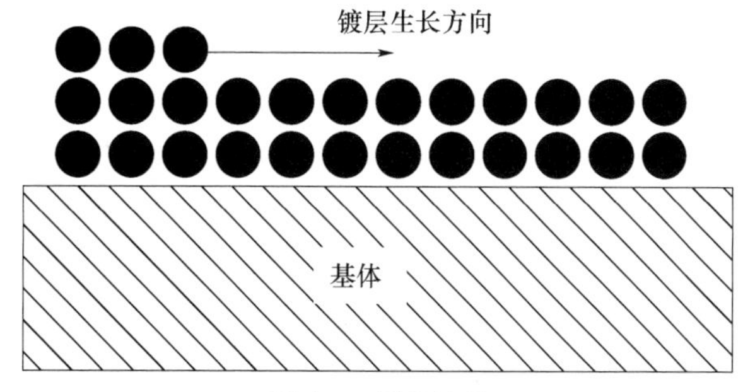

图 4-9 层状结晶

层状结晶也叫片状结晶，这种结晶状态是电沉积过积中特有的结晶形态之一。金属离子在还原过程中，当最初晶核形成后，沿平面上的二维方向成长，新的晶核则在已经成长成晶面的断点处或已经形成的新的平面上形成，然后仍然沿二维方向生长。如此往复，镀层在宏观上就表现为一层一层叠加起来的组织状态。有时表现为一片一片的，有时表现为鱼鳞状结晶的形态。所有这类结晶都属于层状结晶。

影响镀层结晶形态的首先是基体材料的结晶状态，镀层结晶基本上是沿着基体材料的结晶外延生长的，但是电镀工艺参数对结晶过程也有重要影响，包括电流密度、温度和镀液组成与添加剂的影响等。例如，使用含硫量较高的镀镍添加剂获得的镍镀层多为层状结晶，而无硫镍镀层多为柱状结晶。层状结晶的镀层硬度相对较低，孔隙率也相对较小，有较强的韧性。

与层状结晶不同的是柱状结晶。柱状结晶也称为 3D 生长结晶。柱状结晶的镀层结晶像柱子一样从基体表面垂直生长。如果可以保持轴向紧密排列，则柱状结晶是一种强度很高的优良晶型，但是，由于结晶过程受影响的因素太多，结晶成长的环境不可能全程控制在相同条件下，因而柱状结晶容易出现变化，其中最为典型的有两大缺陷：一是高密度的孪晶，二是晶界内出现空洞。图 4-10 显示的是柱状结构镀层生长模式。这种结构的结晶通常有较高的硬度和耐磨性能。

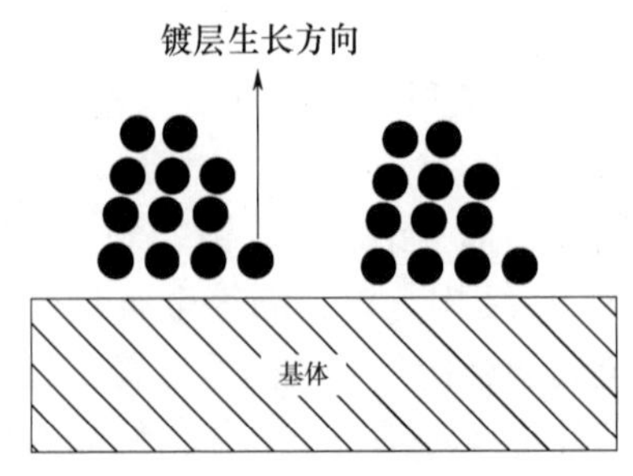

图 4-10　柱状结构镀层生长模式

4.3.3　非晶态镀层

值得指出的是，相同化学结构的物质既能形成不同晶型的结晶，也能成为无结晶性的状态，即无定形粉末（amorphous particles）或简称无定形。无定形不是多晶型中的一种类型，无定形物质的微观结构是分子或原子的无序集合，同一物质只有一种无定形存在。无定形粉末的非晶性（amorphism）使其在偏振显微镜下既无晶体的双折射现象也无晶体的偏振光熄灭现象，很容易与结晶性粉末区别。在其他物理性质方面，无定形与晶型也有很大差别。但是，无定形与晶型在一定结晶条件下也同样可以相互转换。在过大电流下获得的粗糙镀层基本上是无定形结晶，但是，电镀结晶过程最重要的是可以获得非晶态镀层。

非晶态从定义上讲，是指固态物质原子的排列所具有的近程有序、长程无序的状态。对晶体，原子在空间按一定规律做周期性排列，是高度有序的结构，这种有序结构原则上不受空间区域的限制，故晶体的有序结构称为长程有序。具有长程有序特点的晶体，宏观上常表现为物理性质（力学的、热学的、电磁学的和光学的）随方向而变，称为各向异性，熔解时有一定的熔解温度并吸收熔解潜热。对液体，其分子在很小的范围内（线度与分子间距同一量级）和很短的时间内能像晶体一样做规则排列，但在较大范围内则是无序的，这称为近程有序。

非晶态固体与液态一样具有近程有序而远程无序的结构特征。非晶态固体宏观上表现为各向同性，熔解时无明显的熔点，只是随温度的升高而逐渐软化，黏滞性减小，并逐渐过渡到液态。非晶态固体又称玻璃态，可看成是黏滞性很大的过冷液体。晶体的长程有序结构使其内能处于最低状态，而非晶态固体由于长程无序而使其内能并不处于最低状态，故非晶态固体属于亚稳相，向晶态转化时会放出能量。常见的非晶态固体有高分子聚合物、氧化物玻璃、非晶态金属和非晶态半导体等。

要了解非晶态镀层的特点，需要了解非晶态材料特别是金属材料的特点。

首先，非晶态材料的硬度和机械度卓越。例如，拉丝后纤维化的非晶态铁钽硅硼合金线材，拉伸强度高达 $400kg/mm^2$，为钢琴丝的 1.4 倍，为一般钢丝的 10 倍。由于这一特点，它可被用来制作高尔夫球棍、钓竿等。

其次，非晶态材料具有优越的磁学性能，可用作磁屏蔽材料，还可以把非晶态纤维作为电感线圈的骨架，用导线作为线圈，制成极薄型电感，其厚度只有现在薄型电感的 1/10。另外，非晶态合金薄膜也可用于可改写的光盘和超记录密度的光磁盘上。非晶态材料还有优越的抗腐蚀性能，改善了材料的腐蚀行为。获得非晶态材料是产业界非常关注的技术课题，而电镀和化学镀则是获得非晶态镀层的重要手段之一。

显然，非晶态镀层与非晶态材料一样，首先是要有较高的硬度，这在耐磨镀层方面有广泛用途，可以用来取代有严重污染的镀硬铬工艺。由于化学镀镍也可以获得非晶态镀层，这就更有实用价值。同时非晶态镀层有较好的抗腐蚀性能，对提高镀层的抗蚀性是很有意义的。同时，在材料表面镀得非晶态材料比全部采用非晶态材料有更重要的意义。这为在一些不易获得非晶态状态的材料表面提供非晶态镀层提供了选择。

4.3.4 各种金属和镀层的常见结构

（1）镀锌

金属锌的结晶组织为密堆六方（cph）结构，晶格常数 $a=0.26649$nm，$c=0.49470$nm，$c/a=1.856$。

镀锌的组织结构与基体的结晶取向、电镀工艺参数的影响有关。硫酸盐镀锌层在广泛的电流密度范围内都呈现几何形态的结晶。表面微型晶粒的大小与电流密度无关。而氯化物镀锌则不同，在低电流密度下，表面结晶为细小颗粒，但随着电流密度的增高，出现完全不同于密堆六方（cph）结构的几何形态。硝酸盐镀锌层的表面微粒呈球冠状轮廓，其尺寸大小受电流密度影响，低电流密度下为细晶，高电流密度下则结晶变大。

所有锌镀层在低电流密度时都没有呈现某种特定的结晶，但随着电流密度的提高，不同镀液显现出不同的结晶组织，硫酸盐和氯化物镀锌层呈现 101 结构，硝酸盐镀锌则呈现 101 弱结构。

（2）镀镉

金属镉的晶体结构为密堆六方（cph）结构，晶格常数 $a=0.2987$nm，$c=0.5617$，$c/a=1.886$。

镀镉层在很薄时不显示任何结构，当镀层厚度增加时，则出现 001 的结构特征。镀液温度对镀层结构有显著影响，当液温升至 40℃时，镀层结构变为 103。

（3）镀铜

金属铜的晶格类型为面心立方（fcc）结构。晶格常数 $a=0.3615$nm。

镀铜的结构受较多因素影响，包括镀液成分、电流密度、温度、杂质和添加剂等。没有添加物的镀铜液中获得的镀层是柱状结构，但是添加了明胶、苯磺酸等的镀层则呈纤维状结构，且硬度比柱状结构高 15%～20%。在较高温度（70～80℃）下的氰化物镀铜、焦磷酸盐镀铜可获得细晶结构，换向电流可获得层状结构的镀层。

镀铜的组织受镀层厚度的影响也很大。通常晶粒的大小随着镀层厚度的增加而变粗。镀铜层有强烈的 110 结构取向趋势，但在高电流密度下，110 结构弱化，111 结构增强。低温下也容易形成 111 结构。

（4）镀镍

金属镍的晶格类型为面心立方（fcc）结构，晶格常数 $a=0.35238$nm。

用不同工艺镀液获得的镀镍层的金属结构是不同的，硫酸盐和瓦特镍镀液是 110 结构、氯化物镀液是 311 结构、氨基磺酸镍镀液是 100 结构。特别是装饰镀镍，由于广泛采用各种添加剂，从而使镀层结晶呈现复杂的情况。添加剂中的活性官能团会在（110）面选择性吸附而有利于（100）面的生长。硫化物、糖精等都具有阻止 <110> 方向的生长而有利于

［100］结构形成的作用。氢氧化镍胶体则选择性吸附在（100）晶面，从而抑制 <100> 方向的生长，促进形成［211］、［211］＋［111］或［111］结构的形成。

（5）镀钴

金属钴通常为密堆六方（cph）结构，晶格常数 $a=0.25071$nm，$c=0.40686$nm，$c/a=1.6228$。钴在417℃时发生固态相变，由密堆六方（cph）结构转变为面心立方（fcc）结构。面心立方（fcc）结构的晶格常数 $a=0.25071$。

无论是氯化物还是硫酸盐镀钴，镀层最初都是100结构，但随着电流密度的增加而向110结构变化。氯化物镀钴在低电流密度下的100结构取向比硫酸盐更强。

（6）镀铬

金属铬的晶体结构为体心立方（bcc）结构，晶格常数 $a=0.2884$nm。

镀铬层的结晶大小由150nm晶粒聚集形成晶群，与电流密度的大小无关。薄层铬没有特定的结构，随着厚度的增加而呈现111结构。镀铬层的结构与电流关系不大，但与温度有较大关系，当镀液温度低于40℃时，镀层金属结构为100。

（7）镀锡

金属锡本身存在同素异构现象。异构体转变受温度影响，当环境温度超过13.2℃时，金属锡会从立方晶格的灰锡（α-Sn）转变为四方结构的白锡（β-Sn）。但是，当温度回到13.2℃以下时，金属锡并不立即发生回到灰锡的转变，而在更低的温度下（－40℃）才会变成灰锡，但形态是粉末状的。α-Sn的晶格常数 $a=0.6489$nm；β-Sn的晶格常数 $a=0.5821$nm，$c=0.3182$nm。

镀锡最常见的结构是柱状结构，特别是不含或少含添加剂的镀层，基本都是柱状结构。在光亮镀锡和缎面镀锡中则可以观测到大颗粒和多边形结构。从碱性镀液中获得镀层的结晶面择优取向（100），而在酸性镀液中的取向是（110）。

（8）镀铅

铅的金属组织结晶为面心立方（fcc）结构，晶格常数 $a=b=c=0.49508$nm。镀铅在极薄时可以延续基体的结晶取向，但随着厚度的增加，结晶起瘤现象较为严重，也会有枝晶生长。加入有机添加剂可以细化结晶。

（9）镀金

金的晶体类型为面心立方（fcc）结构，晶格常数 $a=0.4079$nm。

硬度低的软金镀层多数是柱状结晶，由于软金的成核速度慢，有利于晶核的柱状成长。而硬金的成核速度通常较高，因此软金与硬金的结晶区别是成核速度影响晶粒尺寸，从而影响其宏观的物理性能。光亮的镀金晶面取向是（111），在脉冲电镀金中获得的镀层的结晶面是单金［001］和［011］晶体。

（10）镀银

金属银的金属类型为面心立方（fcc）结构，晶格常数 $a=0.4086$nm。

通常，在不含添加剂的镀液中获得的银镀层为树枝状结晶，这是所有镀种中较少见的结晶形态，这种形态被称为不规则分枝（fractal）。不规则分枝是一种几何形状，被以越来越小的比例反复折叠而产生不能被标准几何所定义的不标准的形状和表面。例如天然形成的海岸线、千姿百态的树枝等。不规则分枝现在已经被用于对天然不规则的模型和结构进行计算机模拟，从而解决一些非规则形态的工程或结构问题。

（11）镀铁

金属铁的结构与冶炼温度有关，当温度达到910℃时，结构从体心立方（bcc）（α-Fe）转变为面心立方（fcc）（γ-Fe或奥氏体），当温度达到1390℃，又从γ-Fe变为体心立方（bcc）的δ-Fe。α-Fe和γ-Fe的晶格常数 a 分别为0.2866nm和0.363nm。

电镀铁的金属结构基本上是复制基体表面的微观结构，即镀铁层的结晶是沿着基体表面的结晶走向生长的。当基体金属的微观结构是［110］时，镀层也基本上是［110］结构；基体是［100］结构，镀层也是［100］结构。只有少数情况下会发生改变。另外，当镀层增厚时，结构会发生改变。通常结晶都会随着厚度的增加而粗大起来。

4.3.5　合金镀层的常见结构

（1）银镉合金

银镉合金镀层的结构受银含量影响，当合金中银含量高于44%时，呈现α相，具有面心立方（fcc）结构；含银量在38%～40%时，形成γ相；含银量在12%～38%时为η相。β相为具有体心立方（bcc）结构的金属间化合物AgCd；γ相的构成为 Ag_5Cd_8，也是体心立方（bcc）结构的金属间化合物。

（2）银钴合金

银钴合金的结构随着钴含量的增加而有所变化。其中银的衍射峰随着钴含量的增加而变宽，并且在钴含量的物质的量分数为0～60%的范围内都观测不到钴的特征峰，只有在其含量超过60%以后才出现弱的钴峰。金属钴为密堆六方（cph）结构，合金化后也没有发生漂移，说明银钴合金是互不相溶的二元型合金。其各自的晶格常数在整个成分范围内都基本上是不变的。

（3）银铜合金

银铜合金的平衡相图是典型的共晶型合金。不过，当铜的成分在21%以内和铜的成分在90%以上这两个区间，镀层的衍射图中不会出现铜和银的衍射环。而在合金成分的变化在21%～90%时，金属银和金属铜的衍射环都存在，说明存在的是富银相（α相）和富铜相（β相）组成的两相合金。

（4）银锡合金

可从焦磷酸盐和碘化钾为络合剂的镀液中获得银锡合金镀层。银锡合金的衍射峰很强，说明合金镀层存在晶相。含银量低的合金镀层给出β-Sn相及金属间化合物的衍射强峰。随着银含量的增加，β-Sn相的衍射峰强度降低，合金相的强度随之增强。当银含量达到75%（物质的量分数）以上时，银合金镀层将失去β-Sn相的衍射峰，只显示合金相的衍射峰。

富银和富锡合金镀层的结晶都较粗糙。含10%～20%银的合金则结晶细致，可以获得光亮镀层。

（5）银锌合金

银锌合金镀层的金属组织结构与热熔银锌合金晶格参数十分一致。不同含银量的银锌合金显示出极不相同的组织结构。当银的含量在4%左右时，表现为α相特征；4%～44%时为α+β的相；44%～53%时为β相；53%～55%时为β+γ相，是从β相向γ相的过渡；55%～63%时为γ相；63%～88%时为δ相；88%以上时为δ+η相。

（6）铝锰合金

铝锰合金镀层只能从熔融盐中电镀获得。当锰含量低时，其合金镀层呈现铝晶体的｛111｝和｛200｝峰。当锰含量在25%～40%时，其峰值变宽，说明结晶转化为非晶态。当锰含量进一步增加时，则出现斜方晶系 Al_6Mn 的｛202｝峰的合金镀层结构。

（7）金铜合金

金铜合金在高温下为连续固溶体，在整个成分范围内都是相溶的，只在较低温度下（低于400℃）形成金属间化合物。这种金属间化合物有三种形式，即 $AuCu_3$、AuCu 和 Au_3Cu。金铜合金镀层的晶格常数介于0.4078～0.3615nm之间。其值的变化随合金中铜成分的增加而降低。合金结构中的富金区只存在金的晶体，富铜区则只显示铜的晶体。

（8）金镍合金

金镍合金同样在高温条件下是完全互溶的。在低温条件下则有不互溶现象。合金镀层中当镍的含量低于40%（物质的量分数）时，存在金晶格类型，晶格常数随着镍含量的增加而降低。在这个含镍量范围内，镍以置换方式溶入金而形成固溶合金。当镍的含量进一步增高，合金镀层含镍量在52%～94%时，出现合金含过饱和镍的亚稳相 $AuNi_3$。其晶格常数随含金量的增加而增大。

（9）金钯合金

金钯合金为典型的匀晶体系，在整个合金成分范围形成固溶合金。从电子衍射结果可以看出所有合金镀层都显示出面心立方（fcc）结构。晶格常数在纯金的0.4078nm和纯钯的0.38902nm之间与合金成分变化呈线性变化。

（10）金锡合金

金锡合金镀层在镀层形成的初始期是电位很正的金优先沉积的富金镀层，随着锡含量的增加而出现 AuSn、$AuSn_2$ 和 $AuSn_4$ 三种合金结构相，并且可以在同一镀层的不同厚度区域共存。金锡合金镀层不形成亚稳相。

（11）镉锌合金

镉和锌都具有密堆六方（cph）结构，并形成共晶系，在室温下也存在少量互溶。对合金镀层，两相共存的含锌量范围为19%～74%。在这个范围外的合金是单相共溶体。其晶格常数在整个成分范围内都保持不变。

（12）钴铜合金

钴铜合金为包晶结构。纯钴的高温相为面心立方（fcc）结构，对钴铜合金镀层，在整个合金成分范围内都显示为面心立方（fcc）结构。在富钴区，面心立方（fcc）结构的晶格常数随着铜含量的增加而增大，在富铜区，晶格常数随着含钴量的增加而减小，从纯铜的0.362nm降到含31%钴的0.361nm。由于在室温下铜和钴是不可能互溶的，因此，电镀钴铜合金为过饱和固溶体。

（13）钴铁合金

含铁量为28%（物质的量分数）以下的钴铁合金显示体心立方（bcc）结构的 α 相｛110｝和｛211｝结构。这类合金的谱峰位置随着镀层中含铁量的降低而往高角度漂移。当含铁量达到45%（物质的量分数）时，出现面心立方（fcc）结构的 γ 相｛200｝。进一步降低铁的含量至19%（物质的量分数），γ 相的｛111｝和｛220｝峰开始出现。

α 相晶格常数随着镀层含铁量的降低从纯铁的0.2868nm递减到含铁量为14%的

0. 2850nm。γ 相的晶格常数，随着含铁量的增高，从纯钴的 0. 3547nm 增加到含铁量为 45% 的 0. 3587nm。γ 相的数据分布在面心立方（fcc）结构的 α-Co 晶格常数点（0. 35447nm）和面心立方（fcc）结构 γ-Fe 的晶格常数点（0. 36394nm）之间。

（14）钴钼合金

钴钼合金镀层的衍射峰随着含钼量的增加而明显变宽，表明结晶在细化。当含钼量超过 41% 时，镀层结晶转变为非晶态的。

（15）钴镍合金

钴镍合金镀层结构在较宽的合金成分范围内存在密堆立方（cph）结构的 ε 相和面心立方（fcc）结构的 α 相。随着含镍量的增加，镀层结晶情况也发生变化。镍含量从 15% 增加到 74%，结晶结构也从 ε 相和 α 相的混合存在向单一的 α 相转变。α 相的晶格常数与合金成分也大体呈线性分布，即在镍的晶格常数点（$\alpha = 0.3524$nm）和钴的晶格常数点（$\alpha = 0.35447$nm）之间分布。

（16）钴钨合金

含钨量小于 24. 8% 的钴钨合金是晶态的，含钨量大于 25. 4% 的合金是非晶态的。即使在含钨量小于 24. 8% 的镀层结构中，也有非晶态镀层结构存在，只不过因为存在细晶结构，可以认为是晶体结构。其结构特征可将镀层经加热时效处理后确认，含钨量为 25. 4% 的合金镀层，在加热温度为 500℃ 以内时，仍为非晶态结构，当加热到 600℃ 时，金属间化合物 Co_3W 的峰值突然出现，到 700℃ 时峰值明显增强，显示 {201} 结构。

（17）铜锡合金

铜锡合金因含锡量的不同而呈现出多种结晶组织。电镀获得的铜锡合金镀层，当含锡量在 3. 4% ~12. 6% 时，是铜锡固溶合金相，其中有一部分为正方结构（Ⅰ）的新相，其晶格常数 $a = b = 0.985$nm、$c = 1.1028$nm。当含锡量进一步增加至 15. 2%，在有上述金属组织结构的同时，出现有八角晶格和晶格常数有变化的正方晶。八角晶格的常数 $a = 0.861$nm、$b = 0.419$nm、$c = 0.403$nm，而正方晶格（Ⅱ）的常数 $a = b = 0.474$nm、$c = 1.006$nm。

含锡量在 20% ~23% 的铜锡合金镀层很不稳定，当含锡量增加到 25% 左右时，可以观测到前述的 4 种固溶体相，当含锡量增加到 45% ~70% 时，基本维持以上 4 种晶体结构，即正方结构（Ⅰ）和正方结构（Ⅱ）、八角形晶体结构和铜在锡中的过饱和结晶 Sn（Cu）。

（18）铜锌合金

对含锌量为 73% ~88% 的铜锌合金镀层，其镀层的结晶组织为密堆立方（cph）的 ε 相和 γ 相。当锌含量降低（含锌量为 0 ~49%）时，则出现面心立方（fcc）结构的 α 相。

4. 3. 6 化学镀层的常见结构

本节涉及的化学镀含置换镀层，因为置换也是一种化学氧化-还原反应，可以归为化学镀的范畴。化学镀的结晶结构与基体的原始表面晶体结构状态有很强的相关性，特别是当化学镀液的表面活性较强时，结晶按照基体晶形生长的可能性增强。

（1）置换镀金

置换镀金的镀层，随基体的不同和浸入时间的不同而有所不同。在铁基体上，很快就形成细小金粒的聚集体，但金粒分布稀疏。提高氯酸金的浓度可以改善这种状态，使镀层的覆盖率得到提高。低覆盖率的电子衍射图形为环状，表明没有明显晶格取向，当覆盖率提高时，则可呈现点画环形，表明与基体结晶结构有了匹配。当基体为｛001｝或｛110｝时，镀层也按同一结构生长。

在铜基体上的情况与铁基体上大体相似。1s 内镀层的衍射是环状的，尚没有明确的晶格取向，在 15s 以后，镀层覆盖了整个表面，同时电子衍射图开始出现单晶斑点，说明与基体晶格已经有了匹配。如果基体表面有明显的晶界或晶体缺陷，镀层的结晶会优先在这些部位析出。

（2）置换镀银

置换镀银在置换发生的初期（3s 以内）先出现一定密度的置换银层微粒，其直径在 5～30nm，密度在 $1\sim4.5\times10^{11}/cm^2$。电子衍射图呈环状，表明没有明确的晶格取向，是随机析出的。随着时间的延长（7.5s 以后），微粒之间开始填充银，但还没有填满。直到 120s 以后，表面才被镀层完全覆盖，呈现出单晶的电子衍射图样。以上结果是在很低浓度银离子的置换液中测得的（氰化银 1g/L、氰化钠 4g/L），相当于预浸银液。当化学镀银液的浓度提高时，如主盐浓度提高到 5g/L 以上，镀层覆盖速度会提高很快，3s 就能覆盖整个表面。

化学镀银层的结晶结构与基体的结构基本上是匹配的，即当基体的结构分别是｛001｝、｛110｝和｛100｝时，镀层的结构也基本上是｛001｝、｛110｝和｛100｝。有 13% 的概率出现错配位情况，其影响因素也多为基体的表面晶格缺陷或操作工艺变化所致。

（3）置换镀铜

置换镀铜在很短时间内可以与基体有较好的结合力。其结构是无定形的。随着时间的延长（3min 以上），结晶长大，结合状态明显恶化，这是因为铁基体已经发生明显的溶解现象。虽然最初的置换镀层与基体结晶有一定程度的匹配，但是镀层增厚时的结晶呈针状，与最初形成的镀层并不匹配，而是在基体的单晶上外延生长，且结晶粒较粗大细长。因此，置换镀铜的结合力通常是较差的。

（4）置换镀镉

从添加了盐酸的 10% 的氯化镉水溶液中置换镀镉的情况看（基体为多晶体铁片，溶液温度为 40℃，浸渍时间为 8min），置换镀镉与基体有较好的结合力，并且结晶形貌受基体影响，即可以与基体结晶形态上匹配生长。只是由于镉离子的严重环境污染倾向和较高的成本，使置换镀镉几乎没有实际应用价值。

（5）置换镀锌

置换镀锌即锌酸盐处理，是铝上电镀的极重要的预处理镀层。铝上置换锌的结构分析表明，基体材料的结晶取向和前处理工艺对镀层结晶状态有较大影响。

当基体材料（单晶铝板）的结晶分别为｛100｝、｛110｝和｛111｝时，经过一定时间后，镀层表面呈现出不同粒度的锌结晶颗粒。其中｛111｝表面上的结晶细致并且分布均匀，说明锌酸盐处理的镀层质量受基体材料的结晶状态影响较大（图 4-11）。

铝上电镀的锌酸盐都要经过二次处理，由图 4-12 可以清楚地看出，二次处理的结晶有明显改善，特别是｛111｝结构的基材表面，经二次锌酸盐处理的锌结晶明显细致和均匀。

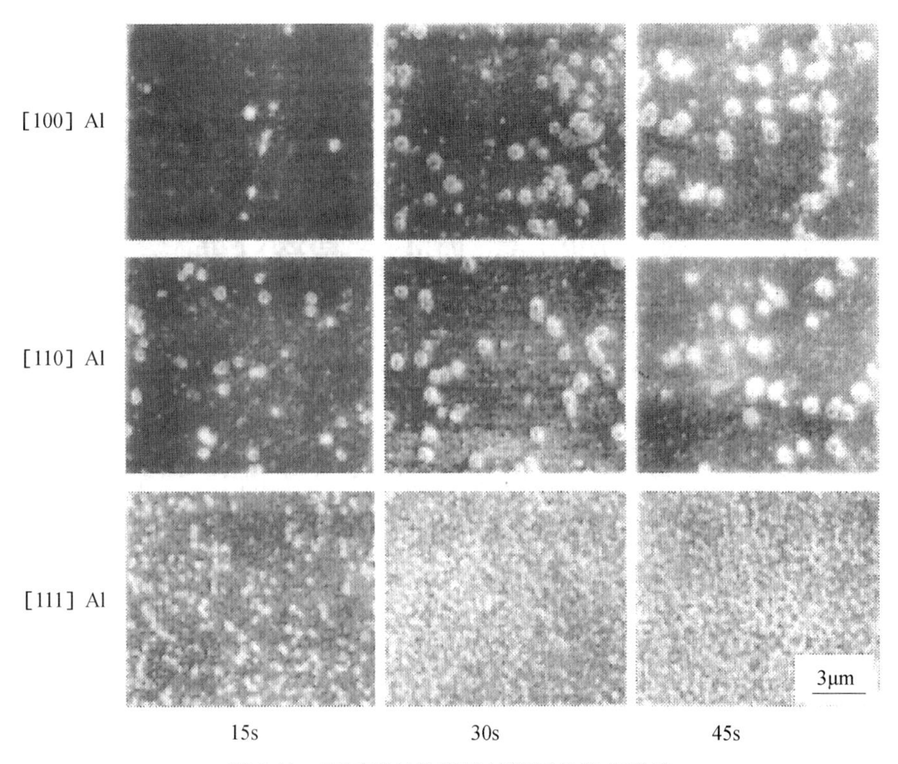

图 4-11　不同基材的置换锌镀层的微观形貌

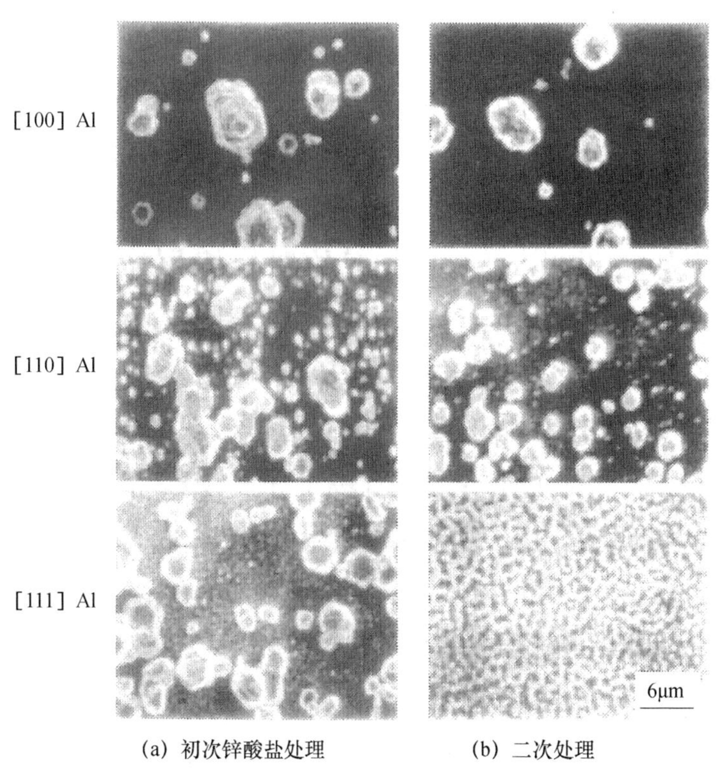

(a) 初次锌酸盐处理　　(b) 二次处理

图 4-12　二次置换沉锌的微观结构

（6）化学镀镍磷

化学镀镍由于以次磷酸盐为还原剂，镀层中有一定量磷原子夹杂，形成镍磷合金。低含磷量镍镀层可测到｛111｝锐峰，这时镀层主要是晶体镍结构。当含磷量增大时，｛111｝峰持续减弱，镍晶不断细化，最终转变为非晶态。

（7）化学镀镍硼

镍硼化学镀层，是以硼氢化钠或 *n*-二甲基硼胺（DMAB）为还原剂的化学镍镀层。与含磷镍镀层相似，低含硼量的镀层结晶为晶态，高含硼量镀层则没有明显结构特征。其电子衍射花样从多晶点环状转变为宽晕状，说明镀层随着含硼量的增加，镀层结晶与细致多晶结构向非晶态转化。

4.4 镀层结构与镀层性能的关系

镀层的组织结构与镀层的性能有非常直接的相关性，无论是物理性能还是电化学性能，不同的结晶结构有不同的性能指标，有时差别非常大。由于一定的镀层性能对应一定的微观组织结构，因此，为了获得某些性能的镀层，就要控制相关条件，以从电镀过程中获得具有这些微观结构特征的镀层。

4.4.1 微观结构与镀层硬度

同样的金属，采用电镀法获得的镀层的硬度，总是比冶金法获得的金属高。这表明电结晶金属的微观结构与冶金法获得的金属的组织结构有所不同。电沉积法获得的镀层硬度较高的原因可以从两个方面加以分析：一是杂质的影响，二是结构的影响。从理论上可以说电沉积法较容易控制杂质的影响，这从高纯度金属的获得多数是电沉积法获得（湿法冶金）就可以证明，如电解镍、电解铜等。但是，实际电解液中的杂质情况是复杂的，这不仅是在实际电镀工作液中往往有各种添加剂，而且电化学过程本身也会产生一些中间产物而对镀层结晶有不利影响。例如复杂结构配体离解过程中的破碎粒子，会在结晶中占位而影响结晶的正常生长；一定 pH 下氢氧化物沉淀物的夹杂；氢离子或氢气泡的占位等。这些都会增加镀层的硬度。由此我们可以知道，在实际生产和科研过程中，完全无杂质的电镀液是不可能的。

显然，影响镀层硬度的主要原因是微观结构方面的。而在微观结构中，极小的杂质都会产生较大的影响，这种夹杂的影响还是通过微观结构的改变而起作用的。也就是说，金属结晶的微观形态决定了金属宏观表面的物理性能。

4.4.2 微观结构与镀层内应力

镀层通常都会有一定的内应力，并且可以在宏观上观测到，如用单面条形阴极法，可以通过电镀后有镀层一面的弯曲方向来判断内应力的性质。对一端固定的条形单面受镀的应力测试片，当其受镀面朝向有镀层的一面向内弯曲时，可以认为是镀层产生了压应力，当其向非受镀面一方弯曲时，则镀层的内应力为张应力或拉应力。

镀层内应力测试现在已经有多种仪器可以进行。这些测试方法所依据的原理是在薄金属片上进行单面电镀后，由于镀层的不同内应力而使试片发生变形而弯曲，再根据试片弯曲的程度等参数计算出相应的内应力。一种可供现场管理的实用测试方法是条形阴极法。

取长×宽×厚=200mm×10mm×0.15mm的纯铜试片，经过退火处理以消除机加工产生的内应力。小心地进行除油和酸洗后，将试片的一个面进行绝缘处理，然后在被测试镀液内，让试片受镀面竖直地平行于阳极，按被测镀液的工艺要求进行电镀。完成电镀后，对试片进行小心的清洗和低温干燥后，根据其变形情况来判断镀层产生内应力的情况。

如果试片仍然保持平直，可以认为镀层的内应力为零。

如果试片向有镀层的一面弯曲，也就是有绝缘层的一面向外凸起，就表示镀层有张应力。如果是向相反的方向变形，则表示镀层有压应力。通过这个测试方法还可以得出定量的结果。由于弯曲度是弹性模数（应力和应变之比）的函数，只要将镀层的厚度也加以测量，再将变形的试片的末端偏离垂直线的距离也测量出来，就可以利用公式计算出镀层内应力：

$$S=\frac{E\ (t^2+dt)\ Y}{3dL^2} \tag{4-10}$$

式中，S为镀层内应力（kg/cm^2）；E为基体材料的弹性模数（kg/cm^2，纯铜$E=1.1\times10^6$ kg/cm^2）；t为试片厚度（cm）；d为镀层的平均厚度（cm）；L为试片电镀面的长度（cm）；Y——试片末端偏离垂线的距离（cm）。

4.4.3 微观结构与镀层的抗蚀性能

镀层的微观结构与镀层的抗蚀性能有着很直接的影响。结晶细致和晶间缺陷少的镀层，其抗蚀性能明显提高。镀层表面的连续性和同质同向性也对其抗蚀能力有很明显的影响。所谓连续性，即镀层对各部位的覆盖要完整，而同质和同向则是指同一种性质和结构的表面状态。例如钝化后的表面，基本上就符合连续性和同质同向的形态，从而有较好的抗蚀性能。天然钝化的表面如金属铬表面的天然钝化膜、铝表面的天然氧化膜等，最为典型的是铬表面的天然钝化膜，可以始终保持金属铬的光亮的表面状态。只有当微观状态受到破坏时，才会发生变化。

腐蚀特别是电化学腐蚀正是基于微观结构上的特征而发生的。腐蚀微电池的概念可以微小到分子间的水平和不同结晶状态的水平。这种微观区别是构成不同电位差别的原因之一，而微观状态中的变化，特别是腐蚀如晶间腐蚀，对产品和构件都是致命的。这也是进行无损探伤的理由。一些镀层经历镀后处理和清洗，从宏观上已经难以察觉到表面缺陷，而实际上，即使经过清洗的表面，也不等于表面处于同质同向的状态。微观缺陷在有些产品的敏感部位是不能接受的，表面处理工艺也是如此。

4.5 工艺参数对镀层微观结构的影响

电镀工艺参数对镀层性质与质量有着重要影响，这是众所周知的事实。但是温度、时间、电流密度、镀液pH等这些工艺参数到底是如何影响镀层质量的，并没有统一和权威性的解说，只能从宏观结果上加以适当的控制。通过对镀层的微观观测，可以搞清楚一些原来较为模糊的问题，更重要的是，对获得技术要求所需要的各种性能的镀层有了微观控制的依据。这对涉及高技术的现代制造是有重要意义的。

影响镀层性能的工艺参数，无论是从宏观角度还是微观角度，主要是温度、阴极电流密度、镀液pH、添加物（添加剂、辅助盐、配位体等）和电镀时间（厚度）等。

4.5.1 温度的影响

所有的电极过程都是在一定温度环境中进行的。从实用的角度，室温（25℃）是人们主观确定的理想温度，但是如果只允许电极在室温下工作，则许多电沉积过程将不能进行，包括镀铬、光亮镀镍、镀镍磷合金、镀铜合金等都难以实现。事实上，人们很早就知道利用温度因素来改善电沉积过程。在物理因素对电沉积过程影响的研究中，温度的影响是研究得最多的。

（1）温度影响的原理

一般来说，电解液的温度升高可以增加离子的活度。离子和分子一样存在热运动加速的现象。

提高温度也会增加溶液的电导。在低温下，离子的活泼性下降，溶液的黏度增加，导致电导降低。加温可以提高电导率。电导率与黏度及与温度的关系如下：

$$\mu\lambda = KT \tag{4-11}$$

式中，μ 为电解液的黏度；λ 为电导率；K 是比例常数；T 为绝对温度。

由式（4-11）可以看出，黏度与电导率成反比，在一定温度下，黏度提高，电导率下降。

同时，当电极反应的电化学极化较大时，受温度的影响较大。温度升高使超电压值下降，反应容易进行，而温度降低则可以增加电极的极化。

温度 T 与决定反应速度的交换电流密度 i_0 之间的关系，可以用阿伦尼乌斯（Arrhenius）方程来表示：

$$\frac{\mathrm{d}\ln i_0}{\mathrm{d}T} = \frac{W}{RT^2} \tag{4-12}$$

式中，W 为活化能。

由式（4-12）可以计算出温度的变化对 i_0 的影响，并由 i_0 的变化计算出其对超电压的影响。因为根据塔菲尔关系式，在一定的电流密度 i 下，超电压 η 与交换电流流密度 i_0 有如下关系：

$$\eta = \frac{RT}{nF} \cdot \ln \frac{i}{i_0} \tag{4-13}$$

根据式（4-13）及式（4-12），当活化能 $W = 46$kcal/mol（1cal = 4.18585J）时，温度变化 10℃，i_0 的变化可以达到 10 倍。由此而引起的 η 值的变化可达 2 倍。当温度由 25℃ 变化到 −25℃ 时，i_0 的变化可达 10^5 倍，使 η 的值的变化达到 6 倍。可见，温度对电极过程的影响是非常明显的。

（2）加温对电沉积过程的影响

对那些在常温下即使是单纯金属离子也有较高的超电压的电解液如铁、钴、镍等的镀液，可以在简单盐的镀液中电镀。但是，对银、金、铜、锌、镉等金属，由于超电压较低，如果在简单盐的电解液中电镀，则很容易发生镀毛或烧焦。在实用中只能采用配位体（络合剂）或添加剂来改变其反应的超电压，但是同时也就延缓了反应的速度。这种添加了各种配位剂、导电盐等的镀液，总体浓度有所增加，黏度也相应较大，电导也就比简单盐溶液低得多。在这种场合，采用适当加温的方法，可以在不破坏络合作用的前提下增加电导，提高反应允许的电流密度，也就可以起到提高反应速度和改善分散能力的双重作用。这也是多数这类采用了配位体的镀液需要加温的原因。

加温还可以提高合金电镀中某一成分的含量。例如镀铜锡合金中的锡含量就受温度的影响很大。在温度较低时，只有少量甚至微量的锡析出。随着温度的升高，锡含量显著增加。也有些合金电镀的成分是随着温度的升高而降低的。例如镀锌铁合金和镀钴镍合金镀液，其中锌和钴的含量在温度升高时反而下降。这是由于组成合金的两个组分受温度影响而增加的速率不同而造成的。当一个增加得较快时，另一个增加较慢的成分的相对含量就反而下降了。

另外，温度对添加剂的影响也是十分明显的。像镀光亮镍的光亮剂必须加温到50℃左右才有明显的增光作用。因为随着温度的升高，电流密度也随之可以升高，这对达到增光剂的吸附电位是有利的。在室温条件下，光亮镀镍的电流密度只能达到1.5A/dm^2，镀层不光亮。当加温到40℃时，电流密度可以提高到3A/dm^2，这时就可以获得光亮镀层。

相反，有的添加剂则必须在较低的温度下才有效。例如酸性光亮镀铜所使用的添加剂，一般在温度超过40℃时，作用完全消失，只有在30℃以内，才有理想的光亮度。光亮铅锡合金的光亮剂也必须在较低的温度下使用，通常不能超过20℃。一般认为这类添加剂在高温下会分解为无增光作用的物质。有的为防止镀液本身的变化，也要保持一定的低温，如防止二价锡氧化为四价锡。

电极过程本身也会产生一定的欧姆热。1kW·h电完全转化为热能时可得860kcal。据此，可以根据式（4-14）计算镀槽产生的热量与温升：

$$Q = U \times I \times 0.86 \times \eta \tag{4-14}$$

式中，Q表示电解热（kcal/h）；U表示槽电压（V）；I表示电流（A）；η表示热交换率（%）。

其中热交换率因镀液的组成、一类导体的导电状况不同而数值不同。对任何镀液，这种无功消耗是不受欢迎的，它对不需要加温或要求保持低温的工作液更是有害的。因此，有些即使是在常温下能工作的电解液，在大量连续生产时，由于焦耳热会使镀液温度上升，因此也要采取降温措施。

（3）低温的影响

利用温度来影响电极过程，通常想到的都是加温。但是对某些过程而言，降温也是非常重要的。运用低温技术影响电沉积过程也是一种值得尝试的探索。

镀银就是一个例子。由于银的阴极还原有较大的交换电流密度值，析出电位很低，一般从简单盐的溶液中得到的镀层将非常粗糙和结合力低下。只有采用配位剂将银离子络合起来，才能获得有用的镀层。由于氰化物是电镀中性能最好的配体，加上银的这种特殊的电化学性质，至今都没有很好的工艺可以取代氰化物镀银。

但是，如果对镀液的温度加以控制，在低温条件下，不需要任何配体或添加剂就可以从硝酸银的溶液中得到十分细致的银镀层。不过根据推算，这时的温度必须在－10℃以下，最好是－30℃。在这样的低温下，镀液都要结冰。为了解决这个问题，要向镀液中加入防冻剂乙二醇。在水和乙二醇各50%的混合液中加入硝酸银40g/L，然后用冷冻机将镀液的温度降至－30℃，以0.1A/dm^2的电流密度进行电沉积，可以获得与氰化物镀银相当的银镀层。这种低温下获得的镀层的抗腐蚀性能更好，镀层不易变色并且脆性很小。由于镀液成分非常简单，管理很容易，污水处理也很方便。这种电镀的低温效应也适合于镀锌、镀镉、镀锰等。

随着低温技术的发展，材料在低温状态下的物理性能也出现了一些奇观，如低温超导。如果将低温技术应用到电沉积过程，可能会创造出许多令人兴奋的成果。

温度是电镀工艺控制中一项重要的参数。很多镀种对温度都比较敏感，只有在较狭小的温度范围内才能得到满意的镀层。这是因为温度对镀层的结晶结构有着明显的影响。

4.5.2 温度对不同镀种微观结构的影响

（1）镀银层

图 4-13 是镀银层微观结构随温度变化的情况。我们在宏观上很少能这么直观地看到温度对结晶程度有如此重要的影响。在电镀工艺中，除了某些光亮镀层对温度有较为严格的要求（达不到相应的温度，光亮效果会较差）以外，多数镀种对温度没有做严格的控制。这显然是错误的。特别是银镀层，将镀液温度控制在 30℃以下是正确的。从图 4-13 可以看出，当镀液温度升到 40℃时，镀层的结晶明显变粗。这对于对导电性能有要求的电子产品特别是微波器件产品，将有较大影响。因此，微波电子电镀银的镀槽基本上都装有降温装置，以保证镀液的温度控制在 30℃以下。这是因为结晶细致的银镀层有更好的导电和导波性能，这对电子电镀有重要意义。

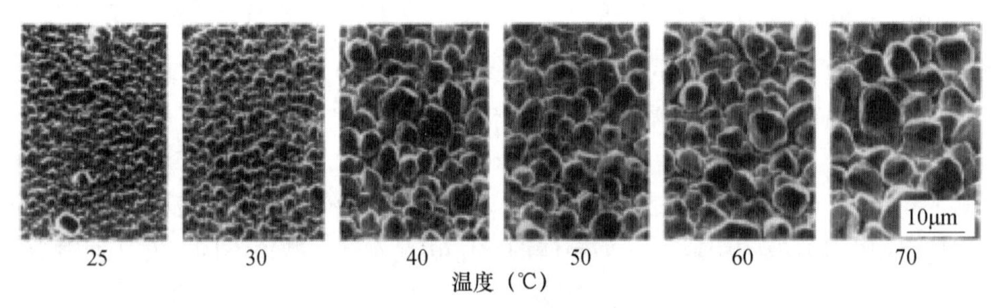

图 4-13 温度对镀银层结晶大小的影响

同样的理由对印制板电镀也很重要。过粗的结晶对印制板的孔金属化镀层性能有着重要影响。例如镀层变形时的机械性能等。对微孔印制板，孔内镀层如果结晶粗糙，如结晶颗粒尺寸达到几微米，则在受热或受力变形等机械作用影响下会出现孔位镀层的断裂，从而导致导通方面的故障。

（2）镀镍层

图 4-14 是不同镀镍液在不同温度下的不同结晶，同样显示出过高的温度会使镀层的结晶变得粗大。这种倾向因镀液组成的不同而有所不同。相对于氯化物镀镍液，硫酸盐镀镍液中镀层结晶受温度的影响要小一些。氯化物镀镍液在 30℃以下时结晶是细化的，且比较平滑。到了 50℃，结晶明显变粗，单个结晶块的大小达到 1μm 以上，并且结晶长大时的形态呈现不规则的金字塔形，而当温度达到 90℃时，结晶块呈明显的规则的金字塔形，这时镀层的硬度和脆性都明显提高。

（3）镀锡层

温度对镀锡层的微观结构影响最为明显，图 4-15 是镀锡层在不同温度下的形貌变化。在 20℃时，结晶细致平滑，到 40℃时略有变粗，到 60℃以上就明显成为粗粒结晶。

总体看来，温度因素对电结晶过程的影响主要表现在提高了晶粒长大的速度，从而使镀层的结晶尺寸变大。

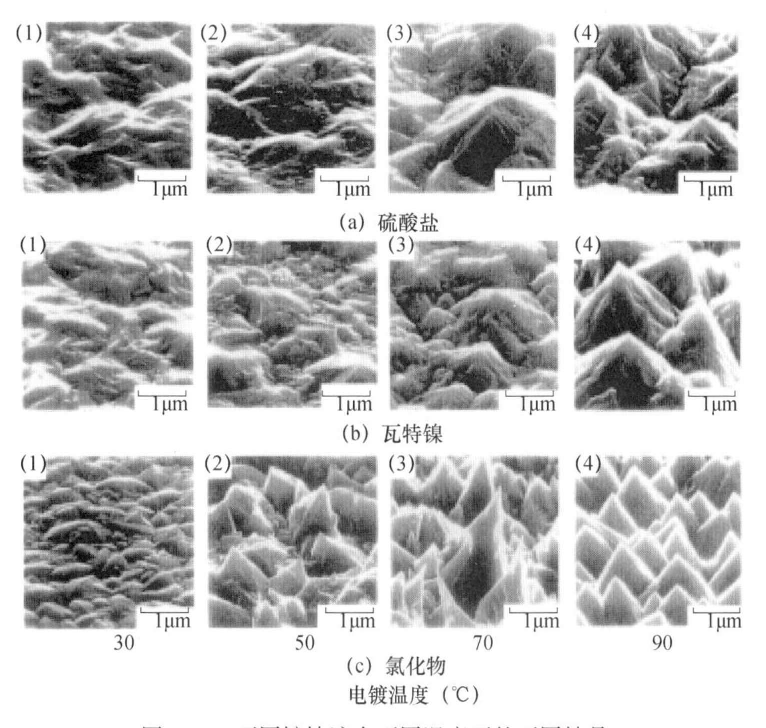

(a) 硫酸盐

(b) 瓦特镍

(c) 氯化物

电镀温度（℃）

图 4-14　不同镀镍液在不同温度下的不同结晶

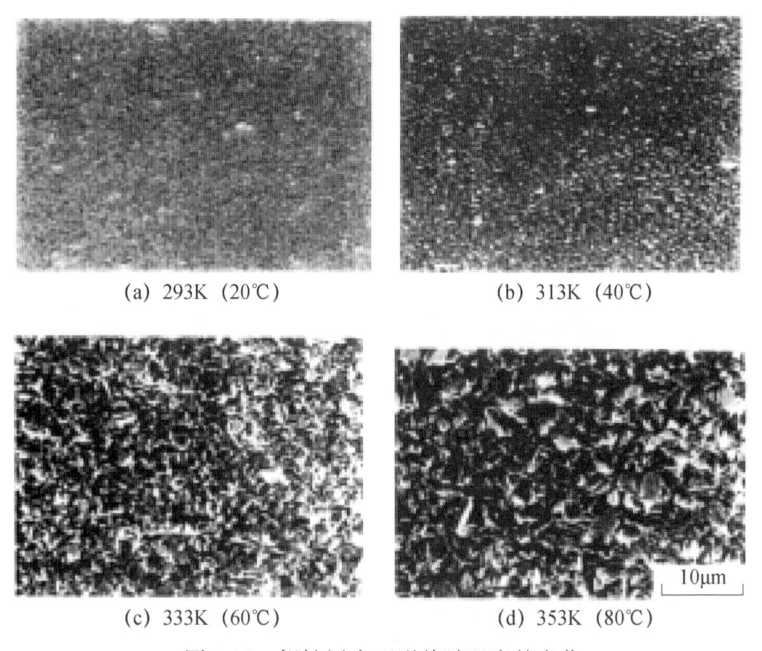

(a) 293K（20℃）　(b) 313K（40℃）

(c) 333K（60℃）　(d) 353K（80℃）

图 4-15　锡镀层表面形貌随温度的变化

4.5.3 工艺参数对微观结构的影响

（1）电流密度的影响

由电镀宏观过程控制可知，电流密度对镀层质量的影响是很大的。阴极电流密度是电镀工艺参数中的重要参数，是电镀现场控制最为严格的参数。没有合适的电流密度，根本就镀不了合格的镀层。通常人们都认为，电流密度低，镀层沉积慢，但结晶细一些；电流密度高，沉积速度快，但结晶粗大。那么从微观上观测，电流密度的影响又是怎样的呢？如图 4-16 所示，随着电流密度的增加，镀层的结晶反而变小。从电流密度 0.5A/dm^{2}到 1.5A/dm^{2}的各图可以看出，镀层结晶是非常粗大的，当增加到 3.0A/dm^{2}时，结晶明显变细。当然当达到极限电流密度时，镀层结晶会迅速长大而出现粗晶。可以认为，在电镀过程的初始期，工艺范围内的高电流密度有利于更多晶核的出现，宏观上大电流密度下的粗糙镀层则是晶粒成长过快引起的结瘤现象。

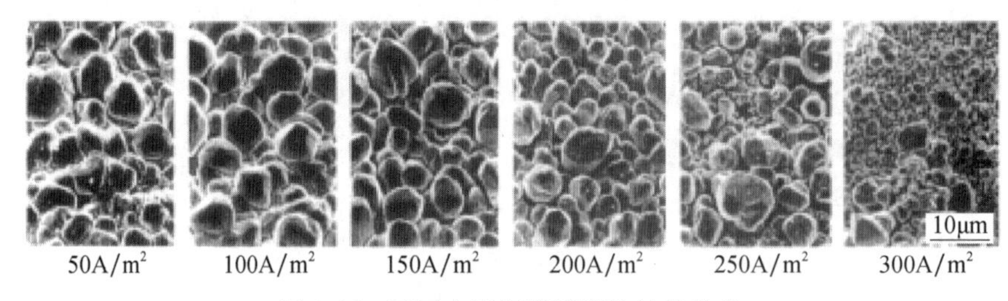

图 4-16　不同电流密度镀银的结晶状态

（2）镀液 pH 的影响

研究表明，镀液的 pH 对镀层结晶大小的影响不明显，但是对某些镀种的结晶构型有一定影响。图 4-17 是镀锡层随镀液 pH 和电流密度变化的结晶形貌。镀液 pH 的变化，实质上是电极过程中氢离子获得电子还原为原子后，组装成氢气分子从镀液中析出引起的。除非有氢离子不断补加到镀液中，常态下镀液中的氢离子浓度是下降的。电流效率越低的镀液，氢离子下降的速度越快，表现为 pH 上升。而 pH 的变化会影响镀液导电性能的变化，也就间接地影响镀液通过电流的能力，电流密度也就随之发生变化。因此，对复杂的电极过程，一个参数的改变，最终都会引起电流或电位的改变，也就改变了电极过程。

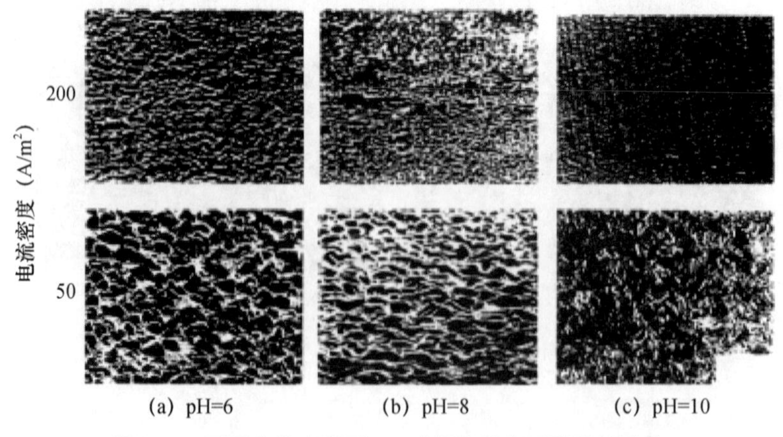

图 4-17　不同电流密度下 pH 对锡镀层表面形貌的影响

（3）电镀时间的影响

不同时间下的镀层在微观观测中表现为不同厚度的镀层，也就是说镀层厚度记录下了时间对结晶的影响。当然影响镀层厚度的还有电流效率和电流密度等因素，但这些相对稳定时，时间与厚度总是成正比的。厚度可以说是将时间固化到了镀层中。

由微观观测可知，镀层的结晶是随着镀层厚度的增加而增大的，但这并不是单一晶体的单纯长大，而是多晶的结块成长。这在电镀中可以从宏观上看到镀层结瘤是一样的道理。图4-18是不同厚度（1.5～60μm）下硫酸盐镀铜层结晶的结晶形态。

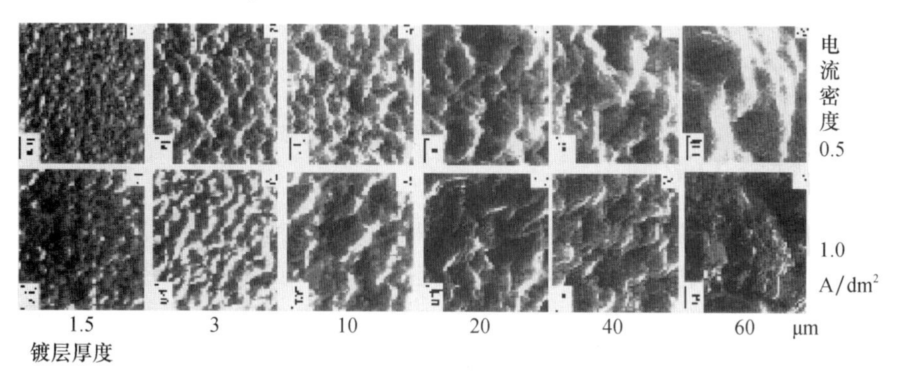

图4-18　不同厚度（1.5～60μm）下硫酸盐镀铜的结晶状态

由图4-18还可比较不同电流密度的影响，同样证明，在工艺范围内，较高的电流密度下的镀层结晶要小一些。

（4）添加物的影响

大家都知道添加物对电镀层有着重要影响，这在微观观测中很容易得到证实。图4-19是添加了不同辅助成分的硫酸盐镀锌的微观图像。

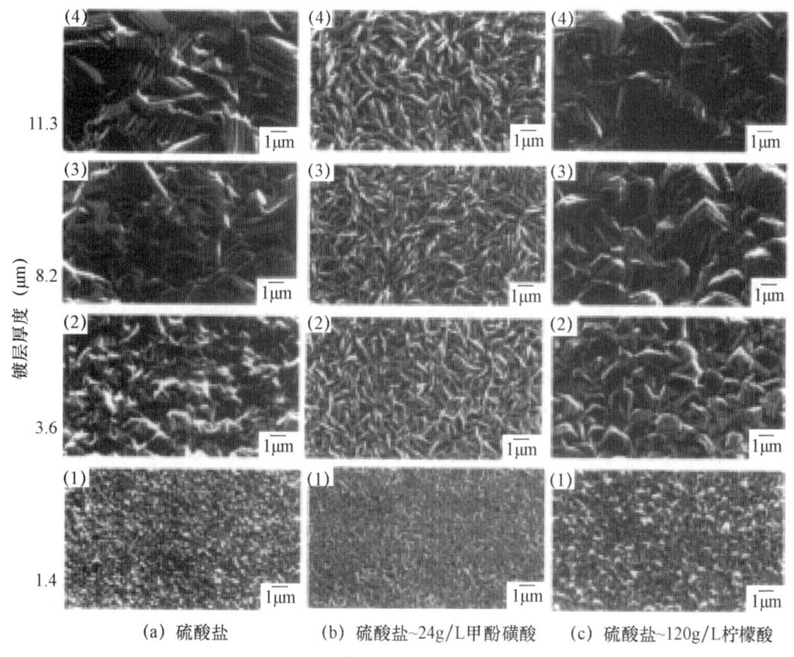

图4-19　添加了不同辅助成分的硫酸盐镀锌的微观图像

从图4-19中可以清楚地看出，加了24g/L甲酚磺酸的镀液中获得的镀层的结晶明显比没有添加的细小得多，证明添加剂对镀层的结晶有非常明显的作用，同时也说明并不是所有的添加物都可以细化镀层结晶。由图4-19中可以看出，添加柠檬酸虽然没有细化结晶，但是其结晶的轮廓要清楚一些，表明镀层结晶的光滑程度有所增加。

在添加物的影响中，最为重要的是添加剂的影响。添加剂基本上是具有表面活性的物质，特别是有机添加剂，可以在微观凸起部位吸附，从而阻止了结晶在这些部位长大，并有利于低凹处的镀层生长。

4.6 电镀工作液

4.6.1 溶液性能的影响

电解质溶液的性能对电极过程的影响是研究得最多的一个领域。无论是经典电化学还是现代电化学，无论是应用电化学还是电化学工艺学，都给予了最多的关注。这是因为电解质溶液在电极体系中有较大的可操作性，通过溶液中各种参数的变更，能够较快地获得相关信息，从而有利于获得积极的电极过程，即获得更有效率或更为理想的电极反应结果。

溶液性能包括溶液的组成、各组分的含量、溶液的pH、溶液中离子的形态、添加剂的组成与含量等。

（1）溶液的组成

溶液的组成对电极过程的影响是很大的，即使是简单盐溶液也是如此。例如，对锌电极，浸入硫酸锌或硫酸铜就有很大的区别。更不要说我们讨论的电极体系，涉及的电解质溶液的组成都比较复杂，往往有多种化学成分。除了与金属电极材料有直接关联的主盐以外，还会有一些辅助化学物质，这些不同的组分在溶液中对电极过程都会有所影响，有时影响还会很大。

对一个工作电极，能持续地实现电极过程的前提，就是要有一个确定组成的电解液。电解的组成对电极过程有很大影响。不确定和不符合过程要求的溶液，不能实现工作电极的工作任务。

（2）各组分的含量

确定溶液组成的除了其成分，还有一个重要的参数——成分的含量。各组分的含量是比组分本身更有价值的信息。例如有些专利材料可以披露某种溶液中含有什么，但含有的量则是绝对保密的，哪怕是含量的范围也都极为敏感，有时不得不说出一个范围时，就会说是从0.0001g/L到500g/L，可见溶液中各成分的含量对有效电极过程多么重要。

很多与应用电化学有关的试验，除了确定某种成分的作用外，确定其添加量是做得最多的一项工作。

（3）溶液的pH

溶液的pH对电极过程的影响也是很明显的，我们在前面已经讨论过。从宏观的角度看，溶液的pH是确定溶液酸碱性的重要指标。酸性体系和碱性体系的电极过程是有所不同的。从具体电极反应的角度看，对有些电极过程，哪怕是微小的pH变动，都会对电极过程有所影响。尤其是在阴极区扩散层内，这里的pH环境才是真正影响电极过程的溶液pH环境，它与溶液本体的pH有关，也与电极反应的具体情况有关。例如当阴极有大量氢气析出时，阴极区内的pH会有很大变化，由于这里不受对流的影响，溶液本体的pH还没有反应过来，电极上的反应就已经发生了变化。因此，研究 pH 对电极过程的影响是很重要的。

（4）溶液中离子的形态

溶液中离子的形态，是指离子在溶液中的存在形式。例如，是单纯的简单离子还是有配位体的配位离子（络离子）；是带正电荷的离子还是带负电荷的离子；是带一个电荷的离子还是带多个电荷的离子等。离子处于不同的形态时，不仅在溶液中的运动速度有所不同，而且在扩散层内的行为直到在电极表面放电的过程，都会有所不同。

不只是配体离子，即使是简单金属离子，由于水的极性作用和聚合水的存在，也使离子的实际状态与理论上的标准离子形态有很大差别。这种有各种配体的离子无论是在扩散过程中还是在进入双电层中的行为，都对电极过程有影响。

（5）添加剂的组成与含量

这里所说的添加剂，主要指的是有机添加剂。有机添加剂基本上都是表面活性物质，在电极表面有着特性吸附。不同的添加剂，其吸附特性有所不同，其含量的多少也与吸附层的厚度等因素有关。当电极系统中存在有机添加剂时，电极的行为与没有添加剂是有很大差别的。因此，研究添加剂对电极过程的影响是一个非常重要的课题，也是我们在电镀工艺中将重点讨论的内容之一。

4.6.2 电镀工艺参数对电镀过程的影响

电极体系的反应条件是指电极反应进行时的温度、搅拌、电源等各种直接影响电极过程的环境和状态因素。这些因素对电极过程也是非常重要的因素。另外，当电极体系中的电极和电解液确定以后，这些因素就成为影响电极过程的常态参数。特别是对电化学应用工艺如电镀工艺，了解电沉积过程的反应条件的影响，对管理和控制电镀过程是非常重要的。

4.6.2.1 搅拌

对电极过程而言，搅拌是从广义上讲的。凡是导致电解液流动的方式，都称为搅拌。特别是对电沉积过程而言，搅拌除了加速溶液的混合和使温度、浓度均匀一致以外，主要是促进物质的传递过程。由于搅拌在消除浓差极化和提高电流密度方面的显著作用，因此，大部分电沉积工艺都采用了搅拌技术。

那么搅拌究竟是怎样影响电沉积过程的？在讨论这个问题之前，我们先介绍一下搅拌的方式和搅拌程度的定量表示方法。

（1）搅拌的方式

① 阴极移动

阴极移动是电沉积过程中应用最多的方法，是以电动机带动变速器并将转动转化为平动的方法。阴极移动设备属非标准设备，已经有专业的企业在生产这种设备。阴极移动量的单位一般是 m/min，也有的工艺用次/min 表示，因为对阴极移动而言，移动的频率比移动的距离更为重要。移动距离受镀槽长度等的影响会有所不同，移动次数（频率）则不受镀槽尺寸的影响。实际上当工艺规定每分钟几米时，都要根据镀槽的长度来确定每次可以移动的距离后，换算成每分钟移动的次数。例如：某工艺规定的阴极移动程度为 2m，而镀槽的长度允许阴极每次移动的最大幅度为 0.2m，则这时的阴极移动频率为 10 次/mim。常用的阴极移动量为 10～15 次/min 或 2～5m/min。

② 空气搅拌

空气搅拌是电镀中用得较多的搅拌方式。采用空气搅拌时，压缩空气必须是经过净化装置净化过的，因为直接从空气压缩机中出来的压缩空气，难免带有油、水等杂质，如果带入镀槽，对电沉积层质量会有不利的影响。空气搅拌用量的表示单位是 L/（m^3 · min）。强力空气搅拌时，可达到 500L/（m^3 · min）。

③ 镀液循环

镀液循环现在已经是很流行的方式。采用镀液循环时大多使用过滤机，这样可以在搅拌镀液的同时净化镀液，一举两得。当然有时也可以不加入滤芯，单纯地进行镀液的循环。循环量的表示方法是 m^3/min 或者 m^3/h。要根据所搅拌镀液的总液量来确定所用的过滤机。因为过滤机的流量单位也是 m^3/min，因此，可以根据工艺对流量的规定选定相应的循环过滤装置。

④ 磁力搅拌

磁为搅拌多用于试验或小型电沉积装置。这是以电动机带动永久磁铁旋转，由旋转的磁铁再以磁力带动放置在电解液内的磁敏感搅拌装置旋转，从而达到高速搅拌的效果。磁力搅拌的单位实际上就是电动机的转速，即 r/min。

⑤ 阴极往返旋转

这是类似阴极移动的装置，但阴极所做的不是平行的来回移动，而是以主导电杆为轴的正反旋转运动。现在已经有这种专业设备在销售，所用的单位为次/min。

⑥ 超声波搅拌

超声波搅拌的作用比通常的机械类搅拌大得多，是特殊的搅拌方式，适合于要求很高的某些重要的电沉积过程。

⑦ 螺旋桨搅拌

这是机械搅拌中最原始的模式，主要用于电解液的配制或活性炭处理等。如果用于镀液的搅拌，由于转速太快而需要用减速器减速。单位为 r/min。

（2）搅拌对传质过程的影响

我们在前面的内容中已经知道传质是电极过程中的重要步骤。标准情况下的传质过程是由于电解质溶液中存在浓度、温度的差异等而引起的溶液内物质的流动。这种情况下的流动速度是非常缓慢的，在发生电极反应时，很快就会在阴极区内造成反应离子的缺乏，阴极发生浓差极化。这时，采取搅拌措施就可以弥补自发性传质不足带来的电极反应受阻，并且使极限电流密度提高，从而在保证电沉积质量的同时提高电极反应的速度。

搅拌能使电沉积液在较高的电流密度下工作，对电沉积过程具有重要意义，对获得光亮、良好的镀层有重要作用。许多光亮添加剂要求在较高的电流密度下工作，没有搅拌的作用，在高电流区，镀层很容易发生粗糙甚至出现烧焦现象。许多电镀添加剂是有机大分子甚至高分子化合物，离子的半径都比较大，迁移的速度较低，如果没有搅拌作用的促进，要使在阴极吸附层内消耗的添加剂得到及时补充是有困难的。

搅拌还可以加速电极反应所产生的气体的逸出如氢气的析出，从而减少镀层的孔隙率。

搅拌的副作用是使阳极的溶解加速，有时会超过阴极反应的速度而致使镀液组成失去平衡。如果阳极有阳极泥或渣生成，搅拌会带起这些机械杂质沉积到镀件上。当然这是指强力搅拌时的情况，低频的阴极移动一般不会有这样的问题。

（3）搅拌与高速电沉积

高速电沉积是在高速电解加工工艺迅速发展的刺激下发展起来的。自 1943 年苏联的拉扎林科研发出利用电容器放电进行金属钻孔加工的方法以来，高电流密度的电解加工方法在各国迅速发展。1958 年，美国阿罗加德公司研发出以普通电镀不可想象的高电流密度进行阳极加工的设备。这种设备在电解液的流速成 1 ~ 100m/s 的条件下，采用 10000 ~ 100000A/dm^2的电流密度进行电解加工。这种惊人的速度当然引起电镀技术工作者的关注，结果是使电镀的高速化成为可能。试验表明，采用普通的搅拌手段，电镀的阴极电流密度的变化值只有 10A/dm^2左右，而采用高速搅拌，阴极电流密度的变化值可达 100A/dm^2左右。现在已经实现的高速电镀的方法有如下几种：

① 使镀液在阴极表面高速流动

这种方法根据镀液的流动方式又可分为平流法和喷流法。使用平流法的阴极电流密度可达 150 ~ 480A/dm^2，铜、镍、锌的沉积速度可达 25 ~ 100μm/min，铁的沉积速度是 25μm/min，金是 18μm/min，铬是 12μm/min 以上。普通镀铬使用搅拌会降低电流效率，但对高速镀铬则可以提高阴极电流效率，达到 48%（普通镀铬的电流效率只有 12%）。例如在铝圆筒内以 530A/dm^2的电流密度镀铬 2min，可以得到 50μm 的镀层。

② 使阴极在镀液中高速运动

根据运动相对性原理，让阴极（制件）在镀液中做高速运动，其效果与镀液做高速流动是大同小异的。但是，由于这时运动的频率相当高，已经不适合让阴极做往返运动，而是让阴极高速振动和旋转。

当采用阴极振动时，阴极的振幅并不大，只有几毫米至数百毫米，但是频率则为几赫至数百赫。这种阴极振动法适用于不易悬挂的小型或异型制件。设备的制造也比较容易。

阴极高速旋转的方法适用于轴状制件或者呈轴对称的制件。这种高速旋转的电极上的电流密度也可以达到上述高速液流法中的水平。

③ 在镀液内对电极表面进行摩擦

这个方法是在镀液中添加固体中性颗粒，使之以一定速度随镀液冲击作为阴极的制件表面。这一方法的优点是既加强了传质过程，又对镀层表面进行了整理。添加在镀液中的这些中性颗粒是不参加电极反应的。它们是在强搅拌的作用下（通常是喷流法）对阴极进行冲刷，可以获得光洁平整的镀层。镀覆的速度：镀铜为 50μm/min；镀镍为 25μm/min；镀铜合金为 25μm/min；镀铬为 6μm/min。

运用搅拌而出现的另一个电沉积新技术的领域是复合镀，也有称为弥散镀。这种复合镀层是为了解决工业发展中对表面性能的各种新要求而开发的，包括高耐磨、高耐蚀、高耐热镀层等。例如航天器制件、军事制品等。

在高速运动的镀液中，可以使各种固体颗粒朦胧悬浮，如 Al_2O_3、SiC、TiC、WS_2等，还可以在镀液中分散有机树脂、荧光颜料等。这些粒子与金属共沉积，可以得到具有新的物理化学性能的表面。

4.6.2.2 电源

（1）关于电源

提供电能的电源对电极过程肯定是有影响的。这是因为我们不可能提供理想状态的纯正平稳的直流工作电源。我们平时在讨论电极过程时，都是假定所用的电流来自完全的直流电源，但是在实际工作中，完全的直流电源是很少的。当然，各种新电池在工作的初期都可以被视为平稳的直流电源。但是，电池的寿命有限，用于工业生产和持续进行的科研是不经济和不方便的。因此，我们讨论的电源，是指的工业供电模式下的电源。

有些有关电极过程的研究重现性不好，就是因为虽然是同一个电极体系，但是由于在不同的场合采用了不同的电源，结果就有了差异。所谓不同的电源，主要是指电源波形的不同。

我们知道，城市和工业的电源根据供电方式的不同而有单相和三相之分。对直流电源来说，除了直流发电机组或各种电池的电源在正常有效时段是平稳的直流外，由交流电源经整流而得到的直流电源，都多少带有脉冲因素。尤其是半波整流，明显有负半周是没有正向电流的。即使是单相全波，也存在一定的脉冲率。加上所采用的滤波方法的不同、供电电网的稳定性等，都使电源的波形存在着明显的不同。但是，在没有注意到这种不同时，其对电沉积过程的影响往往会被忽视。

通常认为平稳的直流或接近平稳的直流是理想的电沉积电源。但是，实际情况并非如此。在有些场合，有一定脉冲的电流可能对电沉积过程更为有利。

事实上，早在二十世纪一二十年代，就有人用换向电流进行过金的提纯。在50年代，则有人用这种方法试验从溴化钾-三溴化铝中镀铝。与此同时，可控硅整流装置的出现，使一些电镀技术开发人员注意到不同电源波形对电沉积过程的影响，这种影响有时是有利的，有时是不利的。到了70年代，电源对电沉积过程存在影响已经是电沉积工作者的共识。现在，电源波形已经作为一个工艺参数在有些工艺中成为必要条件。

（2）描述电源波形的参数

在有关电源波形影响的早期的研究中，一般使用两个概念来定量地描述电源波形，这就是波形因素（F）和脉冲率（W）。

$$F = I_{eff}/I_0 \tag{4-15}$$

$$W = (I_{eff}^2/I^2 - 1)^{1/2} \times 100\% \tag{4-16}$$

式中，I_{eff}表示电流的交流实测值；I_0表示直流的稳定成分；I表示电路中的总电流。

这种表达方式比较简明，并且所有参数都能用电表进行测量获得。根据上述表达方式，电源波形的参数见表4-1。

表4-1　电源波形的参数

电源及波形	波形因素 F	脉冲率 W
平稳直流	1.0	0
三相全波	1.001	4.5%
三相半波	1.017	18%
单相全波	1.11	48%
单相半波	1.57	121%
三相不完全整流	1.75	144.9%
单相不完全整流	2.5	234%
交直流重叠	—	$0 < W < \infty$
可控硅相位切断	—	$W > 0$

现在流行的脉冲电沉积表达参数为以下几个：关断时间 t_{off}；导通时间 t_{on}；占空比 $D = t_{on} /（t_{on} + t_{off}）$；脉冲电流密度 j_p；平均电流密度 $j_m = j_p D$；脉冲周期 $T = t_{on} + t_{off}$（或脉冲频率 $f = 1/T$）。

（3）电源波形影响的机理

我们已经知道，在电极反应过程中出现的电化学极化和浓差极化，都影响金属结晶的质量，并且分别可以成为控制电沉积过程的控制因素。但是，这两种极化中各个步骤对反应速度的影响，都是建立在通过电极的电流为稳定直流的基础上的，没有考虑波形因素的影响。当所用的电源存在交流成分时，电极的极化是有所变化的。弗鲁姆金等在《电极过程动力学》一书中，虽然专门用一节讨论“用交流电使电极极化”，但是那并不是在专门研究交流成分的影响，而是借助外部装置在电极表面维持某种条件以便于讨论不稳定的扩散情况，更没有讨论它的工艺价值。但是这还是为我们提供了交流因素影响电极极化的理论线索。

由于电极过程的不可逆性，电源输出的波形和实际流经电解槽的波形之间的差异是无法得知的。直接观察电极过程的微观现象也不是很容易。因此，要了解电源波形影响的真实情况和机理是存在着困难的，但是我们可以从不同电源波形所导致的电沉积物的结果来推论其影响。

现在已经可以明确，电源波形对电沉积过程的影响既有积极性，也有消极性，对有些镀种有良好的作用，对另一些镀种就有不利的影响。有一种解释认为，只有受扩散控制的反应，才适合利用脉冲电源。我们已经知道，在电极反应过程中，电极表面附近由于离子浓度的变化而形成一个扩散层。当反应受扩散控制时，扩散层变厚了一些，并且由于电极表面的微观不平而造成扩散层厚薄不均匀，容易出现负整平现象，使镀层不平滑。在这种场合，如果使用了脉冲电源（负半周、在零电流停止一定时间），就使电极反应有周期性的停顿，这种周期性的停顿使溶液深处的金属离子得以进入扩散层而补充消耗了的离子，使微观不平造成的极限电流的差值趋于相等，镀层变得平滑。如果使用有正半周的脉冲，则因为阴极上有周期性的短暂阳极过程，使过程变得更为复杂。这种短暂的阳极过程有可能使微观的凸起部位发生溶解，从而削平了微观的凸起而使镀层更为平滑。

当然，脉冲电镀的首要作用是减小浓度的变化。研究表明，使用频率为20周的脉冲电流时，阴极表面浓度的变化只是用直流时的1/3；而当频率达到1000周时，只是直流时的1/23。

现在我们已经认识到，波形因素不仅对扩散层有影响，而且对添加剂的吸附、改变金属结晶的取向、控制镀层内应力、减少渗氢、调整合金比例等都能起到一定作用。

（4）电流密度的影响

电源波形对电极过程是一次性因素。在电源被确定以后，除非出现供电故障如缺相运行，或者电源设备出现故障，电源确定后其脉冲因素就是确定和基本固定的。当然波形可调制脉冲电源也已经开发出来，但相对电流大小来说，也还是一种相对固定的参数。在日常电极工作的过程中，代表电的因素的另一个重要参数就是电流密度。

电流密度对所有电极过程都是重要参数，对电沉积过程也是一样。以电镀为例，并不是在被电镀产品上一通过电流，就能获得良好的镀层。实际上获得良好镀层的电流密度只在一个较小的范围内。每一个镀种都有自己获得最佳镀层质量的电流密度，在这个电流密度区间外，得不到良好的镀层。电流密度的影响主要表现在对镀层结晶状态的影响。当电流密度过高而主盐浓度较低时，金属离子还原成核的速度降低，电流主要用于结晶的成长，镀层结晶就粗糙和疏松。

图 4-20 是电流密度与镀液主盐浓度对镀层沉积层状态影响的区划图。图中的 D_{k1} 和 D_{k2} 是阴极电流密度变化的界限，D_{k1} 及其下方的区域是具紧密结构的镀层，对光亮镀种，这就是光亮区。在 $D_{k1} \sim D_{k2}$ 之间，镀层状态变差，在 D_{k2} 以上的区域，只能得到疏松镀层。显然，镀层的这种不同状态的区域的划分，受镀液中主盐浓度很大的影响。

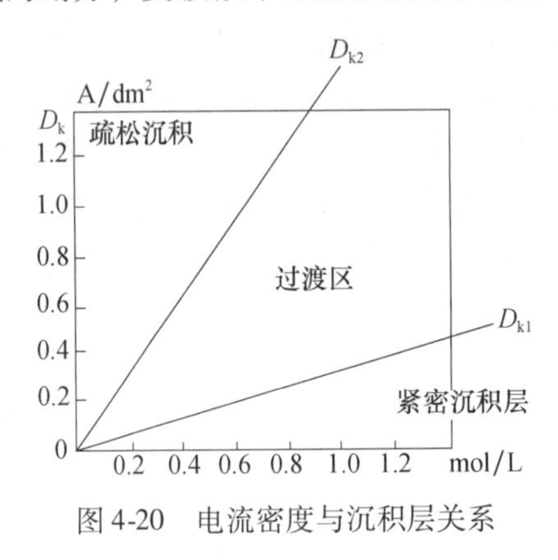

图 4-20 电流密度与沉积层关系

对特定的镀种，可以通过经验公式计算 D_{k1} 和 D_{k2} 的值，从而帮助选择电镀工艺合适的电流密度范围：

$$D_{k1} = 0.2kc \tag{4-17}$$

$$D_{k2} = kc \tag{4-18}$$

式中，k 是经验系数，在硫酸盐体系中为 0.58；c 是镀液浓度。

直观地选择电流密镀的方法是通过霍尔槽试验。与图 4-20 类似，可以从霍尔槽试片上直观地观察到不同电流密度区域镀层的沉积状态（图 4-21）。关于霍尔槽的试验方法，我们将在本书第 7 章进行详细介绍。

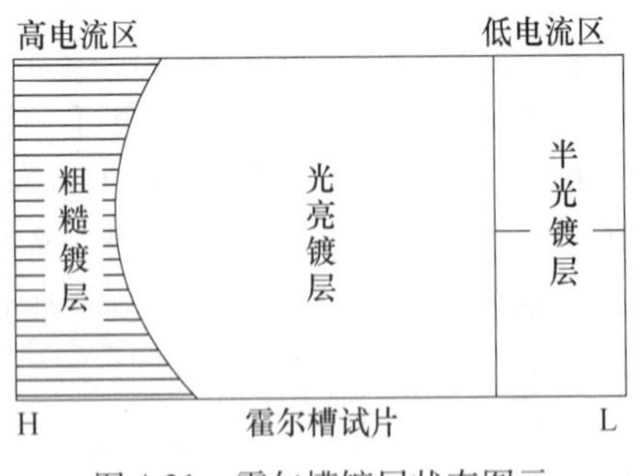

图 4-21 霍尔槽镀层状态图示

4.6.2.3 几何因素

这里所说的几何因素，是指与电沉积过程有关的各种空间要素，包括镀槽形状、阳极形状、挂具形状、阴极形状、制件在镀槽中的分布、阴阳极间的距离等。所有这些因素对电极过程都有一定影响，如果处理不当，有些因素还会给电沉积的质量造成严重的危害。

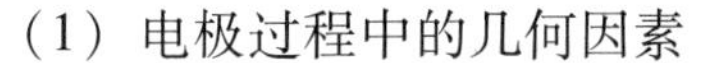

（1）电极过程中的几何因素

① 电解池

电解池是电极体系工作的场所。就研究电极体系而言，电解池是相对固定的，通常不是某一容量的烧杯就是专门的 H 形电解池。但是，从应用的角度看，在许多场合，电解槽的大小和形状应该是根据制品的大小和形状来确定的。电镀加工面对的是各种形状和大小的零件，虽然不可能针对每种产品设计一个电镀槽，但是镀槽仍然是形形色色的，并无统一标准，甚至为了某些类别产品的加工而采用专用的特别形状的镀槽。因此，电解槽的形状成为影响电场内电力线分布的因素之一。

② 电极

无论是阳极还是阴极，其形状和大小对电极过程肯定是有影响的。在电镀中，电极包括阳极、作为阴极的挂具。它们的形状和大小也可以归纳为立方体。电极的几何因素还包括阳极与阴极的相对位置，以及挂具的结构和挂具上制品的分布。

③ 产品形状

产品形状是专门针对电化学工艺的应用而提出的影响因素。对电镀，被镀产品是构成阴极的一部分。由于产品的几何形状是不确定的，是变动量最大的几何因素，因而也是对电镀过程有很大影响的因素。复杂形状的产品电镀加工往往都很困难，就说明这是一个很重要的影响因素。

对电解冶金和电解精炼，制品也就是阴极总是与阳极一样做成平板形。当阴极和阳极成平行的平板状时，可以认为阴极上电流密度分布是接近理想状态的，也就是各部分的电流密度相等。但是对电镀，如一个电池的外壳，与阳极的相对位置就比平板电极复杂得多，电镀就有很大的难度。

（2）几何因素影响的原理

① 一次电流分布

在金属的电沉积过程中，金属析出的量与所通的电流的大小是成正比的，同时还受电流效率的影响。根据欧姆定律，影响阴极表面电流大小的因素，在电压一定时，主要是电阻。电解质导电也符合欧姆定律。由于电沉积过程涉及金属和电解质两类导体，电流在进入电解质前的路径是相等的，并且与电解质的电阻比起来，同一电路中的金属导线上的电阻可以忽略。这样，当电流通过电解质到达阴极表面时，影响电流大小的因素就是电解质的电阻。这种情形我们在介绍电镀槽中电流分布时已经说到。由于阴极形状和制品的位置的不同，这种电阻的大小肯定是不同的。这就决定了一有电流通过阴极，其不同部位的电流值是不一样的。我们将电流通过电解槽在阴极上形成的电流分布称为一次电流分布，可以用阴极上距阳极远近不同的任意两点的比来描述这种分布：

$$K_1 = \frac{I_{近}}{I_{远}} = \frac{R_{近}}{R_{远}} \tag{4-19}$$

式中，K_1 表示一次电流分布状态数；$I_{近}$、$I_{远}$ 分别表示距阳极近端和远端的电流强度；$R_{近}$、$R_{远}$ 分别表示从阳极到阴极近端和远端的电解液的电阻。

由这个一次电流分布的公式可以得知，当阳极与阴极的所有部位完全距离相等时，$I_{近} = I_{远}$，$R_{近} = R_{远}$，$K_1 = 1$。这是理想状态，在实际中是不存在这种状态的。在阳极和阴极同时是平整的平板电极时，接近这种状态。除了电解冶金可以接近这种理想状态以外，其他电沉积过程都不可能达到这种状态，而是必须采用其他方法来改善一次电流分布。

② 二次电流分布

由于电沉积过程最终是在阴极表面双电层内实现的，而实际上这个过程又存在电极极化的现象，这就使一次电流分布中的电阻要加上电极极化的电阻：

$$K_2 = \frac{I_{近}}{I_{远}} = \frac{R_{远} + R_{远极化}}{R_{近} + R_{近极化}} \tag{4-20}$$

式中，$R_{远极化}$、$R_{近极化}$分别表示阴极表面远阴极端和近阴极端的极化电阻。

二次电流分布受极化的影响很大，而极化则受反应电流密度的影响。一般电流密度上升，极化增大。电流密度则与参加反应的区域面积有关，这一点非常重要。我们可以通过加入添加剂等手段来改变近端的电极极化或缩小高电流区的有效面积，这都会使近端的电阻增加，从而平衡了与远端电阻的差距，使表面的电流分布趋向均匀。

但是，当几何因素的影响太大时，也就是远、近阴极上的电流分布差值太大时，二次电流分布的调节作用就没有多大效果了。这就是深孔、凹槽等部位难以镀上镀层或即使镀上镀层也与近端或高电流区的镀层相差很大的原因。因此，尽量减小一次电流分布的不均匀性，是获得均匀的金属沉积层的关键。

4.6.3 有机添加剂对电极过程的影响

4.6.3.1 有机物及其在电极上的吸附

(1) 有机物

为了方便讨论有机物对电极过程的影响，我们在这里简单复习一下有机物的相关知识。

在化学中，将由碳元素和氢元素组成的化合物及其衍生物总称为有机化合物，简称有机物。有机物与无机物的性质对比见表 4-2。

表 4-2 有机物与无机物的性质对比

性质	有机物	无机物
可燃性	大多数可以燃烧，受热易分解	一般都能耐热，不易燃烧
熔点	大多数熔点低，一般在 300℃以下	一般不易熔化
可溶性	易溶于有机溶剂，难溶于水	不溶于有机溶剂，易溶于水
导电性	溶液或熔化时均不导电	一般溶液或熔化时可导电
化学反应	以分子形式参加，一般反应不激烈且很慢	以离子形式参加，且反应激烈
结合形式	以共价键结合	以离子键结合

有机物定义虽然简单，但涉及的物质和种类特别多，并且结构复杂。因为包括人工合成的有机物。从天然的到人工合成的有用的有机物，已经达数百万种。至于其结构复杂，原因有两个：一是碳有四个化学键，既有链状，也有环状，还可以“节外生枝”，更可以出现双键、三键；二是因为有机分子可以非常大。一般无机化学的一个分子包含几个至几十个原子，但是有机物，动辄成百上千个原子组合在一起，几十万上百万个原子组成的聚合物也不稀奇。它们可以像拼接玩具一样，几十种细小的基本化学结构几乎可以无限制地自由组合。这么多有机物给人类的生产生活提供了多种极其有用的物质，包括在电镀添加剂中也扮演了重要角色。

在有机物定义中，分子中只含有碳原子和氢原子的有机物叫作烃。烃按其结构可分为开链烃和闭链烃（简称环烃）。开链烃可分为烷烃、炔烃和烯烃三种，闭链烃又可分为脂环烃和芳香烃。

烷烃分子中含氢原子个数等于碳原子个数的2倍加2个，这是烃分子的完整结构，之所以称为烷，即表示完整结构；烯烃分子中氢原子个数等于碳原子个数的2倍；炔烃分子中氢原子个数等于碳原子个数的2倍减2个。烯和炔都含有稀缺的意思，是我国化学家想出的方便记忆的办法。若以 n 表示烃分子中碳原子个数，则烷烃分子式的通式应该是 C_nH_{2n+2}，烯烃分子式的通式是 C_nH_{2n}，炔烃分子式的通式是 C_nH_{2n-2}。

烃分子中一个或几个氢原子被其他原子或原子团所取代的产物叫作烃的衍生物，如1，4-丁炔二醇（$C_4H_6O_2$）、十二烷基硫酸钠（$C_{12}H_{25}NaSO_4$）等。

有机添加剂是指添加剂按其化学特性属于有机物，也就是含有碳链的碳氢化合物及其衍生物，包括各种烷基、炔基的醇、醛、酚、醚等有机合成物等。还有以表面活性为主的一类添加剂，这类添加剂一般都有较大分子量。由于这些添加物都是有机化学物质，因此被总称为有机添加剂。

（2）有机物在电极上的吸附

与无机物不同的是，能溶于水的有机物都是因为有亲水的基团，这样就构成了与水分子的极性连接，使亲水基朝向溶液而疏水基朝向电极，这种吸附往往会增加电极的亲水性。很多溶入水的有机物都有这种特性，称为表面活性，这类有机物也叫表面活性剂。我们常用的洗衣粉、清洁剂就是表面活性剂。它们对表面都有吸附作用，因为是通用的性质，所以叫作非特性吸附。

还有一些有机物在溶于水后，由自己所具有的特殊基团或结构，能在金属或某些其他分子的基团之间由化学键力进行有选择性的连接或吸附如氧、硫、氮等原子基团，与金属有特性吸附。有些基团则在某一特定电位或电流密度范围有特性吸附。这种特性吸附是研究和开发对电极过程产生影响的有机添加剂的一个重要依据。

（3）有机物在电极上的反应

我们在讨论双电层的结构时就已经了解到，当溶液中存在有机物离子时，在电极表面的双电层内存在有机物离子的吸附层。这层有机物吸附层对电极过程会产生很大影响。

现在我们就来讨论有机物对电极过程的影响。事实证明，这层有机物吸附膜不是静止不动地在双电层内起阻挡其他离子放电，而是本身也会参与电极反应。这一反应过程是以“吸附—放电—脱附”这种三部曲形式重复进行的。这一过程不仅增加了阴极极化，有些添加剂本身也会在电极上获得电子发生还原，从而使有机添加剂产生变化和消耗。还原后的添加剂产物会脱附，一部分脱离双电层进入镀液本体，另一部分会参与金属还原过程而夹杂进入镀层。因此，有机添加剂的还原不能简单地从电子得失来加以判断，而是需要从基团的变化和得失来做判断。通常，在有机物分子中加入氢或者夺取氧的反应，就是有机物的还原反应。由于阴极过程本身存在析氢反应，从阴极上获取氢是很容易的，同样，由于有机物分子量较大，结构比较复杂，从键力较弱的部位夺取氧也是可能的。

当然，有机物在电极上的反应是否发生，同样要看电极电位的改变是否达到该有机添加剂的还原电位，并且也符合能斯特方程：

$$E = E^\circ + \frac{RT}{nF}\frac{[\text{氧化态}]}{[\text{还原态}]} = E^\circ + \frac{RT}{nF}\ln\frac{[Q]}{[H_2Q]} \tag{4-21}$$

式中，E°表示氧化态和还原态有机物浓度均为1mol/L时的电位（25℃）；n为参加反应的电子数；[Q] 为氧化态的有机物；[H_2Q] 为还原态的有机物。

显然，有机物的还原电位受不同溶液的pH和反应物的浓度和温度的影响，还与溶液中的支持电解质有关。添加剂在电极上发生反应后，其产物有时会夹入镀层中，在起光亮或整平作用的同时，也会增加镀层硬度或脆性。这也是添加剂消耗的主要方式。有些添加剂可能实际上是还原产物在起作用，并且许多添加剂在反应后的产物究竟是什么也难以确定，因此，有机添加剂的作用机理还不是十分完善。

现在已经确定的有机物在电极上的反应可以归纳为还原反应和氧化反应两大类。

4.6.3.2 有机化合物的阴极还原反应

有机物在阴极上的反应有以下一些例子：

（1）醛、酮类有机物的还原

醛和酮类有机物在阴极上可以被还原为三类产物，即醇、邻羟基二醇和烷烃。脂肪醛还原为脂肪醇时的产率和电流效率随电解条件的变化而有较大变化。

（2）不饱和烃类的还原

含双键的不饱和烃当有羰基或共轭基团存在时，容易被电解还原，而含三键的炔类化合物在阴极上的还原是分步进行的；第一步还原为烯烃，第二步再还原为饱和烷烃。如果共轭基团为吸电子的氰基、酯基、酰胺和砜基时，电解还原的产物常为二聚体。

（3）亚胺的还原

由醛、酮与胺类缩合而成的含亚胺基的Schiff碱是酸性镀锡中的有效光亮剂。有些光亮剂正是在电极反应后才起作用的，也就是所谓分解产物的作用。

（4）其他有机物的还原

其他有机物也都有可能在阴极上发生还原反应。有机物的还原反应与金属离子的还原不同，并不是产生某种特定的还原产物，而是结构发生变化，有些变化会产生对电极过程有利的产物。

4.6.3.3 有机化合物的阳极氧化

关于有机添加剂在电镀过程中的阳极行为，现在研究得不多，由于电镀过程主要关注的是阴极过程，特别是电镀添加剂是以干涉阴极过程为目的，对电极已经有了选择性考虑，基本上不会在阳极发生反应。但这不是绝对的，因为有机物对阳极过程有影响是确定的，某些添加剂也会影响到阳极，或者会在阳极发生氧化反应。以下是有机物于阳极在一定条件下可以发生的一些反应，并不代表在电镀过程中一定会发生这类反应。

（1）一般电解氧化

由于有机物多数是非解离型的中性分子，分解出的游离基很少，难以在阳极上直接发生氧化反应，能在阳极上氧化的只能是某些有机盐阴离子，因此一般有机物的电解氧化是间接氧化反应，即通过氧化载体来实现有机物的氧化过程。当电解液中存在某些金属离子时，对有机物的氧化有催化作用，而一些阴离子如卤素离子也可以作为氧化的载体而促使有机物在

阳极放电。例如在锰离子存在的酸性电解液中，甲苯会氧化为苯甲醛。

（2）脂肪酸盐的电解氧化

单纯的游离脂肪酸类的电解氧化较为困难，但是这类脂肪酸的盐类则很容易在阳极发生氧化反应。在一定电解条件下，脂肪酸盐阴离子首先放电生成游离基，然后电解反应生成饱和或不饱和碳化氢与碳酸气体，还会有少量的酯和醇产生。

（3）阳极置换反应

利用阳极置换的有机物反应主要有卤化反应、硝化反应、磺化反应等。其中以卤化反应的应用较为广泛，特别是有机氟的电解反应，具有重要意义。

尽管电镀液不是上述典型的有机电解反应的电解液，但是大多数有机添加剂在电镀过程中参与电极反应是可以肯定的。有些有机添加剂正是其电解后的分解产物在阴极过程中起作用的。

4.7　电镀添加剂在电镀中的作用

4.7.1　电镀添加剂在电镀中的地位

电镀添加剂是添加到电镀溶液中的化学试剂，可以说是加入基础镀液中的添加物，是基础液以外的新增成分，也就是“添加”到镀液中的成分，以提高镀液和镀层的各种性能。这种添加到电镀液中的添加剂的一个显著特点是用量极少，作用却极大。特别是现在一些高效的电镀添加剂，每升的用量往往只有0.1g左右，却有明显的光亮作用，并且一旦过量，就会引起镀层出现硬镀、脆性等方面的变化，外观也会出现问题。

标准的电镀液通常是由需要镀出的金属的盐（主盐）和络合剂、导电盐、酸碱度（pH）调整剂等辅助剂组成的。电镀技术发展到今天，以上成分现在只能说是电镀液的基础成分或叫基础液，一个完整的电镀配方还必须往基础液中加入各种添加剂，以达到预期的目标。很多电镀液如果没有这些成分的加入，根本就不可能镀出合格和有价值的镀层。这些各种添加到镀槽中的化学物质，被统称为电镀添加剂。

事实已经证明，如果将电镀配方当作电镀的核心技术的话，那实际上说的是电镀添加剂技术。因为很多电镀液的基本组成已经是公开的技术，但是电镀添加剂的配方则是技术机密。现在，电镀添加剂的研发、制造及销售已经是一个持续发展和增长的行业，成为有机合成、精细化学和电化学等多学科支持的一个新兴的行业。其中一个很重要的分支就是电镀添加剂中间体的研制和生产。

现在，有很多电镀技术工作者还在不断地努力开发新的电镀添加剂或中间体，以进一步改善和提高电镀技术水平，适应现代制造和技术创新的需要。

4.7.2　电镀添加剂的分类

电镀添加剂的分类，从其原料性质和化学结构的角度，可以分为无机添加剂和有机添加剂两大类。现在主要采用的是有机添加剂，因此，在不特别指出时，大家所说的电镀添加剂主要指的是有机添加剂。有机添加剂还可以分为天然有机物添加剂、常规有机物添加剂和有机合成添加剂。

从其作用原理分类，电镀添加剂又可以分为光亮剂、整平剂、走位剂、柔软剂、抗针孔剂、抗氧化剂、稳定剂等。

光亮剂还分为主光剂、辅光剂、柔软剂等。根据光亮剂的作用原理，又可以分为一次光亮剂和二次光亮剂。这是因为在光亮剂开发的过程中，人们发现了几种添加剂共同起作用的现象，并且这些共同起作用的添加剂依其作用的特点而分为两类，于是就有了第一类光亮剂和第二类光亮剂的说法。有时将这两类光亮剂分别称为初级光亮剂和次级光亮剂，即第一类光亮剂也叫初级光亮剂，第二类光亮剂也叫次级光亮剂。

第一类光亮剂的主要特点是在阴极反应中容易解析，从而对阴极过程有明显影响，还原产物有些还会参与电极反应，从而影响镀层性能，包括光亮性能。

第二类光亮剂中有一些对阴极电位有负移作用，对光亮度和分散能力有贡献，其还原产物容易在镀层中夹杂而导致镀层脆性。有些分类法将第二类也称为载体光亮剂，实际上指的是分散剂，增加水溶性不好的主光剂在镀液中的分散性，同时对阴极过程也有一定影响。对有些特殊镀种，还会开发出这类工艺专用的添加剂，分别会以专用名称来对这些添加剂进行归类，如沙面镀镍的沙面剂、黑色镀层的发黑剂等，属于功能性镀层添加剂。

现在，大多数常用镀种都要用到电镀添加剂，其中大多数添加剂都有商业添加剂产品供应，从镀锌到镀铜，从镀镍到镀铬，从镀锡到镀银，包括合金电镀、复合电镀都要用到不同的添加剂。电镀添加剂不仅涉及的镀种多，而且同一个镀种有多种添加剂可供选择，可以说电镀添加剂种类繁多、产品齐全。

常用电镀添加剂的类别及特点见表4-3。

表4-3　常用电镀添加剂的类别及特点

添加剂类别	添加剂或原料、中间体	作用特点	备注
无机添加剂	重金属盐如镉、铅、镍等	通过参与阴极过程改善镀层结晶过程使结晶细化，与金属镀层共沉积	由于重金属对人体和环境有严重不利影响，除极个别外，现在已经不再采用这类添加剂
天然有机添加剂类	明胶、蛋白、糖类、醇类等	在阴极表面形成阻挡层，影响金属离子还原过程，有分解产物在镀层中夹杂	也有经过简单合成的天然有机添加剂如磺化蓖麻油等
有机合成添加剂类	商业光亮剂、柔软剂、走位剂、整平剂等	在阴极表面有特性吸附能力，有较强的极化作用。根据不同作用特点在镀液中起光亮作用、整平作用等	这类添加剂往往是用一种或几种有机物合成或复配而成的。现在更多的是采用各种电镀添加剂复配而成
有机添加剂中间体	各种电镀添加剂中间体，如镀镍中间体PPS、ALS等	用来配制各种电镀添加剂，可以根据不同中间体的功能来配制出各种性能的添加剂	已经成为现代电镀添加剂的主流原料

4.7.3　电镀添加剂及其作用

电镀添加剂的主要作用是通过影响阴极过程来实现改善镀层性能。最初的添加剂可以改善镀层的结晶性能，使结晶细化，镀层平滑。在探索过程中发现，有些物质可以使镀层变得光亮，从而使光亮剂的开发成为电镀添加剂中的主流，以至于平常说到电镀添加剂主要就是指的光亮剂。但是随着电镀技术的进步，添加剂的研发和生产也都有了长足的发展，使电镀添加剂的作用更加丰富。电镀添加剂按作用进行分类见表4-4。

表4-4 电镀添加剂按作用分类

添加剂类别	用途	举例
光亮剂	获得全光亮镀层	镀镍光亮剂、酸铜光亮剂、镀锡光亮剂、镀银光亮剂等
半光亮剂	获得半光亮镀层	半光亮镀镍、半光亮镀锡等
辅助光亮剂	与光亮剂共同使用，提高光亮剂的光亮效果	光亮镀镍、酸性光亮镀铜等的辅助光亮剂
载体光亮剂	增加光亮剂在镀液中的溶解性和分散性能	酸性镀锌光亮剂
整平剂	提高镀层微观整平性能	酸铜添加剂
走位剂	改善低区性能，使镀层分布均匀	镀镍走位剂等
柔软剂（应力调整剂）	调整镀层内应力，降低镀层脆性	镀镍柔软剂（糖精等）
抗针孔剂（润湿剂）	降低镀液表面张力，减少针孔	镀镍润湿剂（十二烷基硫酸钠等）
抗杂剂	将镀液中的杂质沉淀去除或络合隐蔽，消除其不良影响	镀镍、镀锌等抗杂剂
电位调整剂	调整镀层电位，使镀层之间的电位差符合技术要求；改变复合镀中微粒表面电位的添加剂也属于这一类	多层镍电位调整剂、复合镀微粒电位调整剂
稳定剂	稳定镀液中某种价态离子	辅助络合剂、还原剂等
抗氧化剂	防止镀液中低价态离子氧化为高价态离子	如二价锡稳定剂等
缎面剂（沙面剂）	获得缎面（沙面）镀层	缎面镀镍、缎面镀铜等
黑化剂（彩色电镀添加剂）	获得技术要求的镀层颜色	镀黑镍、镀黑铬等
功能性添加剂	为获得所要求的功能而添加的各种辅助添加剂，如为获得难以共沉积的合金而添加的催化作用添加物、改善镀层微观结构的添加物等	微量合金元素、催化剂等

表4-4列举的只是现在常用的一些电镀添加剂的类别，在生产和科研实践中，还有一些添加剂正在试用或开发中，特别是功能性添加剂类，会有很大发展空间，而已经有多年发展的光亮剂也处在不断更新的过程中。用量少、出光快、镀层柔软性好、管理简单等，都是用户对光亮剂的基本要求。而现在不少光亮剂距这个要求还有一定距离。

由表4-4也可以看出，除了直接改善镀层的添加剂，还有一些是改善镀液性能的添加剂，如稳定剂、抗氧化剂、抗杂质剂等，这类添加剂通过改善镀液来保证镀层质量，同时不对镀层性能产生不利影响，即主要是以化学原理起作用，而不直接参与电极反应。

归纳起来，电镀添加剂的作用有以下几个：

① 细化结晶和光亮作用；

② 改善分散能力和增加镀液的稳定性；

③ 提高镀层性能。

4.7.4 光亮剂的作用机理

光亮剂是电镀添加剂中最为重要的一个家族，以至于在说起电镀添加剂时，主要说的就是光亮剂。当然，现在已经很清楚，电镀添加剂不只是光亮剂，但不可否认，电镀添加剂开发的历史主要是光亮剂的开发史，因此，光亮剂在电镀添加剂中受到的研究和关注也就最多，其作用机理也有比较充分的研究。

光亮剂具体的作用过程可以通过以下模式来解释。

（1）细化结晶说

细化结晶说是指光亮剂在阴极表面吸附后，导致金属晶核成核概率增加，成长较慢，使镀层晶粒的显微尺寸小于最短的可见光波长（0.4μm），使光可以像在镜面上一样全反射，从而达到镀层光亮的效果。后来有人用电子显微镜观察光亮镀镍层的结晶组织，发现晶粒的大小在0.3~0.5μm。其后也有一些试验证实这一说法是有一定根据的。但是，也有相反的证明，即有些晶粒尺寸细小的镀层也不一定光亮，从而说明细小晶体只是光亮效果的必要条件。

（2）晶面定向说

对光亮剂的作用，有一种观点是晶面定向说，认为镀层出现光亮是因为金属镀层结晶的晶面都基本平行于基材，从而有利于光的反射。但这只是一种理想状态，而实际上镀层结晶经常是杂乱无序的，因而这种说法并没有获得普遍认可。相反，结晶如果只在一个方向成长，则容易形成粗晶，这与细化结晶理论是相矛盾的。

（3）吸附膜理论

吸附膜理论是从另一个角度说明细化结晶理论。提出这一理论的依据是有机添加剂有不少来自表面活性剂，如防止渗氢的抑制剂。这些添加剂用量极少就可以在阴极表面形成致密的膜层，从而阻滞金属离子的还原速度，使镀层的晶粒得以细化。

还有一些其他的光亮作用理论，但归结起来，细化结晶说是最基本的原理。我们从金属的机械抛光能够将产品表面抛光成镜面光亮的物理过程可以推知，要想获得光亮镀层，就必须使金属表面平滑和细化。因此，有机添加剂的整平作用和结晶细化作用，已经能较好地说明其光亮作用的机理。

不过电子衍射和微观观测的结果显示，真正光亮的镀层并没有明显的结晶和晶面，而是非常细微的非结晶粉末状镀层。从电沉积过程的连续性和光亮镀层的可重现性可以推知，金属离子获得电子还原时，由于光亮剂的作用，不用按结晶成长的程序长大，而是可以连续不断地还原为金属原子并组成光亮的金属镀层。从微观上看，电镀添加剂往往会通过改变晶面指标而使镀层显示出不同的性能。

4.7.5 其他添加剂的作用机理

现在已经很清楚的是，无论以什么形式，电镀添加剂在电场的作用下基本上都参与了电极过程，对金属的电结晶过程有着这样或那样的影响。电镀添加剂根据其本身的化学性质或结构，可分为无机添加剂和有机添加剂两大类，目前使用中基本上以有机添加剂为主。

无机添加剂，特别是各种金属盐类，由于是典型的金属阳离子，在阴极上要参与电化学还原，从而参与电结晶过程，影响镀层的结晶结构或形成微合金状态，最终改善镀层的性能，如硬度、光亮度等。无机添加剂与金属镀层的共沉积不完全是合金化的作用，有时会影响电位变化和结晶核的形成。显然，当引起极化增加或成核增加时，就能起到细化镀层的作用。

对有机添加剂在电镀过程中的作用机理，有着多种理论和假说，现在人们普遍接受的是表面吸附说，也就是有机添加剂吸附在电极表面，对金属离子的还原起到阻滞作用的同时，使金属结晶的成核数增加而成长速度减缓，这样使结晶细化并达到光亮的效果。添加了有机添加剂的镀液的金属还原，电极电位都会有不同程度的负移，是金属还原过程受到一定程度抑制的证明。例如有一种市场上叫“走位剂”的添加剂，主要在高电流密度区有特性吸附，这种极强的吸附使高电流区的电极反应速度有很大下降，可以说增加了这些高电流区的电阻，这样电流可以向低电流密度区流动，从而改善了电流的分布，使原来没有镀层沉积的低电流区也镀上镀层，好比镀层走进了这些坑坑洼洼的角落，所以形象地叫“走位剂”。这就是改善二次电流分布的原理。

还有消除镀层应力的添加剂，则利用某些有机物在晶粒特定取向上的作用，调整镀层的内应力，达到降低镀层脆性的目的。

随着电镀添加剂中间体技术的进步，对不同基团在电极表面的行为的研究也进一步深入，发现电镀添加剂根据其作用基本上可以分为两类，并且都含有不饱和键。一类叫初级光亮剂，另一类叫次级光亮剂，但这种作用不是绝对的，当与之配伍的添加剂成分发生改变时，它们的作用也相应发生变化。研究表明，有机添加剂在表面吸附的同时，也会参加电极反应而发生还原，这就是有机添加剂的分解，分解的产物一部分进入镀层，使镀层的硬度增加，出现某种内应力，一部分进入镀液，成为有机杂质。由于不同分解产物对镀层结晶影响的方式不同，所产生的应力方向也有所不同，正是这种不同使得可以用不同的添加剂消除所产生的内应力。

4.7.6 研究电镀添加剂影响的方法

要研究电镀添加剂的作用及其机理，需要有各种先进的测试方法。但是，基本的电化学方法仍然是其主要的手段。通过一些基础的电化学测试，可以间接地证明电镀添加剂的表面活性作用，如微分电容曲线、极化曲线、旋转电极曲线等。

现在，更有从表面直接观测的微电子技术可以更加直接地显示各种有机物对阴极过程的影响。所有这些先进的设备、测试技术、研究手段并不能完全取代最基础的工艺试验。一些重要的发现和理论往往是从最简单甚至是很枯燥的基础试验中获得的，特别是试探性选择组分和配方的时候，只有大量地进行试镀，根据试验的结果调整、筛选，才有可能找到所需要的物质。

当然，理想的状态是进入这样一种境界，那就是能够了解和设计基团或结构，让这种特定的结构完成特定的表面干扰作用，以改变现在盲目摸索的研发过程，这有待于从事电化学工艺研究的新生代去开发和创意。

5 电镀前处理

电镀行业流传有“三分电镀，七分前处理”的说法，足见前处理在电镀技术中所占有的重要地位。很多电镀质量问题的根源都出现在前处理过程中。因此，对前处理及其技术进行充分讨论是非常必要的。

典型的电镀前处理包括除油、除锈和活化，还有各道流程间的清洗。我们就按这个流程来讨论相关的工序。

当我们以量子理论来讨论工艺问题时，对一些工艺的重要性的认识上升到一个新的理论水平，就更容易引起对工艺过程管理控制的重视。

简要地说，电镀前处理是去除受体金属表面的油污、氧化物等附着物，让受镀表面金属呈现出晶体裸露的本征态，以便新相生成时与表面晶态有良好的键合作用，保证镀层与基体的结合力。

5.1 除油

5.1.1 金属表面油污的来源

材料在机械加工特别是冷加工过程中，会接触到各种油脂，这些油渍在材料表面吸附后覆盖在表面，使其后在水溶液中进行各种工艺处理时，工作液无法与原始表面有完全的作用，因此，除油是金属表面处理不可缺少的第一道工序，无论其后需要进行哪一种类的表面处理，包括机械的或化学的、电化学的处理，所有的金属制件，在电镀之前，首先都必须进行除油。这是所有从事电镀工艺管理的人员都知道的一个道理。因为除油不干净，就会引起镀层起泡，这是电镀最不能接受的质量问题之一。

油污之所以会引起镀层起泡，是因为油污即使是以分子大小的厚度吸附在金属表面，也足以让镀层金属与基体金属之间的键合力大大减弱。从微观角度认识去除油膜的重要性，才能理解为什么要对除油十分重视。

电镀制品大多数是由金属材料构成的，这些金属材料在加工过程中在不同场合都会接触到各种油脂，并由此对制品表面造成污染。

各种油污如果按其组成分类，可以分为两大类，即矿物油和动植物油。这两类油根据其与碱反应的能力不同而又分别被叫作皂化油（动植物油）和非皂化油（矿物油）。除了油污，还有加工过程中必不可少的工序或工艺用油、用蜡等。这些都必须去除，才可以进入后面的工艺流程。

金属制件的油污主要来自机械加工过程中的切削油、冷却液等，还有存放、转运中的工序间防锈油等，以及操作和搬运过程中接触油污、手汗、空气污染沉积物等。

（1）加工过程

金属制件的加工过程中用得最多的是切削油和冷却液，特别是高速机械加工过程中，一定要用保证切削精度和带走切削热的油类冷却液，这样被加工的制件表面会沾染大量的油污。为了节约油类，现在大量采用乳化液，由于含有大量水分，对金属制件表面的影响就更大。

电镀加工过程中另一个重要的油脂污染是抛光过程中使用的抛光膏，它是用于金属抛光和塑料抛光等的固体油膏，由油脂和磨料配合而成。常用的有以下四种：

① 白色抛光膏：由硬脂酸、脂肪酸、漆脂、牛油、羊油、白蜡、石灰石粉、烧碱等配合而成，主要成分是石灰，适用于镍、铜、铝和胶木等的抛光。

② 黄色抛光膏：由漆脂、脂肪酸、松香、黄丹、石灰、长石粉、土红粉等配合而成，主要成分是长石。适用于铜、铁、铝和胶木等的抛光。

③ 绿色抛光膏：由脂肪酸和氧化铬绿等配合而成，主要成分是氧化铬，适用于不锈钢和铬等的抛光。

④ 红色抛光膏：由脂肪酸、白蜡、氧化铁红等配合而成，主要成分是氧化铁，适用于金属电镀前抛光，可抛光金、银制品等。

（2）中转和存放过程

某一机械工序完成后的金属制件，还会有转入另一种加工过程的转序流程，也有需要存放一定时间再用于其他流程的，这样，为了防止中转和存放中的生锈，往往要对这类制件进行工序间的防锈处理，这种处理用得最多的就是防锈油。这种处理方式简便易行，成本也不是很高。常用于中间过程的防锈油有如下几种：

① 封存防锈油

封存防锈油具有常温涂覆、不用溶剂、油膜薄、可用于工序间防锈和长期封存、与润滑油有良好的混溶性、启封时不必清洗等特点，通常可分为浸泡型和涂覆型两种。

a. 浸泡型：可将制品全部浸入盛满防锈油的塑料瓶内密封，油中加入质量分数为2%或更低的缓蚀剂即可，但需经常添加抗氧化剂，以使油料不致氧化变质。

b. 涂覆型：可直接用于涂覆的薄层油品种。油中需加入较多的缓蚀剂，并需数种缓蚀剂复合使用，有时还需加入增黏剂，如聚异丁烯等，以提高油膜黏性。

② 乳化型防锈油

乳化型防锈油是一种含有防锈剂、乳化剂的油品，使用时用水稀释成为乳状液。它具有成本低、使用安全、减少环境污染、节约能源等特点。将它涂布于金属表面上，待水蒸发后便形成一层保护油膜，目前多用于工序间防锈，也可作为长期封存用。

③ 防锈润滑两用油

防锈润滑两用油具有润滑和防锈双重性质，启封后可以不必清除封存油而直接安装使用，或者试车后不必另换油料即以试车油封存产品，一般用于需要润滑或密封的系统。它根据用途可分为内燃机防锈油、液压防锈油、主轴油、齿轮油、空气压缩机油、仪器仪表和轴承防锈油、防锈试车油等。内燃机防锈油主要用于飞机、汽车和各类发动机的防锈；液压防锈油主要用于机床等设备的液压系统及液压筒的封存防锈；仪器仪表和轴承防锈油品种较多，并都兼有一定的润滑性。一般要求基础油黏度低、精制程度高、防锈添加剂加入量质量分数为3% ~5%、有较好的低温安定性、低挥发度和油膜除去性好等特点，适于多种金属使用。

④ 防锈脂

防锈脂是在工业凡士林或石蜡、地蜡等石油蜡为基础的油脂中加入防锈添加剂而制成的软膏状物，一般以热涂方式进行封存。其特点是油膜厚（一般为0.01 ~0.2mm，甚至达到0.2 ~1mm)，油膜强度高，不易流失和挥发，防锈期长，但电镀前的清除较困难。

（3）电镀操作过程

除了电镀前处理的不完全，没有将加工和存放过程中的油污去除干净，电镀操作过程中的油污也是时有发生的，一个最常见的现象是操作者以自己的手触摸镀件，将手上的油脂沾到产品上。另外还有电镀设备上的油污不小心污染了产品，如阴极移动等传动设备上的润滑油等沾染到产品上。

5.1.2 油污的分类

（1）矿物油

依据习惯，把通过物理蒸馏方法从石油中提炼出的基础油称为矿物油，加工流程是在原油提炼过程中，在分馏出有用的轻物质后，残留的塔底油再经提炼而成。主要是含有碳原子数比较少的烃类物质，多的有几十个碳原子，多数是不饱和烃，即含有碳碳双键或三键的烃。

有些领域将矿物油称为白矿油或白油，常用的有工业级白油、化妆品级白油、医用级白油、食品级白油等。不同类别的白油在用途上也有所不同。

工业白油级白油，是由加氢裂化生产的基础油为原料，经深度脱蜡、化学精制等工艺处理后得到，可用于化学、纺织、化纤、石油化工、电力、农业等，可用于PE、PS、PU等塑料的生产。

（2）动植物油

动植物油油脂属真脂类。在常温下，植物油脂多数为液态，称为油（oil)；动物油脂一般为固态，称为脂（fat)。天然油脂往往是由多种物质组成的混合物，其中主要成分是三酰甘油。在三酰甘油中，脂肪酸的相对分子质量为650 ~970，而甘油是41，脂肪酸相对分子质量占三酰甘油全相对分子质量的94% ~96%。天然油脂中，脂肪酸的种类达近百种。不同脂肪酸之间的区别主要在于碳氢链的长度、饱和与否，以及双链的数目与位置。陆生动物脂肪中饱和性脂肪酸比例高，熔点较高，故在常温下为固态；植物脂肪中不饱和性脂肪酸比例高，熔点较低，故在常温下为液态。鱼类等水生动物脂肪中不饱和性脂肪酸比率也较高。一般来说，陆上动、植物脂肪中大多数脂肪酸为C16、C18脂肪酸，尤以后者居多；水生动物脂肪中大多数脂肪酸为C20、C22脂肪酸；反刍动物乳脂中含有相当多（5% ~30%）的低级脂肪酸（C4 ~C10脂肪酸)。

油脂中还含有少量的其他成分，包括不皂化物、不溶物等。不皂化物是指固醇类、碳氢化合物类、色素类、蜡质等物质；不溶物是指油脂中混有动物毛、骨及砂土等杂质。

矿物油与碱不能生成肥皂等可溶性化学物质，但是可以被表面活性剂分散成极小油粒而成为乳状液，因此可以利用乳化作用去除。这些油污是机械加工过程中可能用到的切削油或工序间的防锈油。

动植物油的主要成分是脂肪类油，通过与碱反应生成可溶于水的肥皂和甘油，因此可以通过在热的碱水中去除。

其制品表面往往有多类油污，因此除油工艺多数采用的是组合工艺，进行综合除油或分步除油，要点是将表面的油污完全去除干净。

（3）蜡类

抛光蜡（polishingpaste）别名为抛光膏、抛光皂、抛光砖、抛光棒。抛光蜡的重要成分：以高档脂肪酸与高档脂肪醇天然的酯类为重要成分、来源于动物的自然蜡如鲸蜡、蜂蜡、羊毛蜡、巴西棕榈蜡、小烛树蜡、木蜡芬芳蜡；高岭土厂家以碳氢化合物为重要成分的矿物性的自然蜡如液体白蜡、凡士林、微晶蜡、白蜡、褐煤蜡；经化学改性的自然蜡如各类羊毛蜡化学改性衍生物等。

5.1.3 表面油污对电镀的影响

金属表面油污对电镀的影响最主要和最直接的就是对镀层结合力的影响。由于油污所具有的黏度和成膜性能，金属表面一旦有油质污染，就不容易简便地去掉，从而在金属表面形成一层油膜。这层油膜在表面的依附性极强，对油污没有去除干净的表面，即使再对表面进行去除氧化物的处理，在氧化皮等锈渍去掉以后，油膜仍然会黏附在金属表面，无论其后经历哪些处理，只要是没有进行专业的除油处理，这层油膜都将存在，从而影响镀层与金属基体间的结合力。

油膜对金属镀层结合力的影响是非常大的，许多表面上进行了除油处理的电镀件仍然出现结合力不良，究其原因基本上都是没有真正将油污去除干净。

油污影响结合力的原因，首先是油脂类污染物的性质所决定的。所有油、脂等都有极强的疏水基团，分子量越大，这种极性越强。用普通水根本就无法将油污去除。即使用了除油剂，将油污皂化和乳化，仍然会有极薄的油分子膜吸附在金属表面。如果不去除这层分子级或更微小级别的膜层，则这层膜介于金属基体与析出的金属原子之间，使新生的金属晶格与基体的金属组织间有了一层隔离层，使镀层的金属组织与基体的金属组织间的金属键合力大大削弱，严重的甚至没有了结合力。这有如在沙上建房。因此，除油不良的镀层可以整块地从基体上揭下来。要想将油污全部去除干净，需要采用多种方法组合除油，才能完全去掉油膜。

5.1.4 除油工艺

（1）有机除油

常规有机除油通常作为整个除油工艺中的首道工序。其目的是粗除油或预除油，这对油污严重或油污特别（如有较多的脂类）等情况是很有效的，可以提高其后化学除油的效率和延长化学除油液的使用寿命。

有机除油也可用作精细产品的预除油。这是因为有机溶剂除油的优点是除油速度快，操作方便，不腐蚀金属，特别适用于有色金属除油。其最大的缺点是溶剂多半是易燃而有毒的，并且除油并不彻底，成本也较高，同时还需要进行后续的除油处理，因此多数情况下是作为对油污严重的金属制品特别是有色金属制品的预除油处理。

有机除油应该在有安全措施的场所进行，要有良好的排气和防燃设备。常用的有机除油溶剂的性能见表 5-1。

在有机溶剂中，汽油的成本较低、毒性小，因此是常用的有机除油溶剂，但是其最大的缺点是易燃，使用过程中要采取严格的防火措施。作为替代，煤油也被用于常规有机除油，效果虽然没有汽油好，但是在防火方面优于汽油。

最有效的是三氯乙烯和四氯化碳，它们不会燃烧，可以在较高的温度下除油，但需要有专门的设备和防护措施才能发挥除油的最好效果和满足环境保护的要求。

表 5-1 常用的有机除油溶剂的性能

有机溶剂	分子式	分子量	沸点（℃）	密度（g/cm^3）	闪点（℃）	自燃点（℃）	蒸气密度与空气比
汽油	$C_{2\sim12}$烃类	—	40～205	0.70～0.78	58	—	—
煤油	$C_{9\sim16}$烃类	200～250	180～310	0.84	40 以上	—	—
苯	C_6H_6	78.11	78～80	0.88	-14	580	2.695
二甲苯	$C_6H_4(CH_3)_2$	106.2	136～144	—	25	553	3.66
三氯乙烯	C_2HCl_3	131.4	85.7～87.7	1.465	—	410	4.54
四氯化碳	CCl_4	153.8	76.7	1.585		—	5.3
四氯乙烯	C_2Cl_4	165.9	121.2	1.62～1.63	—	—	—
丙酮	C_3H_6O	58.08	56	0.79	-10	570	1.93
氟里昂 113	$C_2Cl_3F_3$	187.4	47.6	1.572	—	—	—

易燃性溶剂除油只能采用浸渍、擦拭、刷洗等常温处理方法，工具很简单，操作也简便，可以用于各种形状的制件。

不燃性有机溶剂除油，应用较多的是三氯乙烯和四氯化碳。这类有机氯化烃类有机除油剂除油效果好，但必须使用通风和密封良好的设备。三氯乙烯是一种快速有效的除油方法。对油脂的溶解能力很强，常温下比汽油大 4 倍，50℃时大 7 倍。

采用有机溶剂除油必须注意安全与操作环境的保护，特别是使用三氯乙烯做除油剂时，应该注意如下几点：

① 有良好的通风设备；

② 防止受热和紫外光照射；

③ 避免与任何 pH 大于 12 的碱性物质接触；

④ 严禁在工作场所吸烟，防止吸入有害气体。

（2）化学除油

① 碱性化学除油

不同的基体材料要用到不同的化学除油工艺。对钢铁材料，主要用以氢氧化钠（工业中俗称烧碱）为主的碱性除油液，但所用的浓度也不宜过高，一般在 50g/L 左右。考虑到综合除油效果，还要加入碳酸钠和表面活性剂，考虑到对环境的影响，现在已经不大用磷酸盐。

对有色金属，采用碱性化学除油也被称为碱蚀。这是因为对锌、铝等两性元素，碱都有腐蚀作用。因此，对铜合金的碱性除油，要少用或不用氢氧化钠。对铝合金、锌合金制品，则更要少用或不用氢氧化钠，以防发生过腐蚀现象而损坏产品。

采用含有水玻璃（硅酸钠）的除油液，在进行除油后一定要将金属制件在热水中充分清洗干净，以防止未能洗干净的水玻璃与酸反应后生成不溶于水的硅胶而影响镀层结合力。

除油液的温度现在已经趋于中低温化，可以节约能源和改善工作现场环境，但因为使用较多的表面活性剂，排放水对环境也会有一定污染，要加以注意。

化学除油的原理是基于碱对油污的皂化和乳化作用。金属表面的油污一般有动植物油、矿物油等。不同类型的油污需要用不同的除油方案，由于表面油污往往是混合性油污，因此，化学除油液也应该具备综合除油的能力。

动植物油与碱有如下皂化反应：

$$(C_{17}H_{35}COO)_3C_3H_5 + 3NaOH = 3C_{17}H_{35}COONa + C_3H_5(OH)_3$$

由于生成的肥皂和甘油都是具有亲水基团的物质，这些新水基与水构成水合物，就能将油污从金属表面拉扯下来，从而将油污清洗掉。

矿物油与碱不发生皂化反应，但是在一定条件下会与碱液进行乳化反应，使不溶于水的油处于可以溶于水的乳化状态，从而从金属表面去除。由于肥皂就是一种较好的乳化剂，因此，采用综合除油工艺，可以同时去除动植物油和矿物油。

有些除油工艺中加入乳化剂是为了进一步加强除油的效果，但是有些乳化剂有极强的表面吸附能力，不容易在水洗中清洗干净。所以用量不宜太大，应控制在1~3g/L的范围内。

还需要注意的是，对有色金属制件，不能采用含氢氧化钠过多的化学除油配方。对溶于碱的金属如铝、锌、铅、锡及其合金，则不能采用含有氢氧化钠的除油配方。氢氧化钠对铜特别是铜合金也存在使其变色或锌、锡成分溶出的危险。同时碱的水洗性也很差。

各种金属常规除油工艺规范见表5-2。

表5-2 各种金属常规除油工艺规范 g/L

除油液组成	钢铁、不锈钢、镍等	铜及铜合金	铝及铝合金	镁及镁合金	锌及锌合金	锡及锡合金
氢氧化钠	20~40					25~30
碳酸钠	20~30	10~20	15~20	10~20	20~25	25~30
磷酸三钠	5~10	10~20		15~30		
硅酸钠	5~15	10~20	10~20	10~20	20~25	
焦磷酸钠			10~15			
OP乳化剂	1~3			1~3		1~3
表面活性剂			1~3		1~2	
洗洁剂		1~2				
温度（℃）	80~90	70	60~80	50~80	40~70	70~80
pH					10	
时间（min）	10~30	5~15	5~10			

除油过后清洗的第一道水必须是热水，因为除油剂大多采用了加温的工艺。加温可以促进油污被允分地皂化和乳化，这些被皂化和乳化后的物质中难免还有反应不完全的油脂，一

遇冷水，就会重新凝固在金属表面。肥皂和乳化物在冷水中也会固化而附着在金属表面，增加清洗的难度。如果不在热水中将残留在金属表面的碱液洗干净，在后续流程中就更难洗净而影响以后流程的效果，最终会影响镀层的结合力。有些企业没有注意这一点，大多采用冷水清洗，削弱了碱性除油的作用。

② 酸性化学除油

酸性除油适用于油污不是很严重的金属，并且是一种将除油和酸蚀融于一体的一步法。用于酸性除油的无机酸多半是硫酸，有时也用盐酸，再加上乳化剂，不过这时的乳化剂用量都比较大。

a. 黑色金属的酸性除油工艺

硫酸为 30 ~ 50mL/L；

盐酸为 900 ~ 950mL/L；

OP 乳化剂为 1 ~ 2g/L；

乌洛托品为 3 ~ 5g/L；

温度为 60 ~ 80℃。

b. 铜及铜合金的酸性除油工艺

硫酸为 100mL/L；

OP 乳化剂为 25g/L；

温度为室温。

需要注意的是，当采用加温的工艺时，同样要采用热水作为第一道水洗流程，然后进行流水清洗；否则也不会获得良好的除油效果。

③ 其他化学除油

可用于金属制件除油的方法还有乳化液除油、低温多功能除油、超声波除油等，都可以提高除油效果或节约资源。应该选用合适的而不一定是最好的工艺，尤其要考虑成本因素和环境保护因素。

a. 擦拭除油

擦拭除油特别适合于个别制件或小批量异型制件的表面除油。这种除油方法实际上就是用固体或液体除油粉或液以人工手拭的方式对制件表面进行除油处理。特别是个别较大或形状复杂的制件，用浸泡除油的方法可能效果不是很好，这时就可以用擦拭的方法进行除油。用于擦拭的除油粉有洗衣粉、氧化镁、去污粉、碳酸钠、草木灰等。有些在碱液中容易变暗的制件也常用擦拭的方法除油。

b. 乳化除油

由于表面活性剂技术的发展，采用以表面活性剂为主要添加材料的乳化除油工艺已经成为除油的常用工艺之一。乳化除油是在煤油或普通汽油中加入表面活性剂和水，形成乳化液。这种乳化液除油速度快、效果好，能除去大量油脂，特别是机油、黄油、防锈油、抛光膏等。乳化除油液性能的好坏主要取决于表面活性剂，常用的多数是 OP 乳化剂或日用洗涤剂。

5.1.5 电化学除油

电化学除油是在前述化学除油的基础上进一步将分子膜级别的油类去掉的重要方法。

电化学除油也叫电解除油，这是将制件作为电解槽中的一个电极，在特定的电解除油溶液中通电进行电解的过程。电化学除油所依据的原理是：利用电解过程中电极表面生成的大量气体对金属（电极）表面进行冲刷，从而将油污从金属表面剥离，再在碱性电解液中被皂化和乳化。这个过程的实质是水的电解，化学方程式为

$$2H_2O = 2H_2\uparrow + O_2\uparrow$$

无论是氢的析出还是氧的析出，由于都是从电极原始裸表面进行电子交换生成的气体，有从原始表面上撕裂分子膜的作用，因此具有微观除油作用。

（1）阴极电解除油

当被除油金属制件作为阴极时，其表面发生的是还原过程，析出的是氢，我们称这个除油过程为阴极电解除油：

$$2H_2O + 2e = H_2\uparrow + 2OH^-$$

阴极电解除油的特点是除油速度快，一般不会对零件表面造成腐蚀，但是容易引起金属的渗氢，对钢铁制件是很不利的，特别是对电镀，这是一个比较大的缺点。另外，当除油电解液中有金属杂质时，会有金属析出而影响结合力或影响表面质量。

（2）阳极电解除油

当被除油的金属制件是阳极时，其表面进行的是氧化过程，析出的是氧，这时的除油过程被称为阳极电解除油：

$$4OH^- - 4e = O_2\uparrow + 2H_2O$$

阳极电解除油的特点是基体不会发生氢脆危险，并且能去除金属表面的侵蚀残渣和金属薄膜，但是除油速度没有阴极除油高，同时对一些有色金属如铝、锌、锡、铜及其合金等，在温度低或电流密度高时会发生基体金属的腐蚀过程，特别是在电解液中含有氯离子时，更是如此。因此，有色金属不宜采用阳极除油，而弹性和受力钢制件不宜采用阴极除油。

（3）换向电解除油

对单一电解除油存在的问题，最好的办法是采用换向电解除油法加以解决。换向电解除油又称联合除油，就是先阳极除油再转为阴极除油，也可以先阴极除油再转为阳极除油。可以根据产品的情况确定具体工艺，一般最后一道除油宜采用短时间阳极电解，将阴极过程中可能出现的沉积物电解去除。

5.1.6 其他除油方法

除了以上介绍的除油方法，根据产品的不同情况，还可以采用一些特殊的除油方法。

（1）超声波除油

将黏附有油污的制件放在除油液中，并使除油过程处于一定频率的超声波场作用下的除油过程，称为超声波除油。引入超声波可以强化除油过程，缩短除油时间，提高除油质量，降低化学药品的消耗量。尤其是对复杂异型零件、小型精密零件、表面有难除污物的零件及有深孔、细孔的零件有显著的除油效果，可以省去费时的手工劳动，防止零件的损伤。

超声波是频率为 16kHz 以上的高频声波，超声波除油的原理是空化作用原理。当超声波作用于除油液时，由于压力波（疏密波）的传导，溶液在某一瞬间受到负压力作用，而在紧接着的瞬间受到正压力作用，如此反复作用。当溶液受到负压力作用时，溶液中会出现瞬时的真空，出现空洞，溶液中蒸汽和溶解的气体会进入其中，变成气泡。气泡产生后的瞬

间，由于受到正压力的作用，气泡受压破裂而分散，同时在空洞周围产生数千大气压的冲击波，这种冲击波能冲刷零件表面，促使油污剥离。超声波强化除油，就利用了冲击波对油膜的破坏作用及空化现象产生的强烈搅拌作用。

超声波除油的效果与零件的形状、尺寸、表面油污性质、溶液成分、零件的放置位置等有关，因此，最佳的超声波除油工艺要通过试验确定。超声波除油所用的频率一般为30kHz左右。零件小时，采用高一些的频率；零件大时，采用较低的频率。超声波是直线传播的，难以达到被遮蔽的部分，因此应该使零件在除油槽内旋转或翻动，以使其表面上各个部位都能得到超声波的辐照，获得较好的除油效果。另外，超声波除油溶液的浓度和温度比相应的化学除油和电化学除油低，以避免超声波的传播受到影响，也减少金属材料表面的腐蚀。

（2）高温除油

对需要热处理而又要电镀的制品，就可以采用高温除油法。某些不需要热处理的制件，若对高温加热没有限制，也可以采用这种对油污进行热分解的方法去除油污。最简单的做法是在明火炉内燃烧去除油污，也可以在热处理炉内去除。

（3）机械除油

所谓机械除油，就是将待镀件的表面层完全去掉，使油污与氧化物等完全脱离表面。这种方法通常是进行喷砂或喷丸处理。这种强力颗粒冲击，可以将表面油污连同氧化皮去掉一层，从而获得完全洁净的表面。

5.2 除锈

金属制品在加工制造过程中和存放期间都会不同程度地发生锈蚀，即使用肉眼看不出有锈蚀的金属表面，也会有各种氧化物膜层存在，这些锈蚀和氧化物对电镀是不利的，如果不去除，会影响镀层与基体的结合力，也影响镀层的外观质量。氧化物膜是比油膜更贴近金属原始表面的膜层。

除锈的方法可以分为三大类，即化学法、电化学法和物理法等，各种方法的特点见表5-3。

表5-3 各种除锈方法的特点

类别	方案	特点
化学法	酸侵蚀	最广泛采用的方法，存在过蚀和氢脆等问题
	熔融盐处理	用于厚的锈或氧化皮去除，但设备受限定且能耗较高
电化学法	阳极电解酸蚀法	没有氢脆，有一定抛光作用
	阴极电解酸蚀法	易氢脆，有还原作用
	换向电解酸蚀法	提高去锈效率
	碱性电解法	适用于不能耐受酸处理的金属
物理法	磨轮打磨法	表面装饰效果好，但对复杂形状制件存在打磨不到的地方，无氢脆
	喷砂（丸）法	去锈效果好，无氢脆，但表面呈消光性，有粉尘污染
	湿式喷砂法	去锈效果好，无氢脆，但表面呈消光性，消除粉尘污染

5.2.1 化学除锈

除锈工序的设立是因为早期电镀件主要是钢铁制品，表面锈蚀较重，需要以强酸加以去除，所以除锈也被称为酸洗，以致酸洗在一定程度上成为所有金属表面去除氧化物的代用语。实际上，酸洗的目的就是去除黑色金属表面的锈蚀和其他金属表面的氧化物、氢氧化物。

由于金属材料本身都多少含有一些合金成分，因此，强酸除锈往往采用的是混合酸，这样可以针对金属材料的合金性能而获得较好的除锈效果。

常用的酸蚀除锈工艺见表5-4。

表5-4 常用的酸蚀除锈工艺

所用的酸	常规浓度	备注
硫酸	10%～20%（质量分数）	最常用的除锈工艺，适用于铁和铜，可在室温和加温条件下工作。成本低
盐酸	10%～30%（质量分数）	使用较多的除锈工艺，室温下工作，有酸雾，需要排气设备
硝酸	各种浓度	主要用于铜和铜合金处理。腐蚀性极强，操作安全很重要。有强氮氧化物排出，现场排气很重要
磷酸	各种浓度	多用于酸蚀前的预浸处理，也用于配制混合酸
混合酸	各种配比和浓度	两种或两种以上酸的混合物，用于强蚀除锈或抛光

酸蚀的效果与酸的浓度和酸蚀时间有关，见表5-5。市场上销售的酸的浓度见表5-6。

表5-5 常用酸浓度与除锈时间

常用酸	浓度（%）（质量分数）	工作液温度（℃）	除锈所需时间（min）
硫酸	2	20	135
盐酸	2	20	90
硫酸	25	20	65
盐酸	25	20	9
硫酸	10	18	120
盐酸	10	18	18
硫酸	10	60	8
盐酸	10	60	2

表5-6 市场上销售的酸的浓度参数

酸	浓度（%）	相对密度	波美度（°Bé）	含量（g/L）
硫酸	95	1.84	66	1748
硝酸	69	1.42	43	990
盐酸	37	1.19	23	450
磷酸	85	1.70	60	—

高碳钢的含碳量在0.35%以下，酸洗后由于表面铁的腐蚀而使碳在表面富集，形成黑膜，如果不除掉，会影响镀层结合力。所以高碳钢不宜在强酸中进行腐蚀，可以在除油后用1∶1的盐酸除锈，然后经阳极电解后进行电镀。

如果已经形成黑膜，可在以下溶液中退膜：

铬酸为 250 ~ 300g/L；

硫酸为 5 ~ 10g/L；

温度为 50 ~ 70℃。

退尽以后，经盐酸活化，即可进行电镀。

5.2.2 电化学除锈

电化学侵蚀是零件在电解质溶液中通过电解作用去除金属表面的氧化皮、废旧镀层及锈蚀产物的方法。金属制品既可以在阳极上加工，也可以在阴极上加工。对电化学侵蚀，一般认为当金属制品作为阴极时，主要借助于猛烈析出的氢气对氧化物的还原和机械剥离作用的综合结果。当金属制品作为阳极进行电化学侵蚀时，主要借助于金属的化学和电化学溶解，以及金属材料上析出的氧气泡对氧化物的机械剥离作用的综合结果。

采用电化学侵蚀时，清除锈蚀物的效果与锈蚀物的组织和种类有关。对具有厚而平整、致密氧化皮的基体金属材料，直接进行电化学侵蚀效果不佳，最好先用硫酸溶液进行化学侵蚀，使氧化皮变疏松之后进行电化学侵蚀。当基体金属表面的氧化皮疏松多孔时，电化学侵蚀的速度是很快的，此时可以直接进行电化学侵蚀。与化学侵蚀相比，电化学侵蚀的优点是侵蚀效率高、速度快、溶液消耗少、使用寿命长；缺点是耗费电能，对形状复杂的零件不易将表面锈蚀物均匀除净，设备投资较大。根据电化学除锈的特点，这种方法多用在自动线和连续电镀装置上进行金属的电解侵蚀，以获得较高的效率和较好的效果。

电化学侵蚀中的阳极侵蚀和阴极侵蚀各有特点。在选择阳极或阴极侵蚀时，必须考虑到它们各自的特点。阳极侵蚀有可能发生基体材料的腐蚀现象，称为过侵蚀，因此对形状复杂或尺寸要求高的零件不宜采用阳极侵蚀。阴极侵蚀基体金属几乎不受侵蚀，零件的尺寸不会改变，但是由于阴极上有氢气析出，可能发生渗氢现象，使基体金属出现氢脆，故高强度钢及对氢脆敏感的合金钢不宜采用阴极侵蚀，同时，侵蚀液中的金属杂质可能在基体金属材料表面上沉积出来，影响电镀镀层与基体材料间的结合力。为避免阴极浸蚀和阳极侵蚀的这些缺点，常在硫酸侵蚀液中采用联合电化学侵蚀，即先用阴极进行侵蚀将氧化皮基本除净，而后转入阳极侵蚀以清除沉积物和减少氢脆，并且通常阴极过程进行的时间比阳极过程长一些。

黑色金属阳极侵蚀时，常用的电解液是 15% ~ 20% H_2SO_4，有时也采用含低价铁的酸化过的盐溶液，以加速侵蚀过程：

硫酸为 1% ~ 2%；

硫酸亚铁为 200 ~ 300g/L；

氯化钠为 30 ~ 50g/L；

邻二甲苯硫脲为 3 ~ 5g/L；

温度为室温（必要时可加热至 50 ~ 60℃）。

电流密度为 5 ~ 10A/dm^2。

黑色金属阴极侵蚀时，可以用前述的硫酸溶液，也可用以下电解液：

硫酸为 5%；

盐酸为 5%；

氯化钠为 20g/L；

温度为室温。

因为阴极侵蚀时，基体金属（铁）无明显的溶解过程，所以适当加入含氯离子的化合物，可促使零件表面氧化皮的疏松并加快侵蚀速度。阴极侵蚀时，在电解液中可加入乌洛托品作缓蚀剂。在侵蚀液中添加一些氢过电位较高的铅、锡等金属离子，通电以后，在去掉了氧化皮的部分铁基体上会沉积一层薄薄的铅或锡。由于氢不易在铅或锡上析出，所以铅或锡层可防止金属的过腐蚀并减少析氢，从而也可防止氢脆的发生。经阴极侵蚀后，表面覆盖的铅或锡层，可在如下碱性溶液中用阳极处理去除：

氢氧化钠为85g/L；

磷酸钠为30g/L；

温度为50～60℃；

阳极电流密度为5～7A/dm^2；

阴极为铁板。

阴极电化学侵蚀法，特别适用于去除热处理后的氧化皮。操作温度为60～70℃，阴极电流密度为7～10A/dm^2，阳极采用硅铸铁。

5.2.3 超声波除锈

超声波不仅用于强化除油，也可以用于增强除锈。表5-7是超声波增强除锈的效果比较。表5-7对使用和不用超声波、使用和不用缓蚀剂、不同浓度的酸蚀效果进行了测试，以锈斑去除时间和析氢量的变化做定量的表示。

表5-7 超声波增强除锈的效果比较

酸液	温度	缓蚀剂	超声波	锈斑去除时间(min)	析氢量[mL/(25cm^2·h)]
3%盐酸	室温	无	无	30	0.41
			有	15	检测不到
		添加	无	120	检测不到
			有	40	检测不到
5%盐酸		无	无	20	0.90
			有	8	检测不到
		添加	无	65	检测不到
			有	20	检测不到
5%硫酸	室温	无	无	65	2.20
			有	23	检测不到
		添加	无	120以上	检测不到
			有	40	检测不到
	50℃	无	无	5	21.3
			有	4	4.1
		添加	无	10	0.59
			有	9	0.15

5.2.4 物理除锈

物理除锈是采用物理的或者机械的方法将金属材料表面的锈和氧化膜去除，通常采用打磨等方法。

打磨又称打砂，是在特制的皮布轮的外圆上黏附金刚砂等打磨材料，在高速旋转下对金属制品表面去除氧化皮的前处理加工方法。打磨在很多时候不只是表面除锈的方法，还是表面精饰的需要。但是，当采用粗砂进行表面打磨时，主要就是去除表面的锈蚀，以利于其后的精饰加工。

一些高级的装饰镀件表面不仅需要去除锈蚀，还需要对表面进行精饰预处理。例如使表面有镜面光亮或者有某种金属纹理，如拉丝纹、刷光纹等，这些也经常在物理除锈的过程中进行加工。

（1）轮式打磨

打磨所用的设备类似于砂轮机，但是又明显不同于砂轮机。其主要的差别就在所用的轮子上。砂轮机上的打磨轮是完全刚性的，有很强的切削力，经砂轮打磨的制件在尺寸上有较大改变。电镀打磨轮是半柔性的，只用来去除氧化皮，制件的尺寸只有较小的改变。

打磨轮通常是将多层旧布料叠加后用针线扎牢制成，厚度约为5cm。为了使其耐用，也有在扎紧布轮的双面最外层用牛皮等较硬质的材料。这种打磨轮由于基本靠手工制作，生产效率低而成本较高，现在已经有采用合成材料等成型的磨轮的趋势。

磨轮在使用前要在作为打磨工作面的外圆涂上一层明胶，然后根据需要在砂盘中滚黏上一定牌号的金刚砂。

常用的打磨材料有：

① 人造金刚砂

人造金刚砂即碳化硅，它的硬度接近金刚石。其颗粒具有非常锐利的棱角，主要用来进行粗磨加工。由于韧性低于刚玉，较脆，因此多用在青铜、黄铜、铸铁、硬铝、铝合金、锌和锡等抗拉强度较低的材料上。

② 刚玉

在实际生产中也多用人工刚玉。其韧性好、脆性小，是一种较好的粗磨材料，适用于磨光韧性较好和有较大抗断强度的金属，如淬火钢、可煅铸铁、锰青铜等。

③ 金刚砂

金刚砂又称杂刚玉，可用于所有金属的磨光，尤其是韧性金属。金刚砂是磨料中应用最广的一种。它们的型号是按粒径来分的，数值越大，砂粒越细，常用的有80号、100号、120号、140号、160号、180号、300号、320号等。对除锈打磨，基本采用80～100号的粗磨砂料。

打磨加工需要操作者有一定的实践操作经验，能根据不同材料制件和不同产品表面状态选用不同直径磨轮和不同材料磨料，并合理选择转速（表5-8）。

表 5-8 不同基材磨光转速选择

基体材料	磨轮直径（mm）				
	200	250	300	350	400
	转速（r/min）				
铸铁、钢、镍、铬	2800	2300	1800	1600	1400
铜及其合金、银、锌	2400	1900	1500	1300	1200
铝及其合金、铅、锡	1900	1500	1200	1000	900
塑料	1500	1200	1000	900	800

（2）轮带式打磨

为了提高效率和可操作性，在轮式打磨的基础上，发展了轮带式打磨（图 5-1）。

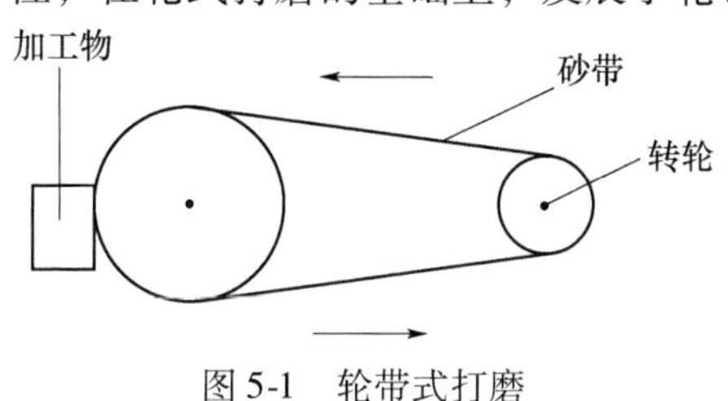

图 5-1 轮带式打磨

轮带上的磨料与轮式打磨一样，也是由胶黏合上去的（图 5-2）。这种轮带式打磨设备有较灵活的加工面，可以在转轮部位进行打磨，也可以在轮带平动的部位进行打磨，从而获得更多的打磨效果。

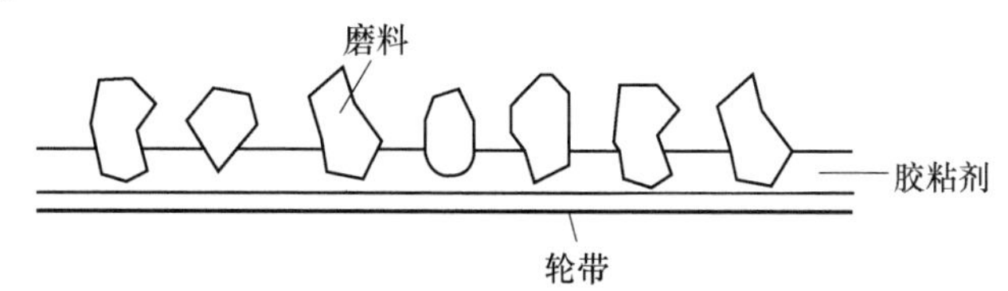

图 5-2 轮带式打磨磨料的黏合状态

轮带式打磨设备有以下优点：

① 即使没有打磨经验的操作者也可以较快掌握打磨操作步骤；

② 打磨速度高，可提高打磨效率；

③ 不需要经常更换磨轮，节省操作时间；

④ 产生的粉尘比轮式打磨少。

轮带式打磨的材料与转速的关系见表 5-9。

表 5-9 轮带式打磨的材料与转速

被加工制品的材质	轮带转速（r/min）
热敏感材料	1200～6000
工具钢	1600～2400
高速钢、不锈钢、合金钢	3600～6000
碳素钢	6300～7500

续表

被加工制品的材质	轮带转速（r/min）
铸铁	6000～9000
锌、黄铜、铜	6300～9000
轻合金（铝、镁合金）	6300～11500

5.2.5 干式喷砂

喷砂是以高压空气流将砂子吸入后集中喷打在制件表面的一种表面处理方法。这种方法采用压缩空气为动力，以形成高速喷射束将喷料（铜矿砂、石英砂、金刚砂、铁砂、海南砂等）高速喷射到需要处理的工件表面，使工件表面的外表面或形状发生变化，从而对工件表面进行强力的处理。由于磨料对工件表面的冲击和切削作用，使工件的表面获得一定的清洁度和不同的粗糙度，同时使工件表面的机械性能得到改善，因此提高了工件的抗疲劳性，也增加了它和镀层之间的附着力。

喷砂可以去除用化学法难以去除的陈旧氧化皮类的锈蚀，通常需要在除油后进行，这样经喷砂处理的工件不用再经酸蚀即可进入电镀流程，当然仍需要活化处理。

干喷砂机可分为吸入式和压入式两类。

（1）吸入式干喷砂机

① 组成

一个完整的吸入式干喷砂机一般由六个系统组成，即结构系统、介质动力系统、管路系统、除尘系统、控制系统和辅助系统。

② 工作原理

吸入式干喷砂机是以压缩空气为动力，通过气流的高速运动在喷枪内形成负压，将磨料通过输砂管吸入喷枪并经喷嘴射出，喷射到被加工表面，达到预期的加工目的。在吸入式干喷砂机中，压缩空气机既是形成负压的供气设备，也提供喷砂工作的动力。

（2）压入式干喷砂机

① 组成

一个完整的压入式干喷砂机工作单元一般由四个系统组成，即压力罐、介质动力系统、管路系统、控制系统。

② 工作原理

压入式干喷砂机是以压缩空气为动力，通过压缩空气在压力罐内建立的工作压力，使磨料通过出砂阀，压入输砂管并经喷嘴喷射到被加工表面，达到预期的加工目的。在压入式干喷砂机中，压缩空气是直接对砂粒产生动力。

5.2.6 液体喷砂

液体喷砂机相对于干式喷砂机来说，最大的特点就是很好地控制了喷砂加工过程中的粉尘污染，改善了喷砂操作的工作环境。

（1）液体喷砂机的组成

一个完整的液体喷砂机一般由五个系统组成，即结构系统、介质动力系统、管路系统、控制系统和辅助系统。

（2）工作原理

液体喷砂机是以磨液泵作为磨液的供料动力，通过磨液泵将搅拌均匀的磨液（磨料和水的混合液）输送到喷枪内。压缩空气作为磨液的加速动力，通过输气管进入喷枪，在喷枪内，压缩空气使进入喷枪的磨液加速，并经喷嘴喷射到被加工表面，达到预期的加工目的。在液体喷砂机中，磨液泵为供料提供动力，压缩空气使供料加速。

5.2.7　滚光

滚光是借助滚桶的翻动力，再加上磨料的摩擦作用对金属制件表面进行表面处理的过程。滚光通常是在湿式条件下进行，个别场合也有用干式滚光的。

（1）磨料

磨料是滚光中主要的磨削材料，主要是与制件表面有机械作用的刚性材料。滚光所采用的磨料见表5-10。

表5-10　滚光所采用的磨料

磨料种类	磨料材质	磨料举例
天然磨料	天然石料	金刚砂、石英砂、石灰石、建筑用砂等
	天然有机磨料	锯末、糠壳、果壳等
人造磨料	金属	钢珠、铁钉等
	烧结料	碳化硅、氧化铝等
	塑料	定形或无定形颗粒
	陶瓷	定形或无定形颗粒

现在已经流行采用人工磨料中的定形材料，常用的人造定形磨料有六种，即圆形、扁四方形、扁三角形、正三角楔形、锐三角楔形、长圆柱形等。

（2）滚光液

滚光要用到滚光液，主要是为了提高滚光的效果和保证制件在滚光中不受损伤。滚光时添加一定量的滚光液，可以起到分散作用、清洗作用和防腐蚀作用。根据不同表面处理的需要，可以添加各种盐类、表面活性剂或碱、酸等。

考虑到碱性环境对黑色金属的保护作用，大多数滚光液都偏碱性，也有根据需要而采用酸性添加液的。特别是铝材等不宜采用碱性溶液的制件，需要用酸性溶液（表5-11）。

表5-11　适合不同金属滚光用添加液的分类和组成

<table>
<tr><td rowspan="2">溶液分类</td><td colspan="4">适合不同金属的溶液组成（g/L）</td></tr>
<tr><td>钢铁</td><td>铜及其合金</td><td>锌合金</td><td>铝合金</td></tr>
<tr><td rowspan="3">碱性液</td><td colspan="2">磷酸钠　20
OP　3</td><td></td><td></td></tr>
<tr><td>焦磷酸钠　35
亚硝酸钠　15</td><td></td><td>焦磷酸钠　5</td><td></td></tr>
<tr><td>氢氧化钠　20</td><td></td><td></td><td></td></tr>
<tr><td>酸性液</td><td></td><td>硫酸　5</td><td>硫酸　1</td><td>磷酸　1</td></tr>
<tr><td>说明</td><td colspan="4">所有滚光液中都可以适量加入表面活性剂（1～2mL/L）</td></tr>
</table>

（3）操作条件

滚光的操作条件主要是滚桶的转速和工作时间。滚桶的转速与滚桶的直径有相关性。通常当直径较大时，转速要低一些。可以通过以下经验公式来计算滚光的转速：

$$U = \frac{14}{D^{1/2}} \tag{5-1}$$

式中，U 为滚桶转速（r/min）；D 滚桶直径为（m）。

由式（5-1）可知，如果滚桶的直径为 1m，则滚桶的转速为 14r/min。由于滚光的转速还与装载量、制品的材质及滚光的时间等因素有关，因此，具体的滚桶转速要根据工艺需要调整。

滚光的时间至少为 1h，但常用的时间在 3h 左右，个别场合会在 5h 左右。同样，时间也与转速有关，当转速较高时，时间就要缩短。从效率上看，似乎要取较高转速和尽量短的时间。但是，当转速较高时，滚光的作用会下降，所以要采用适中的转速和时间。

（4）振动滚光

滚桶滚光在镀前处理中有广泛应用，但是，有些制品出于结构形状的限制，不能或不宜采用滚光处理，否则会对制件造成变形或磨损等损伤。例如对有锐角、针状结构的制件、框类、腔体等不宜采用滚动滚光的制件，如果仍需要滚磨处理，就要采用振动式滚光处理。振动滚光的主要功夫是在设备方面，传递振动能量和同时具摩擦效果的是振动磨料，基本上与滚光是一样的，但所用多为细小一些的磨料，将被加工件基体埋入其中，在各种振动模式中翻动摩擦，达到滚光效果。

5.3 特殊材料的前处理

5.3.1 铸件的前处理

由于钢铁铸件是多孔性结构，其真实表面积比宏观表面积大得多，并且还有型砂或碳硅化物等残留在表面，不仅使电镀时的电流难以达到金属沉积的电位，而且会产生大量气泡，使镀层不易生长。因此，对铸件的电镀要采取一些特殊的措施。

用于铸件电镀的工艺流程如下：

阳极电解除油—水洗—混合酸洗—水洗—冲击电流预镀—电镀。

其中混合酸的组成如下：

氢氟酸为 5% ~10%；

硝酸为 90% ~95%；

温度为室温；

时间为 3 ~5s。

也可以采用 10% ~15% 的氢氟酸加 85% ~90% 的盐酸。操作要点是每一道工序都要仔细清洗，防止微孔中残留溶液影响下道工序。

电镀时要采用比正常电流大得多的冲击电流，使镀件表面迅速生成镀层。对有些电流效率低的镀种，则先要用高电流效率的镀层打底，再进行电镀。

为了防止酸碱等工作液残留在铸件的孔隙内影响结合力，也可以采用喷砂处理后直接电镀的工艺流程，即用强力喷砂的方法将铸件表面的氧化层完全去除，然后进入电镀流程。同样要用大电流冲击后，用正常电流进行工作。由于实际表面积较大，其电流密度比通用工艺大一些。

5.3.2 粉末冶金制品的前处理

粉末冶金制品与铸造制品类似，也存在材料密度的问题，随着粉末冶金技术的进步，其材料的密度已经有很大提高。如果其密度已经接近 $7g/cm^3$（$6.8g/cm^3$ 以上），基本上可以按常规电镀工艺进行电镀，只不过要以冲击电流做预处理。但是，粉末冶金制品在微观上仍然不能与经热、冷轧制金属的密度相比，存在一定量的孔隙率。因此，粉末冶金制品的电镀也要在前处理上下功夫。

由于粉末冶金工艺的应用领域比铸造宽一些，且多用于精密复杂结构的无切削成型，其表面镀层的要求比常规铸件高一些。因此，粉末冶金的前处理采用了比铸件更为精细的封孔处理工艺，其成本可以在产品中消化。这种工艺虽然也可以用于铸件，但大多数镀锌的较重的铸件，由于对成本的控制使之一般不采用精细的封孔处理工艺。

粉末冶金前处理的要点是对制件进行表面封闭后，经适当处理再进行常规电镀。因此，表面的封闭是关键工序。

可以用于粉末冶金制品表面封闭的方法有如下几种：

（1）硬脂酸锌封闭

在200℃下将零件浸渍在熔融的硬脂酸锌中，使其渗入隙中进行封孔，浸后应去除表面多余的硬脂酸锌，通常是用喷砂的方法去除，然后电镀。这是最早开发粉末冶金电镀的封孔方法。

用抽真空浸渍树脂、高软点石蜡也是一个可行的方法，在负压条件下表面孔隙吸入封孔物的效果更好。

（2）有机硅封孔法

涂液为含4%有机硅化物的四氯化碳溶液。零件先预热到200℃，然后突然浸渍到上述溶液中。浸满后于200℃下烘干。这样可在零件表面形成一层有机硅化物薄膜，可起到防止电镀液浸入的作用。由于有机硅在表面影响导电，也需要先经喷砂等处理方法处理，再进入电镀流程。

（3）蒸汽封闭法

通过蒸汽加压处理可以在零件表面孔隙中形成蒸馏水凝结物，从而堵塞表面孔隙。经蒸汽处理后的零件，可直接进入电镀流程。也有一种理论认为蒸汽处理是在黑色金属粉末冶金的孔隙中形成铁的氧化物而占孔封堵，这仍然是一种封闭处理。

（4）去离子水封闭

基于蒸汽处理同样的理由，可以将零件浸在加热的去离子水中，让孔内填充水分后，以占位方式防止其他镀液进入，从而防止电镀后出现点蚀。也有工艺建议用钝化液封孔，但是一定要在镀后以加温方式将其蒸发出来，且只适用于镀锌，因此不具普遍应用价值。

5.3.3 不锈钢的前处理

不锈钢表面有一层很薄的透明的钝化膜，使不锈钢不仅能在空气中不生锈，而且能经受许多强烈的腐蚀介质而不被侵蚀。不锈钢即使在空气或水中受到损坏，仍可以在损坏后裸露的新表面形成钝化膜而自行修复。在这样的表面上进行电镀，如果前处理不当，很难得到结合力良好的镀层。

不锈钢材料的前处理工艺比较特殊，需要很好地活化不锈钢表面。在普通除油后，要用阳极电解除油，只是温度要低一些，时间也不宜过长。阳极除油后，在1%的硫酸加0.1%盐酸液中室温下浸1min，即可进行电镀。

如果表面有较厚的氧化皮，需要先进行酸洗，方法是先在10%～20%的热硫酸（50～60℃）中浸洗，再在以下溶液中出光：

硝酸为330mL/L；

氢氟酸为100mL/L；

盐酸为30mL/L；

温度为50～60℃；

时间为1～10min。

对需要镀铜、镍、铬的不锈钢，经机械抛光和阳极去油后，可以在下述电解液中进行电解活化处理：

氯化镍为240g/L；

盐酸为128mL/L；

温度为室温；

时间为8min；

阳极为纯镍板；

电流密度为$2A/dm^2$。

首先以制件为阳极电解2min，再以同一电流密度进行阴极处理，然后镀铜、镍、铬。

5.3.4 磷青铜、铍青铜前处理

磷青铜可先采用通用的除油工艺进行除油，然后在纯硝酸中快速出光，随后进行阴极电解除油，时间不要太长，电流可以大一些。也可以先电解除油再在硝酸中出光。

铍青铜可以不用阴极除油，而是在普通除油后在以下活化液中活化处理：

硫酸为32mL/L；

醋酸为32mL/L；

30%双氧水为40mL/L；

温度为室温；

时间为3～5min。

然后在硝酸中出光，再进行电镀，可以获得良好的效果。

5.3.5 锌及锌合金的前处理

锌是一种很活泼的两性金属，既溶于酸又溶于碱，所以锌及锌合金不应在强酸或强碱中进行长时间处理，也不宜采用阳极电解除油。化学除油也要在不含氢氧化钠的弱碱性溶液中进行。酸洗则要用硫酸∶硝酸＝1∶1的混合酸经稀释10倍以后，在室温下处理1min。

锌铁合金是含铁量高、含锌量少的铁合金，这种材料在除油后可用5%～10%的硫酸或

者 15% 的盐酸除锈，但锈除掉后应立即取出清洗，以防发生过腐蚀。然后在含铬酸 200g/L、硫化钠 20g/L 的溶液中侵蚀，清洗后电解除油，再电镀。

锌压铸件不仅是两性金属，而且组织密度较低，前处理要非常小心，通常采用以下步骤进行：

（1）电解除油

磷酸三钠为 60 ~ 70g/L；

OP 乳化剂为 2 ~ 3g/L；

温度为 40 ~ 50℃；

阴极时间为 1 ~ 1.5min；

阳极时间为 15 ~ 30s；

电流密度为 2 ~ 5A/dm^2。

这种电解液不通电时可用于化学除油。

（2）混酸处理

氢氟酸为 0.5 ~ 1mL/L；

硫酸为 0.5 ~ 1mL/L；

温度为室温；

时间为 5 ~ 6s（旧液时间适当延长 1 ~ 2 倍）。

经过以上处理后的制件表面呈均匀乳白色，如果表面发黑，则电镀后的结合力难以保证。

5.3.6 钕铁硼材料制件的前处理

钕铁硼（NdFeB）材料是现代电子电磁器件中广泛应用的强磁材料。由于这种材料的活性较高，对有些制件，表面一定要进行电镀处理来加以保护。同样由于其材料特性，在进行通用的电镀处理之前，要进行适当的前处理，以获得良好的镀层。

这种材料的出现及其在电子领域中应用的迅速发展，在电子电镀业界掀起了一股钕铁硼电镀的热潮。这是因为钕铁硼材料是电子信息产品中重要的基础材料之一，与许多电子信息产品息息相关。随着计算机、移动电话、汽车电话等通信设备的普及和节能汽车的高速发展，全球对高性能稀土永磁材料的需求量迅速增长。

钕铁硼材料由于含有较多的铁成分，其抗氧化性能是较差的，因此在很多使用永磁体的场合，都对其进行了表面处理，而用得最多的表面处理方案就是电镀。因此，钕铁硼材料的电镀技术成为电子电镀中新兴而热门的新技术。

钕铁硼材料的制作工艺决定了这种材料是多孔性的，同时作为特殊材料的合金，各组分之间在结晶结构上会有某些差别，从而导致材料的不均一性和易腐蚀性。因此，对钕铁硼材料进行电镀成为提高钕铁硼材料使用性能的重要加工措施。

典型的钕铁硼电镀工艺流程如下：

烘烤除油—封闭—滚光—水洗—装桶（与钢珠一起）—超声波除油—水洗—酸蚀—水洗—去膜—水洗—活化—超声波清洗—滚镀—水洗—出槽—水洗—干燥。

本工艺流程中以下几道工序是常规滚镀中所没有的，是针对钕铁硼制品的材质特点而设计的工序，要特别加以留意。

（1）烘烤除油

钕铁硼制品是类似粉末冶金制品的多孔质烧结材料，在加工过程中难免有油污等脏污物进入孔内而不易清除。简便的方法就是利用高温的强氧化作用，使孔内的油污等蒸发或灰化，以消除以后造成结合力不良的隐患。

（2）封闭

封闭是对多孔质材料的常用表面处理方法之一，常用的方法可以借用粉末冶金金件封闭的方法，即浸硬脂酸锌的方法，将硬脂酸锌在金属容器内加热至熔化（130～140℃），然后将烘烤除油后的制品浸入熔融的硬脂酸锌中（浸25min左右）。取出置于烘箱中在600℃下干燥30min左右，或在室温放置2h以上，使其固化。

（3）滚光

经封闭后的制件还要进行滚光处理，去除表面的氧化物、毛刺、封闭剂等，使其呈现出新的金属结晶表面。所用磨料视表面状态而有所不同，通常为木屑类植物性硬材料，也可用人工磨料（人造浮石等）。为了提高滚光效果，可以加入少许OP乳化剂，水量以淹没工件为宜，滚光桶以六角形为好，转速为30～40r/min，时间为30～60min。

（4）去膜

去膜是去除钕铁硼制品经酸蚀后残留在表面的一层黑膜，如果不除掉会影响镀层结合力。这些黑膜不宜用普通强酸去除，可在150mL/L浓盐酸中加有机酸15g/L，在室温下处理2min左右。

经过这些针对性的前处理工序后，就可以按常规工艺流程进行电镀加工。

5.4 水洗

水洗是电镀工艺中最为常见和许多流程都要反复用到的工序，许多电镀质量的问题往往就出在水洗上。

5.4.1 宏观干净与微观干净

同样的水洗流程，由于操作习惯不同，镀件的水洗效果是完全不同的。同时，即使从宏观上看上去已经很干净的表面，我们用高倍放大镜观察，仍然可以发现表面并没有彻底清洗干净。在一些微孔内或角落部位可以发现镀液中金属盐的微粒，放大后看上去像饭粒一样大。正是这些从宏观上已经看不到的微粒，在电镀制品存放或使用过程中，受到潮湿等因素的影响，加速变色或泛出锈蚀点等。

因此，对电镀生产过程的控制，充分的水洗是十分重要的，不能认为经过了清水槽后，镀件表面就干净了。一定要保证清洗达到微观干净的结果。

所谓微观干净，是指材质表面经历各道工序的残留物被充分地去除掉了。因此，仅仅将材料浸入水溶液中就认为达到了清洗目的是不对的。这也是水洗至少用流动水洗，最好是喷水冲洗甚至超声波清洗的原因。根据不同产品的不同要求，水洗的强度是不同的。

5.4.2 热水洗与冷水洗

从常识上也可以知道，热水的洗净能力比冷水强得多。很多盐类在热水中的溶解度是增加的。特别是对碱性镀液，如果没用热水洗，要想将碱性物质洗干净是很困难的。这是因为碱性基团有较大分子距离，有类似胶体的结构，即使在热水中都难以一次洗干净，如果用冷水洗，就更难以洗净了。但是，很多企业的碱性镀液的出槽清洗，出于减少能源消耗的考虑而没有用热水，或者用了热水也不经常更换，使热水槽变成了碱水槽。这都不利于对镀件表面的充分清洗。因此，一定要对从碱性工作槽中取出来的制件进行热水清洗，并且要保持热水的干净。

热水洗的另一个重要原因是材料经历热胀冷缩过程对表面的影响，特别是对镀层结合力的影响。我们看到有的铝件镀银的产品在经历高温化学镀镍（95℃），取出后竟然是在冷水中清洗，如果是冬天，温差足以令镀镍层与铝基材之间的结合力受到冲击，这也是铝制电镀产品有时产生起泡等质量问题的原因。因此，从热的工作槽中取出来的产品，应该在相同或略低于工作温度的热水中清洗，再过渡到用冷水洗。有些对质量有特别要求的产品，例如航天航空等类产品，则应该一直保持在与工艺相同的温度环境中清洗，以保证产品的质量安全。

5.4.3 逆流漂洗

逆流漂洗是充分利用水流的先进洗净方法，已经是电镀水洗的常态。这种水洗方法是将两个以上的流动水洗槽连接起来，只用一个供水口，让镀件逆着水流动方向依次清洗，从而充分利用流动水的洗净能力，保持上游水总是干净的清水，保证清洗效果。这种水洗方法的要点是水的流动方向与工件清洗运行的方向是相反的，而且在水中的清洗也要有一定时间和力度，否则仍然存在微观不干净的问题。

以一种多级逆流漂洗工艺为例，工件在镀液槽中完成电镀出槽后，从初级清洗槽开始清洗，直到末级清洗槽依次进行漂洗，通常采用三级逆流漂洗。自来水经离子交换处理后从末级清洗槽进入，然后依次向上一级清洗槽分阶段逐级导槽补入，从初级清洗槽溢出的清洗水再进入储存罐回收储存。这样可以重复利用清洗水，达到节约用水的目的。

采用喷射清洗的方法可以更高效率地节水。例如工件在某一级清洗槽漂洗出槽后，可以再用来自下一级清洗槽的清洗水进行雾化喷淋，喷淋时间控制在 4 ~ 15s，雾化喷嘴压力控制在 0.04 ~ 0.10MPa。这种方法可使电镀工件的清洗效果更为理想，清洗工件的用水量可降为传统逆流漂洗工艺用水量的 1/20 ~ 1/15，可实现清洗水的闭路循环及减少废水的排放。清洗工艺过程的水资源利用率可达 98%。

5.4.4 防止和去除水渍印的方法

在全光亮或全哑光的表面，如果清洗水中有微量的盐类，干燥后，蒸发点上会留下水渍印。因此，要想在装饰性镀件表面不留水渍印，一定要保证清洗水的水质，特别是最后一道清洗水（通常是高温热水），一定要用去离子水，不能让水中有任何盐类杂质。

在使用过程中，水中会因镀件表面微观不净而带入杂质，因此，要经常更换最后一道清洗水。这是一些企业难以做到的，并非节约导致这种结果，而是过程控制难以到位，操作者凭习惯操作，有一定惯性，往往只会在发现镀件表面出了水渍时，才记起要换水。如果想要从技术上加以防止，是有难度的，如用酒精做最后清洗，成本增高不说，酒精同样用久了也有污染，所以要在管理上下功夫。

对已经出现水渍的镀件，一经发现可以重新在备用的纯净热水中清洗，不要用干布去擦，然后浸防指纹剂或防变色剂。

5.5 弱侵蚀与活化

5.5.1 弱侵蚀

弱侵蚀是采用弱酸对金属表面进行微腐蚀，使金属表面呈现活化状态，有利于电结晶从基体金属的结晶面上正常地生长。弱侵蚀也用在表面油污较少的制件，经精细除油后，直接进行弱酸蚀而避免强酸蚀对表面尺寸或粗糙度的改变。

不同金属的弱侵蚀液是有区别的。黑色金属、不锈钢、镍或镍合金的弱侵蚀的酸的浓度要适当高一些。不同金属材料的弱侵蚀工艺见表5-12。

表5-12 不同金属材料的弱侵蚀工艺 g/L

金属材料	不锈钢	镍或镍合金	铝合金	无铅易熔合金	含铅易熔合金
硫酸	184～276	184～276	18～184		
过硫酸铵				10～100	
硼酸					10～100
温度（℃）	室温	室温	室温	室温	室温
时间（min）	2～5	2～5	1～3	2～5s	2～5s

弱蚀实质上就是活化，但是由于实际操作中的经验主义，往往会略微提高酸的浓度，以保证表面的活化状态。

5.5.2 活化

活化是电镀前的最后一道工序，它与酸蚀不同，不是去除金属的宏观氧化物，而是对已经去除了油膜和氧化皮的金属进行表面整理，除去镀件在水洗时和暴露在空气中时形成的氧化膜，让金属结晶呈现活化状态，从而保证电镀层与基体的结合力。

活化是一种微观状态。这种状态指的是基体的金属晶格呈现开放的状态，进入双电层的离子在获得电子还原时能够顺利地进入基材的晶格中通过键合形成与基体有结合力的镀层。如果在基体材料表面残留有微量氧化物分子，肯定会影响新原子进入基体的结晶结构中去，这种微量存在的氧化物，需要在活化液中利用酸与氧化物的反应加以清除。这就是活化的原理。

活化液的酸浓度，工艺资料通常都规定为3%～5%，实际上应该控制在1%～3%。过高的浓度并不能保证活化的效果更好。

5.5.3 免清洗活化与带电下槽

理论上每一道工序完成后都应该有清洗过程，但是，对有些电镀过程，在实际操作中最好的办法是采用免清洗的活化法。所谓免清洗活化，就是采用与镀液有同离子成分的酸或者带入镀液中无害的酸作活化液，浸过这种活化液后，不用清洗就直接进入镀槽电镀，这样可以保持产品经过活化后的新鲜表面进入镀槽，从而避免活化后的表面因为清洗水或空气中的成分引起的再次钝化。显然，用同酸根的离子酸是最好的，例如在硫酸盐镀液，像硫酸镀镍、硫酸盐镀铜、硫酸盐镀锌等，都是采用稀硫酸作活化液，在经过活化处理后直接进入镀槽，而免去水洗流程。这样做的好处除了保持活化态，还可以补充镀液在长期工作中带出的酸液损失和阴极析出氢气而导致的镀液 pH 上升。

至于带电下槽，也是保持镀件表面活化和避免因为产生非电化学沉积而出现的置换层引起的结合力不良。在所有容易引起置换反应的镀种进行电镀生产时，都应该有带电下槽措施。特别是贵金属电镀，由于其电位更正，更加容易出现置换层而导致镀层结合力不良。

为什么置换反应的镀层的结合力没有由电源提供电子的电化学还原的镀层的结合力好？这用量子电化学理论来解析就比较清楚了。置换反应是镀液中的离子从基体金属原子中获得离散的低能态或者说基态电子还原的，由这种原子组成的晶体的键能较低，与基体金属之间的键合力不强，因此形成的镀层与基体之间的结合力就不强，镀层容易起泡。而由电源提供的电子都是处在激发态的，电子能量高于基态电子，还原成原子后的结晶键能也就强一些，与基体在原子晶体之间有极强的键合力。这种极强的键合力有时使镀层与基体的结合超出基体内部金属原子之间的键合力。这在进行拉拔力测试时出现基材断裂而镀层还没有脱离的现象可以证明。

生产实践中的一些做法有些是出自经验的积累，但在有理论指导下的操作要领与实践经验相结合，就能产生更好的实际效果。

6 阳极过程

6.1 金属的阳极过程

6.1.1 阳极的功能

电沉积过程是阴极过程，这在前面已经有比较全面的介绍。所有这些有关阴极过程的介绍和讨论，都涉及溶液中离子浓度的变化。这些变化实际上与阳极过程有着密切的关系。理想的电极过程中，阳极过程与阴极过程是匹配的，但是实际中远不是如此。例如阳极的电流效率有时会超过 100%，这是因为阳极有时会发生非电化学溶解，使阳极溶解物的量超过了电化学溶解正常情况下的量，而有时又大大低于 100%，使阴阳极之间物质转移的平衡被破坏，电解液极不稳定。为什么会发生这些现象？这与阳极过程的特点是分不开的。但是，电化学工业的从业人员多半对阴极过程很重视而对阳极过程不是很重视，以至于很多专业人员对阳极过程的认识要比对阴极过程的认识肤浅得多。

我们有时可以在电镀或电铸现场看到工作中的电镀槽中阳极的面积根本达不到工艺规定的要求。阳极面积不够可以说是目前我国电镀等行业普遍存在的现象，而对阳极过程的控制绝不仅仅是阳极面积这一条。因此，从事电沉积工艺开发、生产和管理的人员，对阳极过程要有一个正确和全面的认识。

阳极的功能如下：

（1）与阴极一起构成电解系统的电场

阳极的功能首先是在电化学体系中构成完整电流的回路。有了与阴极对应的阳极，才能是一个完整的电化学氧化-还原过程。简单地说，阳极首先是在体系中构成电流流通的回路，也就是导电作用。我们知道，在一对电极之间的电解液中，并没有电子流通，电能是以电场的形式表现的。当电源接通时，电极之间即产生电场。其强度分布采用电力线来表示（图 6-1）。

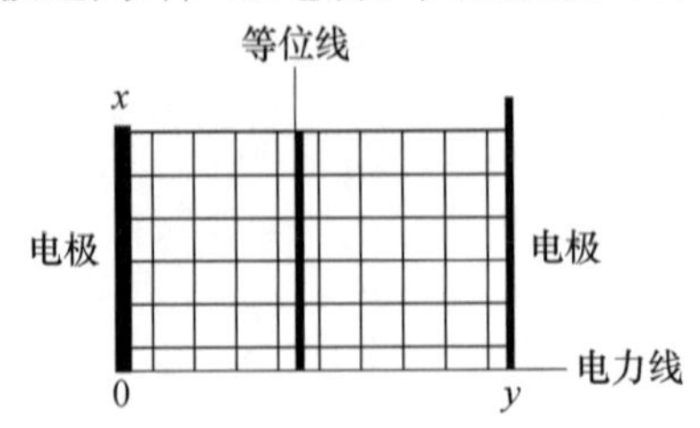

图 6-1　矩形电解槽内电力线分布

通常一个标准的电解槽是矩形槽，其阳极与阴极的配置基本上是对称的。以阴极和阳极都是金属平板为例在这种矩形电解槽中的平板电极之间的电力线，就是两极间距离的等位线。

需要注意的是，实际应用的电解槽特别是电镀槽，虽然也基本上是矩形槽，但是电极的配置则不是平板电极这么简单。特别是电镀的阴极，除了极少数情况外，都不可能是平板形状。不但不是平板形状，反而是复杂的多面体的立体形状。这时的电力线分布就不可能是均匀的。

不管电解槽中电力线如何分布，电流在通过电解槽时，在两个电极界面上都发生了电子的交换，从而使电能得以顺利通过。可以理解为电子从阴极流出，从阳极回到了回路中。这是阳极的最为基本的也是首要的功能。

（2）提供镀液中离子反应的场所

阳极的另一个功能是为需要在阳极反应的离子提供一个反应的界面。在电镀体系中，可以为溶液中补充主盐金属离子。当然这指的是可溶性阳极，只有可溶性阳极才具备这种提供金属离子的功能。如果是不溶性阳极，则可以提供其他离子放电的表面，如水的电解，氢氧根离子放电成为氧原子。

6.1.2 金属的阳极溶解

阳极过程是比阴极过程更为复杂的过程。这是因为阳极过程包括化学溶解和电化学溶解，以及钝化、水的电解、其他阴离子在阳极的放电等多个过程。

（1）电化学溶解

作为电解过程中的电极，阳极首先要担当导电的任务，同时本身发生电化学反应：

$$M - ne = M^{n+}$$

这就是阳极金属的电化学溶解。这也是电镀中可溶性阳极的一项重要功能。这一过程一般是在一定过电位下才会发生的，但其电流密度比阴极过程的要小一半左右。因此，电沉积中用的阳极的面积往往要求比阴极大一倍，就是为了保证阳极的电流密度在正常电化学溶解的范围内。

（2）阳极的化学溶解

金属阳极除了有电化学溶解，还存在化学溶解，这是在没有外电流情况下，金属的自发性溶解。例如铁在盐酸溶液中置换氢：

$$2Fe + 6HCl = 2FeCl_3 + 3H_2\uparrow$$

金属的化学溶解也可以看作是金属的腐蚀过程。金属在电解质溶液中发生的腐蚀，称为金属的电化学腐蚀。

特别是当金属结晶中存在缺陷或杂质时，从这些缺陷和杂质所处的位置发生腐蚀的概率要高得多，包括应力集中的地方，也比其他位置容易发生腐蚀。

对金属阳极来说，电化学腐蚀的过程就是金属阳极溶解的过程。如果存在化学溶解，阳极的溶解效率会比阴极电流效率高。阳极的这种过快的溶解导致电沉积溶液中金属离子的量增加，当超过工艺规定的范围时，会对电沉积过程带来不利影响。

有些电解液不工作的时候要将阳极从电解槽中取出来，就是为了防止金属阳极的这种化学溶解，以免额外增加镀槽中金属离子的浓度而导致电沉积液比例失调。

因此，我们并不希望阳极在镀槽中发生化学溶解。理想的阳极是有一定程度的钝化状态，只在有电流通过时才正常发生电化学溶解，而在不导电时不发生电化学溶解。

同时，所有用于电沉积的阳极都要保证有较高的纯度，一般应该在99.99%。有些时候要求阳极是经过压制或辊轧的，都是为了防止其发生化学溶解。当然，要求高纯度的阳极还有一个重要的原因，就是防止从阳极中将异种金属杂质带入镀液中而影响沉积物质量。

6.1.3 阳极钝化

如果阳极的极化进一步加大，从理论上来说，其溶解的速度会更大。但是，在实际电解过程中可以观测到，过大的阳极电流不但不能加速阳极的溶解，反而使阳极的溶解停止，只有大量的气体析出，这就是阳极钝化。阳极钝化的结果是阳极不再向溶液提供金属离子，并且阳极电阻增大，槽电压上升，影响到阴极过程的正常进行，带来一系列不利影响。

随着阳极极化的增加，阳极反应会发生转化，钝化后的阳极在超过一定电位以后，金属阳极不再发生金属的离子化，而是其他阴离子的氧化或氧的析出：

$$4OH^- - 4e = O_2\uparrow + 2H_2O$$

至于阳极的钝化现象，则有两种理论加以解释，即成膜理论和吸附理论。

（1）成膜理论

成膜理论认为，在阳极氧化过程中，电极表面首先形成了胶体状的金属盐膜。例如镍电极表面的氢氧化镍膜，可以称为预钝化膜。然后才是预钝化膜转化为钝化膜。例如，胶体状的 $Ni(OH)_2$ 转化为 Ni_2O_3。钝化膜将金属与溶液隔离开。这时，尽管处在很正的电极电位下，金属的溶解速度也很慢，电极处于钝化状态。这种钝化膜仍然可以导电，水和羟基离子仍然可以在电极上放电。

另一种钝化膜是难溶金属盐的膜。例如在硫酸溶液中铅电极表面的硫酸铅膜。形成这类膜有时是有利的，如酸性硫酸盐镀铜中的铜阳极，就需要在其中加入少量的磷使阳极处于钝化状态，以防止铜粉的产生。这时的磷铜阳极不是以一价铜的形式将金属铜往电解液中溶解，而是以二价铜的形式往镀液中溶解，从而防止一价铜因歧化反应而产生铜粉，危害电沉积过程。

（2）吸附理论

吸附理论认为，金属的钝化是由于电极上形成了氧的吸附层或其他物质的吸附层，这种吸附层影响了金属的正常电化学溶解，使阳极的极化增加。测试表明，在阳极表面确实有时会存在一层氧化物膜，而氧化物膜是钝化膜的一种。

两种理论的不同在于，一种将钝化作为引起极化的原因，而另一种则认为是极化的结果。

实际上这两者是互为因果的，一有电流通过电极，多少就会有极化发生，极化的大小视电极和溶液的性能而异。阳极金属材料的纯度、溶液中的添加物等，都会对阳极的极化带来影响。

除了电化学钝化，金属还会发生化学钝化。化学钝化的结果也是在金属表面生成金属本身或外来金属的盐膜，也可能是生成金属的氧化物膜。人们利用金属的钝化性能，可以在一些金属镀层表面生成钝化膜来保护金属不受腐蚀，如镀锌层的钝化等。也有些金属正是表面有天然的钝化膜而可以保持美丽的金属光泽，如镀铬。但对电沉积过程中的金属表面的钝化，则有时是有害的。

6.2 电镀阳极

6.2.1 电镀阳极的功能

在电沉积过程中，阳极过程与阴极过程是同时发生的既统一又矛盾的过程。由于电沉积过程中，阴极过程是获得产物的过程，因而是主要的过程，而将阳极过程视为从属于阴极过程的辅助过程。这导致人们在工艺管理中容易轻视对阳极的管理，因而也就难以保证电镀生产的质量和效率。

电镀过程中阳极的功能之一是导电。阳极与阴极（生产实际中由挂具和被电镀的产品构成）通过与电源连接构成的回路来实现电镀过程。没有阳极与阴极形成的电场，就不可能有阴极过程。因此，导电是阳极首要的和必要的功能，这是任何阳极都必须具备的功能，无论是可溶性阳极还是不溶性阳极或半溶性阳极，导电是其最为基本的功能。

阳极的另一个功能是提供欲镀金属的离子。这主要是针对可溶性阳极或半溶性阳极而言的，不溶性阳极就不具备这个功能。当然我们可以采用其他办法来补充电镀过程中消耗掉的金属离子，这在后面会专门讨论。

但是不管是什么样的阳极，都将影响电解液的稳定性和镀层的质量，因而不能只重视阴极过程而忽视阳极过程。

当然，对理想的阳极过程，即金属可以成功地进行电化学溶解而进入电解液的过程，在电极过程动力学中已经有详尽的研究。正是基于这些研究，我们才有可能在工艺实践中选择适当的阳极材料和电流密度，以及某些阳极活性剂，以保证阳极在电沉积过程中的正常溶解。但是，即便在传统电镀过程中，也并不总是可以选择到理想的阳极，而不得不采用其他方法来加以弥补。例如镀铬中使用的就是不溶性阳极，完全依靠往镀液中添加铬酸来补充金属离子。这是因为有些阳极过程不能满足阴极过程的需要，当我们以阴极过程的正常进行为前提条件时，阳极不可能总是与阴极过程相适应的，不是电流密度达不到正常溶解的程度，就是溶解不是按需要的价态提供金属离子，或者溶解太快而大大超过阴极过程的需要。这样，当阳极过程影响到阴极过程的正常工作时，就必须采取措施调整阳极过程，以使整个电沉积过程得以正常进行。

6.2.2 电镀阳极的分类

到目前为止，理想的阳极是导电而又可以提供金属离子，不溶性阳极被认为是一种不得已的选择。

但是，研究所有电镀工艺中使用的阳极后就可以知道，并不是所有镀种都适合使用既导电又溶解的阳极。

即使在正常情况下，可以维持镀液离子平衡的阳极随着自身的不停溶解，面积会变小，这导致阳极电流密度升高，阳极溶解出现困难，同时电力线分布出现改变，导电性变差。因此，现在都采用阳极篮内加装可溶解的阳极块料或球料，在保持阳极提供金属离子的同时，保持阳极的面积基本不变。

但是，当阳极出现过度溶解时，大量阳离子进入镀液，镀液平衡被打破，使电镀过程不能正常进行。例如碱性无氰镀锌中的锌阳极，不但会发生电化学溶解，还会有化学溶解持续发生，镀液中的锌离子很快就会大量上升，使电镀不能正常进行。只好采用不溶性阳极，只让阳极有导电性能即可，金属离子由分析补加的模式来加以管理。

六价铬镀铬也有类似的情况，只能采用不溶解的铅合金等作阳极，铬离子由补加铬酸来实现。

还有一类电解液，金属离子是以高价态参与电极还原的，例如酸性镀铜的铜离子就是二价阳离子，如果用纯铜作阳极，它会只以一价铜的形式进入镀液，这是有害的。可见阳极在不同的电镀液中有不同的工作模式，发生不同的阳极过程。我们据此可以对阳极进行分类。

（1）可溶性阳极

可溶性阳极是在电沉积过程中可以在工作液中正常溶解并消耗的阳极。在大多数络合剂型的工作液或阳极过程能与阴极过程协调的简单盐溶液中使用的阳极，大多数是可溶性阳极。例如所有的氰化物镀液，镀镍、镀锡等，都采用可溶性阳极。另外，对可溶性阳极来说，需要镀什么金属就要采用什么金属作阳极，绝对不可以张冠李戴。曾经有某电镀企业因放错了阳极而使镀液金属杂质异常上升导致镀液报废的例子。

并不是任意金属材料都可以用作阳极材料。对可溶性阳极的材料，首先要求的是纯度，一般都要求其纯度在99.9%以上，有些镀种还要求其纯度达到99.99%，即行业中所说的“四个九”。其次是其加工的状态，高纯度的阳极多半是经过电解精炼了的。有些镀种要直接采用电解阳极，如氰化物镀铜的电解铜板阳极、镀镍的电解镍板阳极等。但是有时要求对阳极进行适当的加工，如锻压、热处理等，以利于正常溶解。

现在比较专业的做法是采用阳极篮并装入经过再加工的阳极块或球，也可在阳极篮中使用特制的活性阳极材料，如高硫镍饼等。

除使用阳极篮以外，可溶性阳极一般还需要加阳极套。阳极套的材料对不同镀液采用不同的材料，通常是耐酸或耐碱的人造纺织品。

（2）不溶性阳极

不溶性阳极主要用于不能使用可溶性阳极的镀液，如镀铬。镀铬不能使用可溶性阳极的原因主要有两个：一是阳极的电流效率大大超过阴极，接近100%，而镀铬的阴极电流效率只有13%左右，如果采用可溶性阳极，镀液中的铬离子会很快增加到超过工艺规范，镀液将不能正常工作。二是镀铬如果采用可溶性阳极，其优先溶解的一定是低阻力的三价铬，而镀铬主要是六价铬在阴极还原的过程，有过多的三价铬将无法得到合格的镀层。

还有一些镀液采用不溶性阳极，如镀金，为了节约和安全上的考虑，一般不直接用金来作阳极，而是采用不溶性阳极。金离子的补充靠添加金盐。

另外，一些没有办法保持各组分溶解平衡的合金电镀，也要采用不溶性阳极，如镀铜锡锌合金等。

不溶性阳极因镀种的不同而采用不同的材料，不管是什么材料，其在电解液中要既能导电而又不发生电化学和化学溶解。可以用作不溶性阳极的材料有石墨、碳棒、铅或铅合金、钛合金、不锈钢等。

（3）半溶性阳极

对半溶性阳极，不能从字面上去理解，实际上这种阳极还是可以完全溶解的阳极。所谓半溶性，是指这种阳极处于一定程度的钝态，使其电极的极化更大一些，这样可以让原来以低价态溶解的阳极变成以高价态溶解的阳极，从而提供镀液所需要价态的金属离子，如铜锡合金中的合金阳极。为了使合金中的锡以四价锡的形式溶解，就必须让阳极表面生成一种钝化膜，这可以通过采用较大的阳极电流密度来实现。实践证明，镀铜锡合金的阳极电流密度在 $4A/dm^2$ 左右，即处于半钝化状态。这时阳极表面有一层黄绿色的钝化膜。如果电流进一步加大，则阳极表面的膜会变成黑色，这时阳极就完全钝化了，而且不再溶解，此时只有水的电解，在阳极上大量析出氧。对靠电流密度来控制阳极半钝化状态的镀种，要随时注意阳极面积的变化，因为随着阳极面积的缩小，电流密度会上升，最终导致阳极完全钝化。

另一种保持阳极半钝态的方法是在阳极中添加合金成分，使阳极的溶解电位发生变化，如酸性光亮镀铜用的磷铜阳极。这种磷铜阳极材料中含有 0.1% ~0.3% 的磷，使铜阳极在电化学溶解的电位提高，防止阳极以一价铜的形式溶解。因为一价铜将产生歧化反应而生成铜粉，危及镀层质量。

（4）混合阳极

混合阳极是指在同一个电解槽内既有可溶性阳极，又有不溶性阳极，也有叫联合阳极的。这是以不溶性阳极作为调整阳极面积的手段，从而使可溶性阳极的溶解电流密度保持在正常溶解的范围，同时也是合金电镀中常用的手段。当合金电镀中的主盐消耗过快时，可以采用主盐金属为阳极，而合金中的其他成分则可以通过添加其金属盐的方法来补充。

实际上采用阳极篮的阳极就是一种混合阳极。由于阳极篮的面积相对比较固定，因此，在篮内的可溶性阳极面积有所变化时，由于有阳极篮承担导电任务，而使镀液能继续工作。

混合阳极还可以采用分开供电的方式，以使不同溶解电流的阳极都能在正常的状态下工作。

阳极除了根据电化学行为不同进行分类以外，还可以根据其物理加工方式和外形进行分类。阳极根据加工方式的不同，可以分为铸造阳极和锻造阳极两类，根据外形则有条形阳极、棒形阳极、球形阳极、角形阳极等。

6.2.3 阳极的影响

理想的阳极是极化很小的阳极，可以保证金属离子按需要的价态和所消耗掉的离子的量来向电解液补充金属离子。但是，阳极过程恰恰是很容易发生极化的过程。阳极的极化我们特别称为钝化。

完全钝化的阳极不再有金属离子进入镀液，这时阳极上的反应已经变得很简单，那就是水的电解：

$$2H_2O = O_2 + 4H^+ + 4e$$

阳极过程钝化对电沉积过程是不利的。这时如果想要保持电解槽仍然通过原来的电流强度，就必须提高槽电压，使电的消耗增加。

为了防止阳极钝化，通常要经常洗刷阳极、搅拌电解液或添加阳极活化剂等。这些措施都是为了让阳极过程去极化。

但是阳极的过分溶解也不是好事，这将使电解液的主盐离子失去平衡。结果是影响到阴极过程的质量。

阳极的纯度和物理状态也对电沉积过程有重要影响。不纯的阳极中的杂质在溶解过程中会成为加速其化学溶解的因素。阳极过程也可以看成是金属腐蚀的过程。有缺陷的晶格、变形的晶体、异种金属杂质的嵌入物等是发生腐蚀的引发点，从而发生晶间腐蚀等。这种不均匀的溶解会使阳极成块地从阳极上脱落，成为阳极泥渣等进入电解液，很容易沉积到阴极上，从而使镀层起麻点和粗糙等。利用阳极溶解的这种特性，我们主动地往阳极中掺杂并且让其均匀分布，就可以制成溶解性好的或按需要的价态溶解的活性阳极。例如酸性光亮镀铜中的磷铜阳极、镀多层镍中含硫活性阳极等。

6.2.4 意外阳极过程

这里所说的意外阳极过程，是人们不愿意看到其发生的阳极过程。对金属而言，阳极过程有时就是腐蚀过程，也就是通常所说的生锈过程。金属的氧化也是阳极过程，而我们在大多数时候是不希望金属发生氧化（生锈）的。

电镀过程中出现意外阳极过程会有两种情况：

一种是电镀工作槽中有其他不应该是阳极的材料因为与阳极电源意外连接而成为阳极，也参与到电镀体系的反应中，从而出现意外。例如不锈钢等加热器、临时搅拌器的金属杆、金属热交换器管路等。出现电工学中的所谓漏电导致这些器件成为阳极，会改变电场电力线分布，严重的会引起器件腐蚀，出现事故。例如有的电镀企业采用氟利昂制冷剂直接冷却镀液以取得较高的效率，在金属铜盘管外包铅以为没有问题，结果由于盘管经常与阳极相碰而带电，成为阳极的一部分，在微孔内导致铜管溶解而出现孔蚀，在制冷剂工作时在压力作用下喷入镀液，造成镀液报废，还导致镀液通过管路进入冷冻机，导致冷冻机报废。再如将其他金属材料当成正常阳极材料置入镀液，结果将其他金属离子大量溶入镀液，也导致镀液报废，这虽然属于材料误用，但也是意外阳极过程。

另一种意外是所谓的“双极现象”。这是在电镀操作中，在电场存在的前提下，离开阴极的挂具表现出断电状态，但是实际上仍然处于镀液中，从而在电场中出现的现象（图 6-2）：断电后的挂具朝向镀槽中阳极的一面，仍然表现为阴极，还会发生还原反应，而挂具朝向电

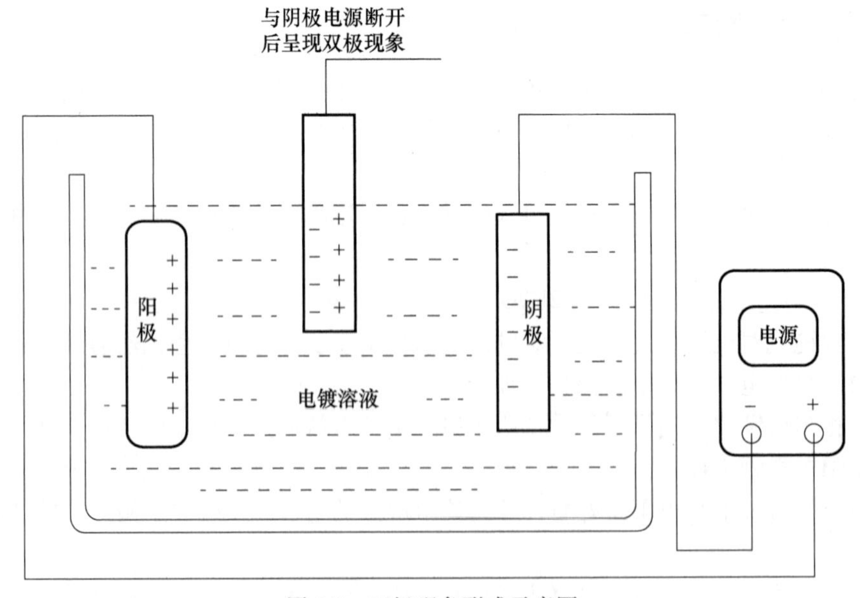

图 6-2 双极现象形成示意图

镀槽中其他仍与阴极相连接的挂具一面，因为在电场中的电位高于阴极而局部呈现阳极状态，出现阳极过程。这种现象在光亮镀种中危害很大，例如光亮镀镍或光亮镀铜，在工作中提出某一挂具时，不小心就会出现这种双极现象，从而在同一挂具上的产品出现一边发暗的情况。

双极现象除了在光亮镀种中影响光亮性能外，还会因为阳极会出现钝化而引起挂具上意外经历阳极过程的产品表面处于钝态，而这是不易直接观察到的，往往是在进行下一个电镀流程时出现镀层间的起皮现象。这在多层镀镍等电镀过程中是常见的现象之一。

显然，双极现象是应该避免的。在镀槽中只提取某一挂具产品时，应该断电后进行操作。这是很重要的电镀现场工作常识。

6.3 阳极过程的应用

6.3.1 阳极氧化

6.3.1.1 铝的阳极氧化

铝及其合金由于质轻而且强度高，在现代工业和日常生活中有广泛应用。在电子行业，采用铝合金制作整机的机架和基板、安装板是很早就已流行。这是因为铝与钢铁比起来，在日用五金和电子电器制品中的应用有更多优势：质量轻，这为使用者提供了方便；抗腐蚀性和装饰性强；导热、导电性好等，是电子产品更新换代的首选材料。因此从20世纪60年代以来，铝及其合金在电子工业中的应用持续增长，成为电子产品的基本金属原料。

铝的化学性质比较活泼，与锌一样属于两性金属，与酸和碱都可以发生化学反应。

与稀硫酸反应：　$2Al + 3H_2SO_4$（稀）$= Al_2(SO_4)_3 + 3H_2\uparrow$

与盐溶液反应：　$2Al + 3Hg(NO_3)_2 = 3Hg + 2Al(NO_3)_3$

与碱反应：　$2Al + 2NaOH + 2H_2O = 2NaAlO_2 + 3H_2\uparrow$

铝的标准电极电位为 $-1.663V$，由于其标准电位为负值且较小，在自然环境中很容易氧化而表面生成氧化膜，致使在铝表面进行电镀、油漆等表面加工有较大难度。铝在空气中的自然氧化是自发的过程，且自然氧化膜的初始生成速度较快，1s可达到10Å，但其后就放慢下来，到20Å需要10s，而到30Å需要100s。

铝表面生成氧化膜的特性，既有保护金属表面不进一步氧化的作用，也是其表面难以镀上其他金属的障碍。当然铝的天然氧化膜由于很薄并且不完整，其防护作用是有限的。通过电解加工的方法获得的氧化膜，才具有一些良好的性能。

铝在电解液中形成阳极膜的过程与电镀相反，不是在金属表面向外延生长出金属结晶，而是由金属表面向金属内形成金属氧化物的膜层，形成多孔层和致密层结构（图6-3）。该致密层紧邻铝基体，是电阻较大的氧化物层，阻止氧化的进一步进行，只有较高的电压才能使反应进一步深入，因此，致密层也被称为阻挡层。这个阻挡层还具有其他一些独特的性能，如半导体性能（对交流电的整流作用）等。

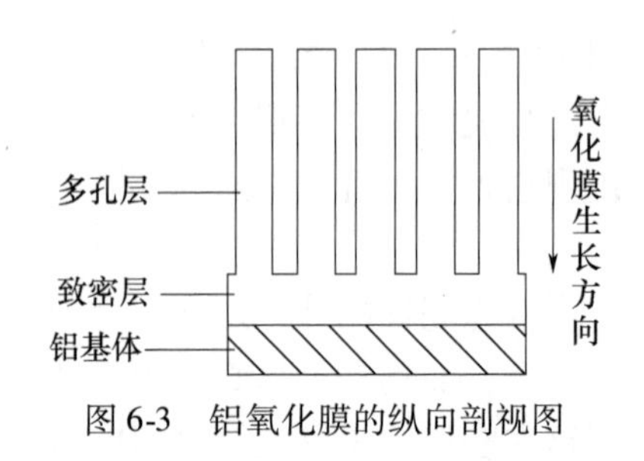

图 6-3　铝氧化膜的纵向剖视图

铝阳极氧化膜有着非常规则的结构，形成正六边形柱状而与蜂窝非常相似。由于氧化过程中不断有气体排出，因此每一个六棱柱的中间都有一个圆孔，其膜层的正面俯视图如图 6- 4 所示，由电子显微镜拍摄的图像证实这种结构是存在的。

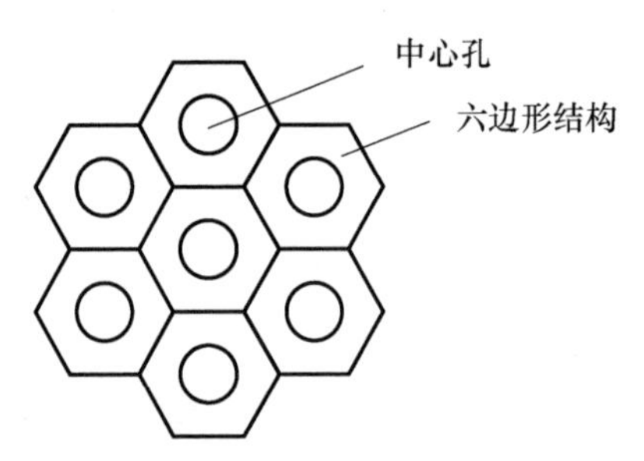

图 6- 4　铝氧化膜的蜂窝结构

铝在空气中也会迅速生成天然氧化膜，但这种膜极薄且不是完全连续的，没有阳极氧化膜密的结构和一定的厚度。研究表明，铝氧化膜生成的速度与时间呈对数关系：

$$d = d_0 + A\lg(t + B) \tag{6-1}$$

式中，d 为氧化厚度（Å）；d_0为最初形成膜的厚度；A、B 为常数；t 为时间（s）。

由式（6-1）可以推算，最初形成的膜在 1s 内达到 10Å 的话，那么要进一步氧化为 20Å 的厚度需要 10s，到 30Å 的厚度则需要 100s。如果自然氧化膜能够持续生长下去，达到 100Å 需要几十年的时间。因此，天然氧化膜的厚度通常只有几十埃（10^{-10}m）。阳极氧化膜则比天然氧化膜厚得多，一般都在 10μm（10^{-6}m）以上，这是天然膜的 100 倍。

除了厚度，阳极氧化膜与天然膜的最大区别是膜层的结构，由图 6- 4 可知，在阳极氧化过程中形成的类似蜂窝状的阳极氧化膜结构使阳极氧化膜具有一些特别的性质，不仅有较高的抗蚀性能，而且有较好的着色性能和其他深加工性能，如电解着色、作为纳米材料电沉积模板等。

铝氧化膜的这些特性主要表现在多孔层上，多孔层的厚度受电解氧化时的电流密度、电解液温度的影响。

当电解时间长、电流密度大时，多孔层增厚。电解液的温度高时，成膜虽然也快，但膜层质软且孔径变大，而当温度降低时，膜层硬度提高并可增厚。在 0℃ 左右的硫酸阳极氧化槽中所得的氧化膜经常作为硬质氧化而有广泛应用。

6.3.1.2　铝的阳极氧化工艺

铝的阳极氧化根据所用的电解液的不同或所需要的膜层性质的不同而有多种氧化工艺，但是用得最多的还是硫酸系的阳极氧化工艺。这种工艺成分简单，就是硫酸的水溶液，阴极采用纯铝或铅板，废水采用中和法就可以简便地处理，因此一直是铝氧化的主流工艺。

（1）硫酸系阳极氧化工艺

① 通用阳极氧化法

硫酸为 180 ~ 220g/L；

电压为 13 ~ 22V；

电流密度为 0.8 ~ 1.5A/dm^2；

温度为 13 ~ 26℃；

时间为 40min。

② 快速阳极氧化法

硫酸为 200 ~ 220g/L；

硫酸镍为 6 ~ 8g/L；

电压为 13 ~ 22V；

电流密度为 0.8 ~ 1.5A/dm^2；

温度为 13 ~ 26℃；

时间为 15min。

③ 交流阳极氧化法

硫酸为 130 ~ 150g/L；

电压为 18 ~ 28V；

电流密度为 1.5 ~ 2.0A/dm^2；

温度为 13 ~ 26℃；

时间为 40 ~ 50min。

④ 低温阳极氧化法

硫酸为 12g/L；

电压为 10 ~ 90V；

温度为 0℃；

时间为 60min。

此法所获膜厚度达到 150 ~ 200μm。

硫酸为 200 ~ 300g/L；

电压为 40 ~ 120V；

温度为 −8 ~ +10℃；

电流密度为 0.5 ~ 5A/dm^2；

时间为 2 ~ 2.5h。

此法所获膜厚度达到 250μm，绝缘性能极佳，可耐 2000 ~ 2500V 电压。

获得低温的方法是采用循环水间接冷却法，但是需要较大的空间配置循环冷水槽和冷机，现在已经流行直接冷却法，让热交换管直接与电解液进行热交换，冷媒效率提高的同时，占地也较小。

（2）草酸系阳极氧化工艺

草酸中获得的铝氧化膜的耐蚀性和耐磨性都比硫酸中获得的更好，因此对一些精密的铝制件，要采用草酸工艺。

① 表面精饰用氧化膜

草酸为 50 ~ 70g/L;

温度为 28 ~ 32℃;

电流密度为 1 ~ 2A/dm^2;

电压为 10 ~ 60V;

时间为 30 ~ 40min。

② 绝缘氧化膜

草酸为 40 ~ 60g/L;

温度为 15 ~ 18℃;

电流密度为 2 ~ 2.5A/dm^2;

电压为 0 ~ 120V;

时间为 90 ~ 150min。

③ 常规用膜

草酸为 40 ~ 50g/L;

温度为 20 ~ 30℃;

电流密度为 1.6 ~ 4.5A/dm^2;

电压为 40 ~ 60V(交流);

时间为 30 ~ 40min。

(3)瓷质氧化工艺

瓷质氧化膜由于表面具有瓷釉般的光泽而在装饰性铝氧化中别具风格。这种氧化膜硬度高,耐磨性好,有较高的绝缘性能,又有良好的着色性能,同时对表面的划痕等有良好的屏蔽作用。

① 高抗蚀性膜

铬酐为 35 ~ 45g/L;

草酸为 5 ~ 12g/L;

硼酸为 5 ~ 7g/L;

温度为 45 ~ 55℃;

阳极电流密度为 0.5 ~ 1A/dm^2;

电压为 25 ~ 40V;

氧化时间为 40 ~ 50min;

阴极材料为铅板或纯铝板。

② 防护装饰性氧化膜

铬酐为 30 ~ 40g/L;

硼酸为 1 ~ 3g/L;

温度为 45 ~ 55℃;

阳极电流密度为 0.5 ~ 1A/dm^2;

电压为 25 ~ 40V;

氧化时间为 40 ~ 50min;

阴极材料为铅板或纯铝板。

6.3.1.3 氧化膜的封闭

铝氧化膜是多孔性膜，无论有没有着色处理，在投入使用前都要进行封闭处理，这样才能提高其耐蚀性和耐候性。处理的方法有三类，即高温水化反应封闭、无机盐封闭和有机物封闭等。

（1）高温水化反应封闭

这种方法是利用铝氧化膜与水的水化反应，将非晶质膜变为水合结晶膜：

$$Al_2O_3 \xrightarrow[\triangle]{nH_2O} Al_2O_3 \cdot nH_2O$$

水化反应在常温和高温下都可以进行，但是在高温下特别是在沸点时，所生成的水合结晶膜是非常稳定的不可逆的结晶膜，因此，最常用的铝氧化膜的封闭处理就是沸水法或蒸汽法。

（2）无机盐封闭

这种方法可以提高有机着色染料的牢度，因此在化学着色法中常用这种工艺。

① 醋酸盐法

醋酸镍为5～6g/L；

醋酸钴为1g/L；

硼酸为8g/L；

pH为5～6；

温度为70～90℃；

时间为15～20min。

② 硅酸盐法

硅酸钠为5%；

pH为8～9；

温度为90～100℃；

时间为20～30min。

（3）有机封闭法

这是对铝氧化膜进行浸油、浸漆或进行涂装等，由于成本较高并且增加了工艺流程，因此不大采用，较多的还是用前述的两类方法，并且以第一种方法为主流。

6.3.2 阳极保护

6.3.2.1 电化学钝化

当某种金属浸入电解质溶液时，金属表面与溶液之间就会建立起一个电位，腐蚀电化学中把这个电位称为自然腐蚀电位。不同的金属在一定溶液中的电位是不一样的。同一种金属的电位由于其各部分之间存在着电化学中不均一性而造成不同的部位间产生一定电位差值，正是这种电位差值导致金属在电解质溶液中的电化学腐蚀。

具有钝性倾向的金属在进行阳极极化时，如果电流达到足够的数值，在金属表面上能够生成一层具有很高耐蚀性能的钝化膜而使电流减少，金属表面呈钝态。继续施加较小的电流就可以维持这种钝化状态。钝态金属表面溶解量很小从而防止了金属的腐蚀，这就是阳极保护的基本原理。

6.3.2.2 牺牲阳极

牺牲阳极是电化学防腐的一种技术，即利用某些活泼金属的易氧化性能，将其与被保护的金属连接构成电化学回路，则在腐蚀环境中发生腐蚀时，这种活性金属因为是阳极而发生腐蚀，而被保护金属表面因为表现为阴极，发生还原反应，从而保护金属材料。由于在应用中活泼金属自己作为阳极会先行被腐蚀掉，可以说是为防护结构材料做出了牺牲，因此被称为牺牲阳极。常用的牺牲阳极材料是锌。

牺牲阳极的应用大多是长期处在恶劣环境中的大型钢结构，例如浸在海水中的船体、桥梁结构、地下埋设钢管等。在这些结构表面连接一定量的锌块，与结构组成电化学防护系统。在环境中可以让锌材料慢慢被腐蚀而起到保护钢铁结构主体不受到损害的作用。这种方法至今仍然是大型钢结构在特殊环境中的防护方法之一。

6.3.2.3 阳极镀层

阳极镀层是镀层分类中的一个重要类别。所谓阳极镀层，是指当镀在金属产品表面的镀层的标准电位比基体金属材料的标准电位更小（负值），镀层与基体构成电化学回路时，镀层表现为阳极。当有腐蚀发生时，镀层将作为阳极发生溶解，从而阻止腐蚀因素影响基体金属，达到保护基体金属的目的。这时作为阳极的镀层也可以说是牺牲阳极。例如钢铁材料表面镀锌是最为典型的阳极镀层。从防护基体材料的角度，选择镀层时应该尽量选择阳极镀层。由于钢铁材料是人类社会使用量最大的结构材料，因此镀锌也就成为钢铁防护的首选。为了强化镀锌层的防护功能，还对镀锌层进行钝化处理，有时还会再加一层防护膜。这是让其表面电位转向正电位，增加其本身不被轻易腐蚀的能力。对在恶劣环境中使用的钢结构，如桥梁、高压线铁塔、船只等钢铁结构材料，还会用到镀层更厚的热镀锌，可见锌镀层在钢铁防护中的作用。正因此，镀锌是电镀镀种中用量最大的镀种。根据不同的产品需要而有碱性镀锌，酸性镀锌两大类。碱性镀锌又分为氰化物镀锌和无氰碱性镀锌，酸性镀锌则有氯化物镀锌、硫酸盐镀锌等。

由于基材的不同和同是钢铁基材对表面性能要求的不同，并不是应用中的镀层都是阳极镀层，而不得不采用与阳极镀层相对的另一类镀层，这就是阴极镀层。这是防护性能与阳极镀层正好相反的镀层。从定义可知，阴极镀层是镀层的标准电极电位比基体金属标准电位正的镀层。显然，当其发生电化学腐蚀时，基体作为阳极将受到伤害。例如钢铁材料表面镀镍，由于阴极镀层不能起到优先防护基体的作用，特别是在镀层有孔隙的时候。因此，使用阴极镀层时会采用多层镀层和增加镀层厚度，使之孔隙率降低而不至于在发生电化学腐蚀时腐蚀到基体。阴极镀层往往具有良好的装饰作用或者优良的功能性，如光亮性、导电性、导磁性等。因此，即使是阴极镀层也同样获得了广泛应用，如光亮镀镍、光亮镀铬、镀金等贵金属等。

6.3.3 阳极创新

如果我们以创新思维来看待不溶性阳极，就可以设想将其作为载体来实现理想阳极的功能。可以设想的功能性阳极应该具有以下几种功能。

6.3.3.1 用作兼职阳极

在电镀生产过程中，由于工艺上的需要，会在镀液中安装一些辅助设备，如加热管、超声波发生器等。这些装置会在镀槽中占据一定的空间位置，会对阳极的设置带来一定影响，而增加镀槽空间又涉及增加镀液量等导致成本上升的因素。因此，有时会考虑将这些表面采用不锈钢或钛材等在镀液中稳定性好的材料的装置，兼作不溶性阳极，从而节省镀槽空间。

这样，可以利用这种不溶性阳极在电镀过程中与阴极对应形成电场的同时，向电解液交换热量（加温或降温）、发出超声波或其他物理波等，可在节约镀槽空间、提高镀槽体积效率的同时，降低设备综合成本，有利于改善一次电流分布。由于这些辅助装置本身要实现自己的设计功能，用来作阳极只是兼具的性能，因此将其称为兼职阳极。

当然，采用这种模式首先需要确定材料在镀液中不被电化学腐蚀的绝对安全性，否则装置将被损坏。例如前面说到的用铜管外包铅的做法，就是不安全的。同时要对其结构和表面形状做出合理设计，使其与阴极构成的电力线分布有利于镀层的均匀分布。

6.3.3.2 定量释放添加剂的阳极

可溶性阳极能够向镀液中释放金属离子这个良好的性能提示我们，可以利用阳极向镀液自动添加光亮剂或添加剂。

将不溶性阳极制成中间有一定容量的空间的板式容器。在容器内可以装进用于往镀槽添加的镀液添加剂，从而使这种不溶性阳极成为自动补加系统的一个部件，同样是提高镀槽设备效率的一种较好方案。

这种中空的阳极像一个箱子，其间可以装入补加成分。同时安置和指令接收-发送系统，可以根据指令向电解液内释放添加剂，或者补加其他调整镀液辅助成分的添加物。图 6-5 是这种阳极的一个示例。

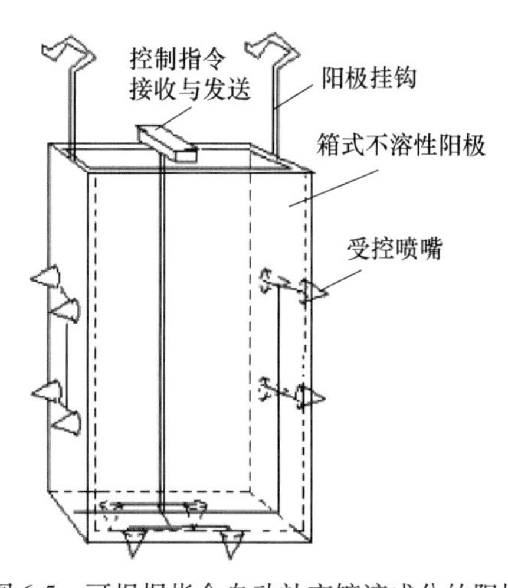

图 6-5 可根据指令自动补充镀液成分的阳极

这种自动补加添加剂的不溶性阳极，可以分成几个分隔开的腔室，在各自的腔内盛有不同的添加剂、辅助盐等的浓缩液，从而可以根据传感器的指令向镀液补加所需要的成分。这种构想在工业 4.0 时代是电镀生产智能化的一个重要创新，值得研究和开发。

6.3.3.3 自动补加镀液主盐成分的阳极

对不溶性阳极，最大的问题就是不能补充电镀过程所需要的金属离子。如果我们将这种阳极设计成可以容纳主盐浓缩液的箱式阳极，再加上自动分析传感器的配合，就可以实现根据传感器传达的指令向镀槽中注入浓缩的主盐液，并指令搅拌机工作，从而实现金属离子的定量补加。

实现这些功能的电子自动控制技术已经非常成熟，关键是电镀液成分分析的自动化和传感器技术还没有跟进。全面的镀液补加自动化难度较大。但是首先实现主盐等单一成分的自动补加是完全可行的。其原理与前项所说的添加剂的自动补加是基本上相同的，但其应用得更为广泛。毕竟电镀添加剂的使用量不能与主盐的用量相比。因此，开发主盐自动补加阳极是极有现实意义的课题。

7 电化学工艺试验与计算

7.1 霍尔槽试验

7.1.1 霍尔槽

（1）霍尔槽及规格

霍尔槽是美国的 R. O. Hull 于 1939 年发明的用来进行电镀液性能测试的试验用小槽。因为翻译习惯不同而有的资料译成赫尔槽或候氏槽等。它的特点是将试验用小槽制成为一个直角梯形，使阴极区成为一个锐角（图 7-1），阴极的低电流区就处于锐角的顶点。这一结构特点使从这种镀槽中镀出的试片上的电流密度分布出现由低到高的宽幅度的连续性变化，镀层的表面状态也与这种电流分布有关，从而可以通过一次试镀，就获得多种镀层与镀液的信息。因此，霍尔槽自诞生以来，一直都是电镀工艺试验的最常用设备，也是电镀工艺技术人员必须掌握的基本试验技术。

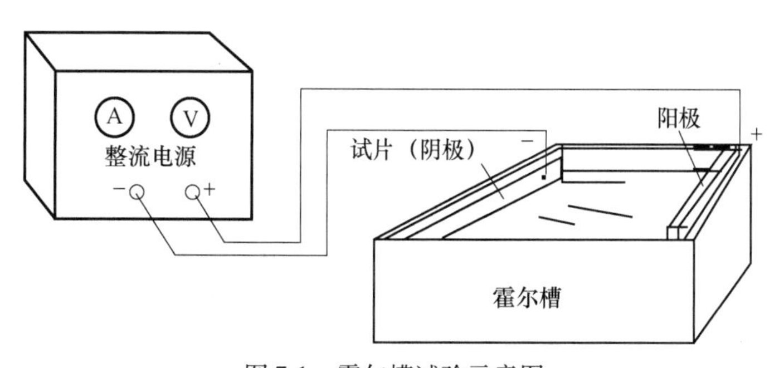

图 7-1　霍尔槽试验示意图

标准的霍尔槽配置是一台 5A 的整流电源，一套电源线、一个霍尔槽。当然可以有附加设备，提供加温、打气搅拌、记时等功能。

霍尔槽的容量根据需要可以有好多种，但是最常用的是可以装 250mL 镀液的标准霍尔槽。目前电镀界流行的正是这种霍尔槽，向槽里每添加一个单位数量的添加物，在工艺上都要换算成 g/L 的单位，这样只要将添加量乘以 4，就是每升的添加量，使用起来比较方便。不同容量霍尔槽的组成尺寸见表 7-1。

表 7-1 不同容量霍尔槽的组成尺寸

霍尔槽容量（mL）	阴极板长（mm）	槽高（mm）	槽宽（mm）
250（常用尺寸）	100	63	63
265（原创尺寸）	103	63.5	63.5
1000（较少使用）	127	81	86

注：装液量以霍尔槽边上的刻度线为准。

（2）霍尔槽的电流分布

霍尔槽的特点主要就是其独特的结构定义了阴极试片上的电流密度分布。霍尔槽的阴极试片大小是确定的，现在流行采用尺寸为 100mm × 65mm 大小的黄铜片（厚度为 0.5mm 左右）。这个试片本身没有独特的地方，而是将其放进霍尔槽的阴极区后，试片的一端是在小槽的尖角部位，另一端则在离阳极较近的梯形的短边这一边。

这种位置的特点，使霍尔槽试片两端距阳极的距离产生差别，加上在角部的屏蔽效应，使同一试片上从近阳极端和远离阳极端的电流密度有很大的差异，并且电流密度的分布呈现由大（近阳极）到小（远阳极）的线性分布（图 7-2）。根据通过霍尔槽总电流的大小的不同，其远近两端电流密度的大小差值达 50 倍。这样，从一个试片上可以观测到很宽电流密度范围的镀层状态，从而为分析和处理镀液故障提供许多有用的信息。

图 7-2 霍尔槽试片上电流密度分布

（3）霍尔槽试片的标识方法

对从霍尔槽镀出的试片，为了直观地表达出试片的状态，通常都用图示的方法表示，再辅以简单的文字以对表面状态进行描述，常见的表示方法如图 7-3 所示。全空白表示全光亮，空白中加一横线表示半光亮，其他不良镀层分别用各种尽量象形的图示，如点状表示麻

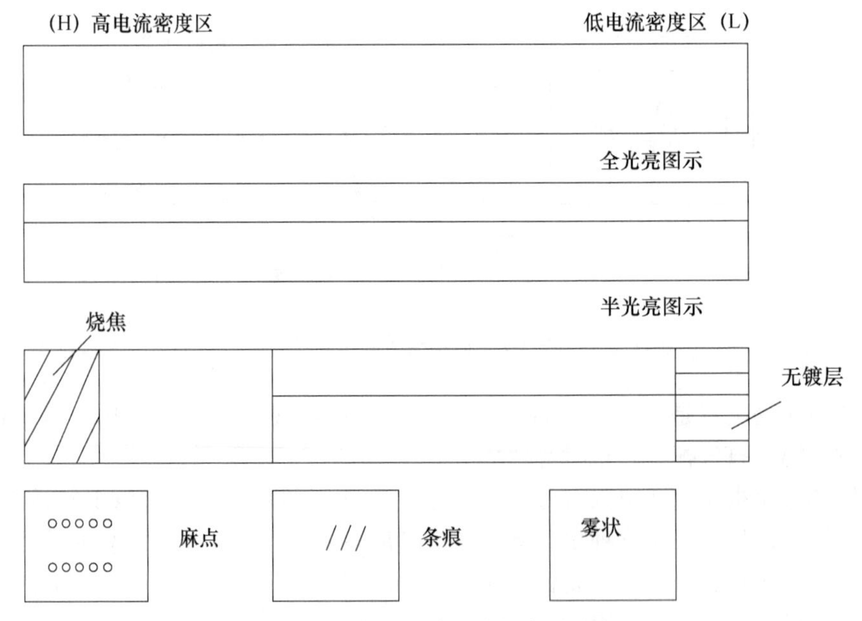

图 7-3 霍尔槽试验试片状态图示法

注：也可以图中采用文字表示，如“雾状”。

点，竖条表示条痕等，是没有镀层时用平行细横线表示。这些基本上是约定俗成的，并没有形成标准，因此，在公开发表时要在附图中列出图示方法，以供参阅。

7.1.2 霍尔槽试验方法

霍尔槽试验是电镀工艺的基本试验方法，正确地应用这一方法对电镀技术和电镀生产的现场管理是非常重要的。因此，电镀工程技术人员应该学会正确地使用霍尔槽的方法。

（1）设备准备

使用霍尔槽前应该检查所有试验的设备和材料的准备情况。首先要检查整流电源是否正常，霍尔槽是否清洗干净并试水不漏。然后要将标准的霍尔槽试片、试验用活化液、清洗水等准备好。霍尔槽与电源的连接如图 7-1 所示。试验时要保证霍尔槽的阴阳极与电源有正确和可靠的连接，不可以中途断电或接触不良，否则需要重做。

（2）准备试验液

如果要对现场的镀液进行试验，要从工作液中取出有代表性的镀液试样，通常取 1L 试液。试验中如果原始试验液发生改变，如调整过 pH、添加过光亮剂等，当重复或重新试验时，都要取用原液，而不能在用过的镀液上一直做下去。

对需要新配试验液的，则尽量只按基本组成和标准含量配制一定的量（1 ~ 2L），以便取用方便而又不浪费。

（3）确定总电流和时间

根据所做试验项目的需要，确定进行霍尔槽试验的工作总电流，通常是 1A、2A 这样的整数值。根据不同的镀种或试验的目的，也有时用 0.5A、1.5A 等电流值。每片电镀的时间以 min 为单位。常用的时间是 5min，但也可以根据需要确定一个时间。

注意每次试验的通电时间和电流大小一定要准确，断电后取出试片要在回收水中先洗过，再用清水清洗，然后在热水中浸清。取出用电吹风吹干，再进行观察和记录。对需要保存的试片，在清洗干净并经防变色处理后干燥，用塑料膜或袋保护。也可涂防变色剂，以方便与以后的试片对比。

7.1.3 正确使用霍尔槽的要点

在运用霍尔槽进行试验时，会出现一些不规范的随意性操作，使所得到的信息不准确。为了获得准确的试验信息，在进行霍尔槽试验时，应该注意以下要点：

① 要采用标准的霍尔槽试验设备，自己做也可以，但其尺寸和大小都必须符合标准的要求；

② 用于试验的镀液要取自待测镀液，液量要准确，且每次所取试验液只能做 2 片试片，做多了镀液已经发生变化，与取样镀液已经不是同一种配比，所做的结果会有偏差；

③ 阳极一定要标准，厚度不可超过 5mm，找不到合适的阳极时，也可以用不溶性阳极，这时只能镀一片来作为样片；

④ 要预先准备好试片，对试片进行除油和活化处理，下槽前同样要活化和清洗干净，镀后也要清洗干净并用吹风机吹干后观察；

⑤ 养成边做边记录的好习惯，对试验参数和试片状况都要有准确的记录，不要用只有当时能看懂的符号，否则以后再看会一头雾水。

7.2 改良型霍尔槽

标准的霍尔槽是我们已经了解的250mL的霍尔槽，这是至今都通用的最常用的霍尔槽。随着电镀技术的进步，电镀液的性能发生了很大变化，用经典的试验方法有时还不能完全反映电镀过程的实际状态。这时就需要根据霍尔槽的原理，将其进行适当改良，以扩展其应用的范围。

7.2.1 符合标准型原理的改良

这类改良型霍尔槽是在标准型基础做一些改进，以增加其试验的适应性，主要有以下几种：

（1）对流型霍尔槽

这是将霍尔槽的槽壁开一些圆孔（图7-4），使镀液可以对流的霍尔槽。这种霍尔槽可以放到镀槽中测试，因而不用取镀液；也可以放入稍大一些的试验槽中做试验，因而不用更换镀液就做多一些试片，避免由于镀液太少、变化太快而影响试验结果，从而提高试验的效率和准确性。

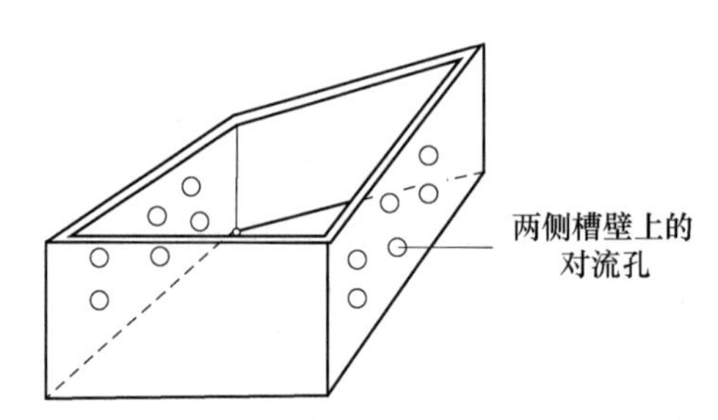

图7-4 镀液可以与外槽对流的霍尔槽

（2）带阳极篮的霍尔槽

带阳极篮的霍尔槽如图7-5所示。这是在标准霍尔槽的阳极区增加一个可以放阳极篮的空间，放入一个小的钛篮，这样既可以保证阳极的面积恒定，不致于影响试验的可比性，又可以在阳极篮中放入零碎的阳极，不必制作标准的霍尔槽阳极。标准的霍尔槽阳极是比较难找的，自己做也不是很容易，导致很多人随意用一块金属阳极代替，从而改变了霍尔槽试验的标准状态，使阳极与阴极的相对位置发生了改变，结果也就没有了可比性。这种改良型霍尔槽解决了这个问题。

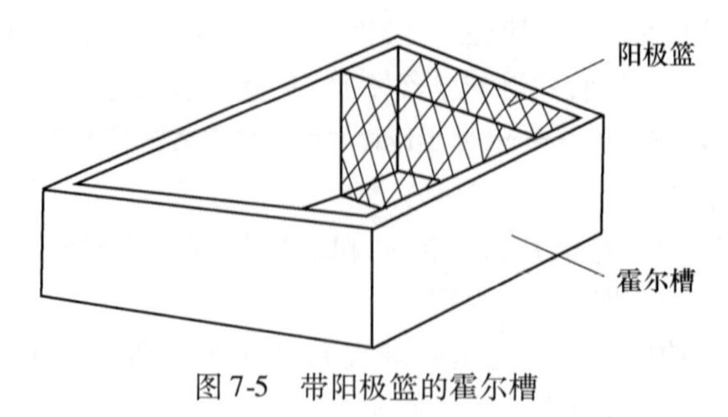

图7-5 带阳极篮的霍尔槽

还有一些对霍尔槽的改进，是在长方体试验槽中加装活动的隔板，不装隔板时可以做试验小镀槽用，在需要测霍尔槽数据时，将隔板插入形成带锐角的霍尔槽。诸如此类，只要符合霍尔槽阴极试片的可比性参数，或在发布霍尔槽试验结果时指明所用的方法和工具，就可以方便地比较和判断分析。

（3）加长型霍尔槽

这是将霍尔槽的阴极区的长度加长为标准霍尔槽的一倍的改良型霍尔槽（图7-6）。这样做是因为现代光亮电镀技术的进步使标准霍尔槽试片的光亮电流区变宽，用标准试片发现不了新型光亮剂的低区和高区极限电流点，通过加长试片长度，可以在更宽的电流密度范围考查镀液和添加剂的水平，多用于光亮性电镀的验证性试验。特别是在光亮镀镍新型光亮剂的开发方面，这种加长霍尔槽可以发挥很好的作用。

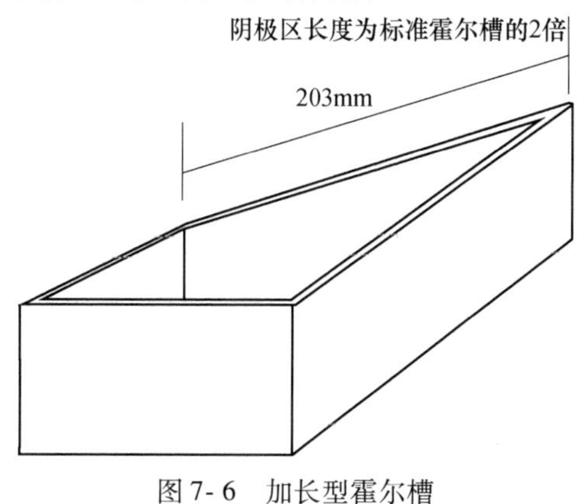

图7-6 加长型霍尔槽

7.2.2 根据霍尔槽原理开发的试验槽

在没有这种用于滚镀的试验槽以前，滚镀液也是在标准霍尔槽中进行试验的，但是不能完全反映滚镀动态的特点。为此，人们根据霍尔槽锐角处可显示低电流区镀层状态的原理，制成了一种滚镀型霍尔槽（图7-7）。

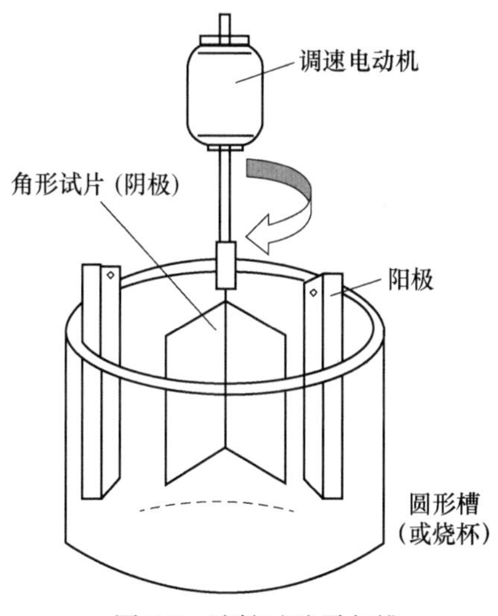

图7-7 滚镀试验霍尔槽

所谓滚镀型霍尔槽，是为了弥补标准霍尔槽不能做滚镀液的试验的缺憾而设计的一种新型霍尔槽，它是利用霍尔槽阴极区的角形原理特征，将标准的霍尔槽试片从中间做60°角的弯折，在圆形试验槽中旋转着进行电镀一定时间后，取出试片展开看其镀层分布情况。

采用这种试验设备做滚镀试验，可以仿照霍尔槽的原理在一个试片上获取不同电流密度区的镀层情况。试验时电镀的时间可以在10~15min，有些镀种可能会更短一些。试验完成后，将试片展开（图7-8）后观测，弯角线处是电流密度最低处，有些镀种在这里没有镀层析出，而大部分镀种在这里的镀层与标准霍尔槽试片一样，呈现低电流区镀层的特点。

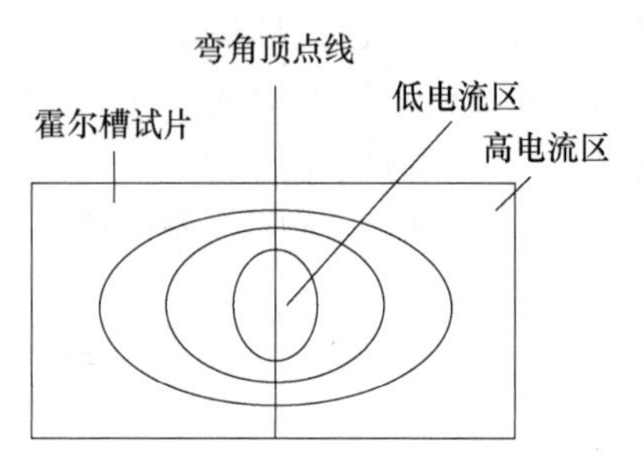

图7-8　滚镀霍尔槽试片展开图

7.2.3　霍尔槽的其他改良

（1）智能型霍尔槽

智能型霍尔槽是一种组合式试验设备，这是在标准霍尔槽设备上配置有加温、搅拌、控制电流强度、电镀时间等功能的附属设备，并且可以用多种传感器和摄像头，将各种参数和试片图像传送到计算机，通过相关软件进行分析而便于分析和读取数据、直接打印结果或制成数字化信息资料。

（2）槽边开口的霍尔槽

霍尔槽试验是电镀工艺试验中一个重要的试验工具，由于其简单而又巧妙的结构，给电镀试验带来了许多方便，同时也吸引了很多人对其进行进一步的改良，除了以上介绍的一些改良方案外，还有一些改良思路也是很有创意的，如对霍尔槽的放置方向进行调整，就可以成为一种新的霍尔槽形式。这种方式是以标准霍尔槽的最长的一边向上作为槽的开口处，而以最短的一个边作为槽底，将原来的开口封起来成为槽子的另一个侧面，这样原来横向竖直的阴极试片就变成直向斜躺在槽的长边上的状态。由于这时的高电流区变成了在槽子的底部，在电流很大时产生的大量气泡会直接向液面排出而不会沿着试片表面逸出，避免在试片表面生成很多气痕而影响评价镀层性能。

7.3　霍尔槽试验的重现性与可比性

7.3.1　重现性与可比性

（1）重现性

重现性是指一个过程，反复重复进行的结果，都与第一次过程的结果保持一致，即只要条件一样，同样的结果就会重现。这种只要在相同条件下就能重复所得结果的过程，就是重现性好的过程。显然，对任何工艺过程，我们都希望有良好的重现性。重现性不好的过程，就是不稳定的过程。

当然，要想保持过程的重现性，首先要确保的是过程的条件不能发生变化。只有有了相同的条件，才能让所获得的结果进行比较，从而也就提出了可比性的概念。可比性是指若干组相同体系参数或不同批次同一种体系参数之间进行比较的可靠性。具有可比性的参数，一定是参数体系过程的基本条件相同的参数。如果若干参数获取时的条件不同或取样的方法有根本的区别，这些参数之间就没有了可比性。

注意重现性或重复性、再现性等说的基本上是同一种过程结果的可靠程度。因此，重现性过程的条件要求是完全一致的，不管这种条件有几个，只要对重现性进行考察，每次的所有条件都要一样，不允许有变量存在。如果出现变量，就表明重现性差。统计变量与原始过程参数的比值，或者统计试验次数中符合原始参数次数与总试验次数的比值，都可以定量地表示重现性的比率，但要注明采用的是哪种统计方法。前一种是重现性的精确度，后一种是重现性的概率。

$$重现的精确度=（变量/原始量）\times 100\%$$

$$重现的概率=（符合原始量次数/总试验次数）\times 100\%$$

由于我们认识事物的过程存在局限性，当有些过程存在隐性因素或限于我们当前的科学水平还存在没有认识的潜在因素时，有许多过程的重现性不可能达到100%。此外，还有操作者的水平设备、原料等的变化，也会对重现性有所影响。因此，对有些过程，出现精确度不够和重现性不好是很有可能的。

从科学和实用的角度，在我们认识可及的范围，我们都要保证所有过程有良好的重现性，不可马虎从事。有些过程根本就不容许出现偏差，否则后果不堪设想。

（2）可比性

可比性只对要进行比较的参数系和过程的条件设为变量，而对比较参数或体系的其他因素要求固定。例如我们需要对温度对某一过程的影响进行比较时，就要将这一过程的其他参数确定后，对每变动一个温度参数的结果进行记录。然后比较这些结果，从而得出温度影响的规律。如果其他参数不确定，出现的结果变化就不能肯定是不是温度的影响，从而使这两组试验没有了可比性。

对任何多因素体系，可比性中的变数只能设定一个，而固定其他因素，否则就没有可比性。同时，只有重现性好的不同时间或空间的过程，才有可比性。对有些体系，变量中又有多因素，如镀液往往由多种成分组成，我们将镀液作为比较变量，就得采用确定的镀液配方，只将其中某一成分设为变量，并依次改变不同成分的量，才能最后确定一个有效的配方。

除了以上定义的可比性，还有一种广义的可比性概念，这就是对量级和领域的限定，即可比的事物要处在同样的量级或领域，否则也无法进行比较。例如我们不能将以吨计量的量与以千克计量的量进行比较，更不能将温度变量与物质含量进行比较。

7.3.2 霍尔槽试验的重现性

霍尔槽试验是电镀工程技术人员和现场管理人员经常用到的试验方法，也是技术报告或技术论文中经常用到的方法。由于霍尔槽试验试片的状态涉及对工艺性能的评价，有时是对产品质量的评价，这就有一个评价的公正和公平的问题。只有当将这些试片的结果与标准加以比较，或者大家都按一个同一的标准进行试验，这种比较和评价才是可信的，也才是公平和公正的。

目前各种试验报告在提供霍尔槽试验结果时，都是以大家用了同样的霍尔槽试验方法为前提的，并且默认这些试验采用了标准的霍尔槽在标准的状态下进行了试验，但是这种认可是值得商讨的。因为很多试验人员在做霍尔槽试验时，对有关参数没有进行认真的校正或记录，也没有按霍尔槽试验规范进行操作，所得的参数难免会产生偏差，从而给出错误的信息。

导致霍尔槽试验重现性不好的最常见的错误有以下几种：

（1）阳极厚度超过 5mm

很多霍尔槽试验的阳极没有采用标准的阳极，而是从镀槽阳极上锯下一块来代用，这些阳极通常都比较厚，有时厚达 10mm，这种不规范的阳极相当于霍尔槽的尺寸发生了一点改变，从而使高电流区情况变得更差而低电流区的情况会好一些，这对了解镀槽真实情况是不利的。在没有标准试片的场合，宁愿使用不溶性阳极（例如不锈钢片或钛片等），制成标准阳极，每次取样只做一次试验，会很准，对主盐较多的镀种，最多只做两次试验。

（2）同一镀液所做的试片超过 3 片

标准的霍尔槽试验取一次镀液，只应做 1 ~ 2 片，因为多做时，镀液浓度会因得不到及时补充而变化，结果就没有了可比性或重现性。除非是自己在开发过程中，要试验补加规律或调整方法，可以边向试验液中加入相关成分并做好记录，才应多做几片。但提供这种试验结果时，要有记录参数同时提供给读者。但是很多做霍尔槽试验的人会一次取样做三四次试片，有时甚至更多，后几片的镀液浓度已经变化，结果就难以比较。

（3）试验条件的记录不完善

要使霍尔槽试验有可比性，要将试验时的工艺条件与结果一起报告，但是有不少关于霍尔槽的试验结果没有提供完善工艺条件，不是没有温度指标，就是没有提供所用的镀液配方，或者没有指出是否有搅拌镀液或搅拌的方法。这样使所做的试片的结果无法与其他相同的工艺进行比较。

（4）采用了不标准的霍尔槽或电源

有些试验者所用的是不标准的霍尔槽，这有两种情况：一是自己用有机玻璃或其他塑料做的，并且是手工制作，尺寸不精确，使几何形状不符合霍尔槽的结构要求；二是所购的霍尔槽的制作商生产的霍尔槽不够标准，如用拼装法做的出现装配误差超标，模压法的模具尺寸不符合要求等。所以完整的霍尔槽试验报告应该包括对所用霍尔槽的描述，例如说明“采用某某公司生产的多少毫升的标准霍尔槽”或者“采用自制的多少毫升霍尔槽”。

试验电源对霍尔槽试验也是很重要的，要采用平稳直流电源，对自己开发对比的试验，一直使用同一种电源问题不大，但是要提供别人对比的试验时，一定要指明所用的电源参数，是单相全波还是半波，以及滤波条件等，因为这对试验结果有很大影响。很多技术服务人员在自己的实验室做好的试验，拿到用户那里又通不过，很少想到实际上有时是电源在作怪。

7.3.3 霍尔槽试验的可比性

我们已经有了可比性的概念，就不难确定霍尔槽试验的可比性了。霍尔槽试验的可比性首先要建立在重现性确定的基础上。对一个确定的电镀工艺，如光亮镀锌，当我们要对其进行比较时，要先选取需要进行比较的体系，然后确定有重要影响的变量，依次进行试验，其结果是可以比较的，并可从结果中选出最好的因素量。

当对不同体系的不同工艺进行比较时，也要在相同的工艺配方和工艺参数的前提下，确定比较的变量，如电流密度对光亮区范围（宽度）的影响，温度对光亮区范围的影响，光亮剂含量对光亮区范围的影响等，就要设置其他固定因素后分别对这几个因素进行试验，比较其结果。对有重现性的任何工艺，在任何时间和场合，都应该可以进行这种工艺之间的比较，以确定工艺的适用性或先进程度。

因此，霍尔槽试验可以对各种商业工艺（通过比较）进行评价，特别是对各种光亮剂的效果、性能进行评价。有关这方面的知识，我们将在电子电镀工艺学中详细加以介绍。

7.3.4 霍尔槽试验方法集锦

（1）用霍尔槽做光亮剂试验

光亮剂是光亮电镀中必不可少的添加剂，是光亮镀种管理的关键成分，因此采用霍尔槽对光亮剂进行试验是常用的管理手段，也是开发光亮剂和光亮镀种工艺的常用手段。采用霍尔槽可以对光亮剂的光亮效果、光亮区的电流密度范围、光亮剂的消耗量和补加规律等做出判断。

当采用霍尔槽进行光亮剂性能等相关的试验时，首先要采用标准的镀液配方和严格的电镀工艺规范，以排除其他非添加剂的因素对试验的干扰。常用的方法是每个批次的试验采用一次配成的基础镀液，镀液的量要大于试验次数要用到的量，基础镀液采用化学钝或与生产工艺相同级别的化工原料配制，并且注意不能向基础液中添加任何光亮剂，以保证试验结果的准确和可靠性。

在准备好镀液和试片后，可以取试验基础液注入霍尔槽，然后按试验项目的要求将镀液的工艺参数调整到规定的范围，先不加入光亮剂做出一个空白试片，留做对比用。再加入规定量的待测光亮剂，通电试验。对光亮镀种，常用的总电流是2A，时间为5min，镀好取出后，要迅速清洗干净，最后一次冲洗用纯净水，然后用热电吹风吹干后，观测表面状况并做好记录，再将试片放进干燥器保存。为了方便以后对比，每做一个试片都要有标识贴在试片上，记录编号、试验条件等参数。

做完空白试验后的试验液一般只能再做两个试片，同一个工艺参数和含量的试片通常也要求做两次，以排除偶然性。在每换一次新镀液时，都要做空白试验。为了提高效率，可以一次配制够用多次试验的基础液，这样只做一次空白试片就可以代表这批试液的状态。

第一次添加光亮剂的量可按商家说明书的标准量投入，以判断光亮剂的基本水平；然后按过量加入，看超量的影响，再做1/3量和1/2量的试片，以了解不足量的影响，最后还要做光亮剂的消耗量。

有些试验者取了一次基础试验液后，就一直向其中加光亮剂来做试验，从少到多用同一镀液做多片，这是不科学的方法。因为霍尔槽的容量太小，每镀一片镀液变化较大，如果一直往下做，镀液的成分已经发生量变，后边做的与前面做的已经没有可比性，试验结果就会出现偏差。

另外，用霍尔槽可以根据镀层厚度变化情况来判断光亮剂的用量是否正常。方法如下：取待测镀液置于霍尔槽中，以 2A 的总电流镀 30min。温度要与镀槽中的一致。镀后水洗，但不要出光和钝化。干燥后用霍尔槽电流分布尺找出 $0.43A/dm^2$ 和 $8.64A/dm^2$ 两个点，测出这两个点的厚度，再计算这两个厚度的比值，其比值应在 1.5 ~ 2.25。低于 1.5 时，表示光亮剂的含量偏高；高于 2.25 时，表示光亮剂的含量不足。但是要注意的是，影响这两个点厚度差别的因素还很多，要根据镀槽的具体情况结合测试结果综合加以判定。因此这种方法只是一种参考，其所依据的原理是当添加剂过多时，会进一步改善镀层的分布，而添加剂不足时，则分散能力也会有所下降。

（2）用霍尔槽做金属杂质影响和排除的试验

用霍尔槽做金属杂质的影响的试验可以有两种方法，一种是空白对比试验法，另一种是故障镀液排除法。

空白试验法是先将怀疑有杂质影响的镀液做出一个霍尔槽试片，留作对比用。再取新配的组成和含量与镀液相同的试验液做出空白试片，再向其中加入已知的杂质金属，对比已知杂质含量试片与故障镀液试片，直到找到与故障镀液相同的试片条件，即可测知镀液中金属杂质的类别。这种空白对比试验法由于采用的是已知杂质的添加法，所以结果和杂质的量都可以准确地测出。但是，这种方法只适合于对镀液中的杂质是什么有大致的了解，或已经知道杂质是什么而要确定含量大约是多少。如果对杂质是什么无法估计，空白试验法的效率就会很低。

利用霍尔槽可以对有杂质影响的故障镀液直接进行排除试验。首先取故障镀液做出故障液的现状试片，然后对镀液进行杂质排除的例行处理，例如小电流电解一定时间后，用电解后的镀液做霍尔槽试验。如果有所好转，则可以进一步确定电解时间来最终排除；如果作用不明显，则要采用其他排除法，如金属置换沉淀法，这在镀锌中常用到，用锌粉可以将其他重金属杂质还原出来沉淀排除。总之，每采取一种措施，就用处理后的镀液做一次霍尔槽试验，以验证处理结果。由于一片霍尔槽试片所传达的信息比一般试镀要多得多，所以采用霍尔槽试验来排除杂质有事半功倍之效。

（3）用霍尔槽确定工艺参数

在进行霍尔槽试验前，要对所测试验的工艺参数做好策划，这主要是进行温度、电流密度、不同主盐浓度或不同 pH 等可调节因素的组合，要根据经验和基本理论常识列出所试验的组合，并对试验项目做出试验流程和记录表格。然后以标准镀液在不同工艺参数下进行试验，所对应每种工艺参数的组合，都可以找到对应的镀片状态。最好的一组所对应的参数，就是可以用于生产的电镀工艺参数。

当然在选定了一个参数组合后，还要对这组参数进行重现性试验，确定有良好的重现性后，才能用于生产中。

（4）用霍尔槽做镀液分散能力的试验

利用霍尔槽做镀液分散能力的试验，需要适当延长电镀时间，以利于对已经镀好的霍尔槽试片进行不同电流密度区域的镀层厚度进行测试。一般可镀 10 ~ 15min，电流强度可以为 0.5 ~ 3A。电镀完成后对试片清洗干净并干燥，然后用铅笔在试片中间横向画一条直线（与试片等长，即 100mm)，并将这条线分为 10 等份，每份有 10mm 宽度，去掉两端边上的区间，然后由低电流密度区向高电流密度区编成 1 ~8 号，在这每个编号的中间取点进行厚度测量，分别记为 δ_1，δ_2，…，δ_8，然后按下式计算其分散能力：

$$T = \frac{\Delta_i}{\delta_1} \times 100\% \tag{7-1}$$

式中，Δ_i 为从 δ_1 到 δ_8 的镀层厚度相加后除以 8 的平均镀层厚度；δ_1 为最高电流密度区的镀层厚度。

(5) 用霍尔槽试片检测镀层厚度分布

可以用霍尔槽试片进行镀层厚度分布的测量，不过需要注意的是霍尔槽试片上的电流密度范围虽然很宽，整个试片的长度却是有限的，这样只能在试片上取若干个点来分别代表不同电流密度的区间，通常可以取 5 ~10 个点，这些点从高电流区到低电流区均匀分布，并且要除掉试片两端各 1cm 的部位。从这些不同点得到的镀层厚度，基本上就代表了不同电流密度下在同一时间内所能镀得的厚度值。

7.4 与电化学工艺有关的测量

7.4.1 电流效率的测量与计算

电流效率是表述电极反应效率的重要指标。对工作电极，电流效率也是与产率和产能有关的一个指标。因此，对一些新的电极体系，需要测量其电流效率。

测量电解过程的电流效率，利用了有稳定的接近 100% 电流效率的硫酸盐镀铜电解槽，这种镀铜电解槽也被叫作铜库仑计。将被测的镀液与之串联连接，在单位时间内电解后分别对镀铜阴极上的镀层和被测阴极上的镀层用减量法测出质量，它们的比值就是这种被测液的电流效率（图 7-9）。

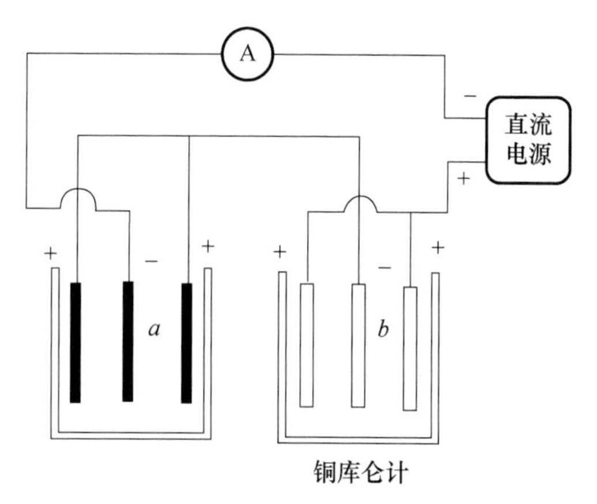

图 7-9 用铜库仑计测量电流效率

铜库仑计实际上是一个镀铜电解槽。其电流效率是 100%，而且电极上的析出物又都能收集起来，同时镀槽中没有漏电现象。测试的精确度可达到 0.1% ~0.05%，完全可以满足电沉积工艺的要求。铜库仑计的电解液组成如下：

硫酸铜为 125g/L;

硫酸为 25mL/L;

乙醇为 50mL/L。

铜库仑计与被测电解液的连接方法如图 7-9 所示。测量时库仑计和被测体采用串联的方式连接，可以保持电路中的电流强度的一致。

测量前将铜库仑计的阴极试片 b 和被测试电解液槽中的阴极试片 a 洗干净、烘干并准确称量。按被测电解液的工艺要求通电一段时间后，取出试片 a 和 b，洗净、烘干再准确称量。然后按下式计算出阴极电流效率：

$$\eta_k = \frac{m_a \times 1.186}{m_b \times K} \times 100\% \tag{7-2}$$

式中，η_k 为被测电解液阴极电流效率；m_a 为被测液镀槽中阴极试片的实际增加的质量；m_b 为铜库仑计上阴极试片 b 的实际质量；K 为被测镀液中阴极上析出物质的电化当量［g/（A·h)］; 1.186 为铜的电化当量［g/（A·h)］。

在实际应用中，可以简化为如下公式：

$$\eta_k = \frac{m^1}{m} \times 100\% = \frac{m^1}{K \cdot I \cdot t} \times 100\% \tag{7-3}$$

式中，m^1 为电极上实际析出或溶解物质的质量；m 为按理论计算出的应析出或溶解物质的质量；K、I、t 是法拉第第一定律中已经出现过的物理量，即电化当量、电流和电解时间。

由电流效率公式可以得到：

$$m^1 = K \cdot I \cdot t \cdot \eta_k \tag{7-4}$$

同时，所得金属镀层的质量也可以用金属的体积和它的密度计算出来：

$$m^1 = V \cdot \gamma = S \cdot \delta \cdot \gamma \tag{7-5}$$

式中，V 为金属镀层的体积（cm^3)；S 为金属镀层的面积（cm^2)；δ 为金属镀层的厚度(cm)；γ 为金属的密度（g/cm^3)。

由于实际科研和生产中对镀层的量度单位都用的是微米（μm)，而对受镀面积则都采用平方分米（dm^2）做单位，电铸也是这样。因此，当我们要根据已知的各个参数来计算所获得镀层的厚度时，需要做一些换算。

由 $1dm^2 = 100cm^2$，$1cm = 10000\mu m$ 可得到

$$m^1 = 100S \times \frac{\delta}{10000} \times \gamma = \frac{S\delta\gamma}{100} \tag{7-6}$$

将 $M^1 = K \cdot I \cdot t \cdot \eta_k$ 代入上式得

$$\delta = \frac{KIt\eta_k \times 100}{S\gamma} \tag{7-7}$$

电沉积过程中是以电流密度为参数的，也就是单位面积上通过的电流值。为了方便计算，根据电流密度的概念，$D = I/S$，可以将式（7-7）中的 I/S 换成电流密度 D。电流密度的单位是 A/dm^2，考虑到电沉积是以 min 为时间单位，代入后得

$$\delta = \frac{KDt\eta \times 100}{60\gamma} \tag{7-8}$$

这就是根据所沉积金属的电化学性质（电化当量和电流效率）和所使用的电流密度和

时间，进行电沉积层厚度计算的公式。这个公式对电镀、电铸和电冶金都是有用的计算公式。

7.4.2 法拉第定律的计算

法拉第定律定量地描述了电化学过程中电极上产物的质量与电量的关系，可以根据这种定量关系，对电沉积过程中的各种物理量进行计算。

（1）法拉第第一定律的计算

法拉第第一定律也被称为电解定律，它表述了电解析出物的质量与电流、电解时间、所需电能和电化当量的关系：

$$m = I \times t \times K \tag{7-9}$$

式中，m 为电解析出物的质量；I 为电流；t 为电解时间；K 为电化当量。

$$I \times t = Q$$

即电流与时间的乘积为电量。

$$m = KQ \tag{7-10}$$

其中电化当量可以由下式计算

$$K = \frac{M}{F} \tag{7-11}$$

式中，M 为物质的摩尔质量；F 为法拉第常数，表示电解出 1mol 任何物质所需要的电量，约等于 96500C/mol。

电量的单位是库仑，符号为 C。它是为纪念物理学家库仑而命名的。若导线中载有 1A 的稳恒电流，则在 1s 内通过导线横截面积的电量为 1C。

库仑不是国际标准基本单位，而是国际标准导出单位。一个电子所带负电荷量 $e = 1.602177 \times 10^{-19}$C，也就是说 1C 相当于 6.24145×10^{18} 个电子所带的电荷总量。由此可知，法拉第常数也可以表示为 96500A·s/mol。

我们可据此计算电沉积物的电化当量。以二价铜的电化当量的计算为例：

$$K = \frac{M}{F} = \frac{31.77}{96500} = 0.000329\ [\mathrm{g/(A \cdot s)}]$$

可知二价铜的电化当量为 0.329mg/（A·s）。

还可以通过对电解定律的变形来求得相关参数，如获得一定质量金属所需要的电量或时间。

例如，在硝酸银溶液中通电 5A 获得过 15.09g 银，需要电镀多长时间？

解：

$$t = \frac{m}{I \times K} = \frac{15090}{5 \times 1.118} = 2699\ (\mathrm{s})$$

$$2699 \div 60 \approx 45\ (\mathrm{min})$$

可知通以 5A 的电流从硝酸银溶液中电镀获得 15.09g 银，需要的时间为 45min。

（2）法拉第第二定律

法拉第第二定律的表述：当通过各电解液的总电量 Q 相同时，在电极上析出（或溶解）的物质的质量 m 同该物质的摩尔质量 M（其值等于相对原子质量 A 与化合价 n 之比值）成正比。电解第二定律也可表述为物质的电化当量 K 同其摩尔质量 M 成正比，即

$$K \propto A/n，或 K = (1/F) \times A/n \qquad (7\text{-}12)$$

还可以用下式表示电解第二定律：

$$m_1 : m_2 = M_1 : M_2 \qquad (7\text{-}13)$$

即电解析出物的质量之比等于析出物质的摩尔质量之比，因此可以进行相关的计算。

7.4.3 与电极电位有关的计算

7.4.3.1 经典公式计算

研究电沉积过程时，最常用的表达式是简化了的能斯特方程（Nernst）：

$$E = E^0 + 2.303\frac{RT}{nF}\lg a \qquad (7\text{-}14)$$

式中，E 为被测电极的（平衡）电极电位；E^0 为被测电极的标准电极电位；R 为摩尔气体常数，等于 8.314J/（mol·K）；T 为热力学温度；n 为在电极上还原的单个金属离子的电子数；F 为法拉第常数；a 为电解液中参加反应的离子的活度（有效浓度）。

这个方程列举的影响电极电位变化的参数包括电流（电子得失）、温度、压力、反应离子浓度、反应电极的本征等多因素。这些因素的改变会引起电位的改变从而最终影响电沉积过程和结果。

在电沉积工艺研究和开发中，为了方便计算，可以对电极电位方程进行简化。这就是将几个基本固定的常数项先行计算合并化简为一个常数。也就是将法拉第常数 F、摩尔气体常数 R 和热力学温度 T［标准状态温度为 25℃，则 T =（273+25）K=298K］进行合并，演算后得到 0.0592 这个常数。同时，可以将实际所测镀液的主盐离子浓度 c 代替活度 a，使能斯特方程简化为

$$E = E^0 + \frac{0.0592}{n} \times \lg c \qquad (7\text{-}15)$$

以普通镀镍为例，可以通过这个方程式计算镍沉积时的平衡电位。由表查得镍的标准电极电位 $E^0 = -0.250$V，普通镀镍中镍离子的浓度约为 1mol/L，每个镍离子还原为金属镍需要 2 个电子，代入上述方程：

$$E = -0.250 + \frac{0.0592}{2} \times \lg 1 = -0.250 \ (\text{V})$$

由此可知，普通镀镍的平衡电位近似地等于它的标准电极电位。

又如，用饱和甘汞电极作参比电极（正极），测量锌在 0.1mol/L 硫酸锌溶液（25℃）中的电池电势为 1.0365V（25℃时饱和甘汞电极的电位为 0.2438V），可计算出锌电极的平衡电位：

$$E = E_+ - E_- = 0.2438 - 1.0365 = -0.7927 \ (\text{V})$$

代入化简的能斯特公式：

$$-0.7927 = E^0 + \frac{0.059}{2}\lg 0.1$$

$$E^0 = -0.7632$$

可知锌电极在这个体系中的平衡电位为 −0.7927V，标准电位为 −0.7632V。

但是，在实际应用中对电极过程影响的因素众多且复杂，因此，在实际应用时要更多地引入一些修正的方法来进行计算，以求得某些因素影响的量化关系。

7.4.3.2　引进微扰项的电极电位计算

微扰在量子力学中有其基本的定义，这在前面章节中已经有介绍。我们在这里借用其字面的含义，那就是将微扰看成带来显著影响的微小扰动。微扰经常是在原态以外出现的新因素，因此，有时在设想中或实际操作中给出一个微小的扰动使其略微偏离原状态，以获得原状态新的信息。

先看微扰在哈密顿方程中的定义：

$$\hat{H} = H^{(0)} + H' \tag{7-16}$$

式中，$H^{(0)}$是可以精确求出解析解的“可积”部分；H'是“微扰”部分。

对$H^{(0)}$求其从0到1，2，…，n的精确的解，例如在薛定谔方程中的解。而对H'，则要引入各种近似的解，以校正整个体系。

显然，微扰作为参数在量子力学和在其严密的数学基础中，其实一直都是被重视的。如果一定要找出“不可知论”的理论依据，那这个微扰因子项就是其根源。我们不妨将其定义为量子角度的不确定性，虽然极其微小，达到基本粒子中最为基础的微粒——量子的维度，却不可以无视。然而我们恰恰在许多时候是无视的，要么忽略不计，要么根本就没有想到还存在量子级别的干扰。但是，无论是数学逻辑还是试验结果，都证明微扰现象不仅存在，而且作用是明显的。这也就导致人们对隐因子的重视。

隐因子是因子分析法中的一个重要概念，因子分析是指研究从变量群中提取共性因子的统计技术，最早由英国心理学家C. E. 斯皮尔曼提出。因子分析的主要目的是描述隐藏在一组测量到的变量中的一些更基本但又无法直接测量到的隐性变量（latent factor）。可以直接测量的可能只是它所反映的一个表征（manifest），或者是它的一部分。

但是，传统的电极过程方程没有考虑这种影响，与电解质有关的参数只是参加反应的离子的有效浓度，并且在简化后的方程中，又将电解质离子的浓度规定为主盐的有效浓度。在科研和生产实际中对电极反应有重要影响的已经不只是主盐浓度，特别是在主盐浓度完全可控的情况下，控制过程的因子往往不是主盐，而是配体、辅助盐、添加剂等。其中以添加剂为最主要的影响因子。随着添加剂技术的进步，现在添加量越来越少，作用却越来越明显。研究添加剂等因素的影响，可以从其对电位变化的影响的量的关系中找到一些答案。

我们将式（7-14）后加一个微扰项或者说隐因子项H'，可得到下式：

$$E = E^0 + 2.303\frac{RT}{nF}\lg a + H' \tag{7-17}$$

这时H'可以是某一个电位改变值，也可以是零。当其为零时，就是经典电极电位方程，但实际过程中这一项往往是不可能为零的。这样，当我们考虑到其影响时，可以通过测量添加了某种添加剂后测得的电极电位减去没有添加时的对比值来近似地求得影响的变量：

$$H' = E - \left(E^0 + 2.303\cdot\frac{RT}{nF}\cdot\lg a\right) \tag{7-18}$$

例如：当$NiSO_4\cdot 7H_2O$的质量浓度为350g/L时，Ni^{2+}活度为0.0492mol/L。根据能斯特方程计算，镍析出的平衡电位为－0.29V，而添加了添加剂的镀液在同种电流密度下测得的电极电位会向负的方向偏移，达到－0.34V。两者之差即是添加剂可以引起的电位变化的值。这种能引起电位变化的添加剂可以当作电位调整剂。其添加量要严格控制，因为极少的量就可能对电位有很大影响，例如 8mg/L 的糖精就可使电位下降 30mV，而 5mg/L 的苯亚磺酸钠也可以使电位下降 30mV。当然，并非所有隐因素都会通过电极电位的改变而显现出来，而是改变电极行为包括改变结晶。例如镀层中微观杂质的共沉积会改变镀层结晶结构，但并不会在电极过程的电位中有所反映。还有对欠电位沉积，也许是与微扰因子有关的行为，这需要进一步验证。

现在广泛采用的酸性镀铜用的磷铜阳极，就是一个很好的例子。为了保证酸性镀铜中阳极在工作中提供二价的铜离子，需要在铜阳极中掺进微量磷，其含量在 0.02% ~0.07%。这种含微量磷的铜阳极在工作中会在阳极表面形成灰色含磷活性膜，既保持了电极的导电性，又阻止铜以一价离子溶解，只有继续交换电子，以二价离子的形式，才能顺利进入溶液。

再如阴极过程，其最典型的应用是利用镀层中含硫量对镀层电极电位的影响，而设计出多层镀镍技术及其工艺。这就是高耐蚀性三层镍电镀工艺。随着镀镍层中含硫量的不同，其电位会发生变化，通常随着含硫量的增加，电位向负的方向移动。三层镍工艺的中间镀层是高硫镍，其含硫量为 0.12% ~0.25%，其厚度不超过 1μm，其底层的半光亮镍不含硫，表层的光亮镍含硫量在 0.08% 以内。这种镀层组合的结果是中间的高硫镍的电位与它紧邻的镀镍层之间的电位差达到 120mV 以上。当发生电化学腐蚀时，这个表现为负电位的高硫镍层作为牺牲层发生腐蚀，而阻挡了腐蚀向基体和表面镀层延展，具有明显的高耐蚀性能，在汽车等高耐蚀性装饰镀层中有广泛应用。这里所谓的高硫镍，是相对光亮镍的含硫量而言的，其实含量都只在万分之几至万分之几十之间。其硫元素的来源，则由电镀添加剂的含硫有机物提供（显然，半光亮镍的添加剂不能含硫）。

引入微扰因子后，通过测试各种添加物（包括未知物）引起电极电位改变的值，可以定量地评估这类物质影响电极电位变化的方向和程度，对进一步认识各种隐因素对电极过程的影响是有益的。

8 电镀技术在现代制造中的应用

电镀作为一项生产和加工技术，在传统工业领域一直都占有一席之地。由于很多工业领域生产的产品和使用的设备都要用到电镀的产品，因此，电镀成为整个产品工业链中不可或缺的一环。作为一种专业，它的存在不像机械加工的诸多工程和电子电工那样普遍为人所知。加上其生产环境和对环境的影响，更增加了其被边缘化的色彩。随着中国制造 2025 时代的到来，电镀技术在电子产品智能化的产业链中占有的重要地位日渐显现，人们开始重新认识电镀技术。

传统电镀技术在整个工业体系中有广泛应用，有专门的手册和资料做详细介绍，这里仅就与电子电镀相关的一些重要的应用加以介绍。

8.1 硅片的切割及金刚石复合镀

芯片又被称为微电路（microcircuit）、微芯片（microchip）、集成电路（integrated circuit, IC），是指内含集成电路的硅片，体积很小，常常是计算机或其他电子设备的核心部分。几乎人手一部的智能手机，没有芯片就不能称其为手机。仅仅只是智能手机的应用就足以说明芯片在当代社会中的重要性，而这项技术源自以美国为首的发达资本主义国家，现在又成为遏制中国发展的贸易武器，对我国实行禁售和禁运。因此，中国以更大力度开展芯片研发至关重要。

我国一直在开发自己的芯片技术。当然，由于在技术上与世界先进的技术还有差距，一些高端芯片依赖进口，成为制约高端智能制造的瓶颈。现在，我国众多大型企业和科研机构都开始关注芯片制造，纷纷加入芯片的研发和制造行业。近年来，在提升自给率、政策支持、工艺升级与创新应用等要素的驱动下，中国芯片设计保持加速成长势头，成为中国半导体行业中最具发展活力的一环。根据中国半导体行业协会统计：2019 年芯片设计行业销售额首次突破 3000 亿元，在中国集成电路产业销售额中占比较大（40.5%），年增长率连续三年领跑。截至 2019 年 11 月底，中国共有 1780 家设计企业，较 2018 年同期增长 4.8%。

芯片的设计固然重要，但如何将设计转变成产品，如何将其制造出来，更为重要，而制造离不开材料工艺。标志制造水平的正是工艺水平。有了好的材料，还要有先进的工艺，才能实现先进的制造。先进制造同时还离不开先进装备。先进装备是实现先进工艺的重要保证，而高质量的材料，也只能是在高水平的装备和工艺的支持下，才能生产出来。

因此，先进工艺和先进装备正是芯片制造的两大关键，而在芯片制造中，电镀工艺和电镀装备占有一席之地。如果这个环节成为短板，则整个芯片制造业也将面临困难。

8.1.1 硅片

8.1.1.1 半导体硅

目前制作芯片的主要材料是半导体材料，而适合制作高端芯片的是高纯度的半导体硅。这种半导体硅是将硅石经过精炼制成的硅棒（图 8-1）。说到硅石，本来是很普通的材料，因为硅的存在形态就是含硅的石头。

图 8-1 硅棒

硅的化学元素符号是 Si，是元素周期表中的第三周期第Ⅳ主族元素，与第二周期的碳是同一族，并紧随其后。这种元素的原子的最外层有 4 个电子，这 4 个价电子让硅原子处于亚稳定结构，使硅原子相互之间以共价键结合。由于共价键比较稳定，硅具有较高的熔点和密度；化学性质比较稳定，常温下很难与其他物质（除氟化氢和碱液以外）发生反应；硅晶体中没有明显的自由电子，能导电，但导电率不及金属，且随温度升高而增大，具有半导体性质。正是这种半导体性质，使硅早在 20 世纪 60 年代就成为半导体产业的重要原材料，现在则成为智能电子时代的宠物。

硅在地壳中的含量仅次于氧，以氧化物及各种各样的硅酸盐形式存在。这些矿物主要有石英、长石、水晶、石榴石、蛋白石、云母、石棉等，可见硅在几十亿年前就是地球形成时期的主要的材料之一，并且主要在地球表面的地壳中以氧化物形式存在。虽然硅在地壳中大量存在，但是直到 19 世纪，人类才发现并制取了硅材料。

1823 年，瑞典化学家贝齐里乌斯（Berzelius）第一次将其从硅的化合物中分离出来，但他制取的是不纯净的非结晶硅。真正制得结晶硅的是法国化学家德维尔。他于 1854 年采用电解法分解不纯净的氯化铝钠，结果获得了一种灰色脆性金属状物质。他认为这种新物质不是金属，他说“相反，我相信这种硅与普通硅的关系，正如石墨与碳的关系一样”，从而预言了单晶硅与多晶硅的区别。

工业上是在高温下用碳还原二氧化硅（SiO_2、硅砂、硅石）来制取硅。纯硅呈蓝色金属光泽。

硅像金属，却不是金属，但硅又有一定的导电性，即单向导电性，这些特征显示它是一种制造半导体的基体材料。半导体材料的一个显著特性就是单向导电性，同时具有两种载流子——电子和空穴。这种性能被科学家加以利用，从而制作出替代盛行多年的真空电子管的半导体二极管和三极管。第一代电子计算机是用电子管制造的，当年这台计算机使用了成千上万的真空管和电阻、电容，装满了一大间房间，而其计算能力还不如现在小学生用的袖珍计算器。半导体管的出现，完全改变了电子产品的生态，小型化和轻量化是其显著标志。随着机器算法技术的进步，人们对半导体管的应用思路发生转变，开始将分立的器件加以集成，这就是集成电路出现的原因，也是最终发展为当代芯片技术的原因。这个算法就是将所有复杂的运算全部转变为二进制运算，而二进制可以很简便地由各种分解成两种状态的事物进行表达，最典型和最容易实现的当然就是电流的通过和停止。我们这里不展开讨论这个问题，只是指出这种算法因为将复杂的运算都简化为二进制后，进行计算的工作量大大增加，计算的速度成为制约运算的瓶颈。而集成电路的电子管密度就成为提高运算速度的关键，因此电子计算机比拼的就是谁算得更快和更多。这也是人与机器对弈时，人总是输的原因。

现在我们知道芯片就是半导体电子计算线路的集成物。不同功能芯片是将不同线路的功能通过软件集成到芯片中去，从而形成不同用途的芯片，过去也称作不同的集成电路块，被封装在有引出线脚的塑料或陶瓷块内。硅的这种性质使其提炼和制造成为一个高技术产业，硅的价格越来越高。每 1kg 的硅材能制作的硅片越多，成本也就越低，商业价值也就越高。因此，将硅切成硅片，就是一个极为重要的工序。但是，在公开场合和所有技术资料中，这项技术的保密程度很高，以至于大家谈论芯片时，天然地以为硅制成硅片是很自然而然的事，其实这是技术含量极高的一个领域。

8.1.1.2 硅片的切割

硅料包括原生多晶硅料和单晶硅回用料。原生多晶硅料一般被称为正料，其纯度较高，价格也较高；将硅料在单晶炉（在太阳能级单晶硅的生产工艺中以直拉炉较常见）中熔化后经过一系列工序可生长成单晶硅棒，对单晶硅棒进行后续机加工，得到单晶硅锭，再使用切片机器对硅锭进行切片加工，则得到硅片。制作硅片的典型流程是：硅料→拉单晶做成硅棒→切方做成硅块→切片做成硅片。

半导体硅的炼制是一个复杂过程，特别是炼制单晶硅需要复杂的设备和良好的工艺控制能力，好在现在多晶硅也能被制成有较高转换率的电池，但硅材料仍然属于较为珍贵的资源。因此，切割硅片就涉及硅棒的利用率。由于切割过程受硅片厚度和切缝宽度的影响，显然，一根硅棒能切割的硅片的数量越多，每片硅片的成本就越低。这对竞争激烈的光伏产业是非常重要的指标。

通过表 8-1 可以了解几种不同的传统切割方式的工艺和效率。

表 8-1 传统切割方式的工艺和效率

切割工艺	外圆切割	内圆切割	多线切割	电火花切割
切割原理	刀片外圆沉积金刚石	刀片内圆沉积金刚石	金刚砂浆与线锯配合	电火花放电切割
表面损伤状态	破碎、剥落痕	破碎、剥落痕	切痕	放电坑
损伤层深度（μm）	—	35～40	25～35	15～25
切割效率（cm^2/h）	—	20～40	110～220	45～65
硅片最小厚度（μm）	—	300	200	250
适合的硅棒尺寸（mm）	100 以下	150～200	300	200
硅片翘曲	严重	严重	轻微	轻微
切割损耗（μm）	1000	300～500	150～210	280～290（线径 250）
应用情况	已经停止使用	基本停止使用	应用最多	较少应用

由表 8-1 可知，传统切割工艺早期是以圆形锯片为主的，无论是内圆还是外圆锯片，效果都是不理想的，因此，早期（20 世纪 80 年代）硅太阳能电池的质量是不高的，表现在转换率只有 10% 左右。当时由硅棒生产硅片的效率和产率都不高，硅片的成本也就较高。随着线切割技术的出现，将钢丝线与金刚砂浆配合进行硅片切割，其生产效率和产出率都显著提高，并且适合较大面积硅片的生产，很快成为主流的硅片生产工艺。

随着硅太阳能电池技术的进步，光电转换效率不断提高，太阳能电池的应用也越来越广泛，市场对太阳能电池用硅片的需求也日益增长。为满足市场需求，需要在提高生产效率的同时降低生产成本，推动硅片切割技术做出新的改进和突破，从而诞生了金刚石复合镀钢丝线锯技术。正是电镀复合镀技术将硅片的生产提高到一个新的水平。

8.1.1.3　电镀金刚石钢丝线锯技术

金刚石复合镀技术本身并不是近年的新技术，早在 20 世纪 80 年代，笔者于 1986 年在《电镀与精饰》上发表了《镶嵌镀的实践与机理》一文，详细介绍了当时已经用于生产切削工具的金刚石复合镀技术。这个时期在石油钻探钻头、硬质材料切割、金刚石什锦锉等领域都采用了金刚石复合镀技术。事实上，最早的线锯用于切割硅片的概念也是这个年代提出的。因此，后来在钢丝锯表面复合镀金刚石是符合技术发展逻辑的。

由于在钢丝上电镀金刚石的技术和工艺一直不成熟，人们不得不采用了过渡性中间技术，就是以钢丝作为锯体，将金刚石制成浆料，注入切割区，与钢丝配合发挥对硅棒的切割作用。这种线锯切割模式由于可以在导线轮上往复布线 1000 条以上，每条线都是一个切缝，对应的一次切割生产的硅片数就在上千片。显然，这种切割工艺效率和质量相比锯片切割有显著提高，很快成为当代硅片切割的主流技术（图 8-2）。但是，大量采用金刚石砂浆，不只是金刚石浪费量大，而且浆料的配制和使用也带来严重的环境问题，同时所切割的硅片的质量也不尽如人意，急需开发出更好的切割工艺技术。

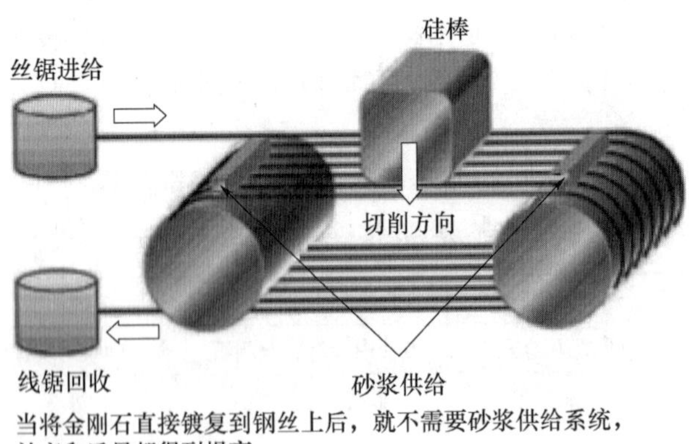

图 8-2　硅片的线锯切割法

因此，人们对直接将金刚石镀到钢线上仍然充满期待。因为将金刚石通过电镀固定到镀层中，在增强其切割力的同时，又大大减少了金刚石的用量，是很划算的。电镀技术有成熟的“三废”治理措施和管控，是现代制造中普遍应用的环节，从而吸引众多技术人员投入到这种技术的研发中去。经过一系列的努力，终于实现了金刚石复合镀钢丝锯的规模化生产，使硅片的生产效率和每根标准硅棒的生产率得到进一步提高。

这种转变源于在钢丝线上直接连续电镀金刚石技术在生产工艺上的突破。这项技术实际上是一项系统工程，包括金刚石的化学镀镍、金刚石复合镀镍、固砂电镀、电镀后热处理等工艺技术，每一项都极具挑战性。

对金刚石复合镀钢丝锯的质量要求是极高的（图 8-3）。这基于它是在极为严格的操作条件下工作的。每台硅片切割机上所使用的钢丝锯的安装方式是要在导线轮上来回缭绕上千次，工作中不允许有断线和切割破损，否则硅片生产企业经受不起由于质量事故导致的成本损失。这就要求电镀金刚石的钢线不仅镀层结合力强，金刚石复合度合理（分布相对均匀和单位线长内颗粒数合适），而且要求镀层内应力小，基材不能有氢脆。电镀过程又是在线材料不停地高速运动（30m/s 及以上）的状态下进行的。要达成以上所有要求，金刚石复合镀技术要实现产业化生产，需要有极强的技术团队支持，以及电镀新工艺、智能装备和材料科学的高技术组合体。

这种连续电镀生产设备是高度集成化的，可以调控线材运行速度、走线张力等，并对电镀过程工艺实现监控。对复合镀状态进行数据监控和微观过程视频监控，可以即时了解线径、镀层厚度、金刚石分布等的直观图像。这些是高技术生产必不可少的要素。

图 8-3　金刚石线锯复合镀生产车间

不可否认的是，电镀技术在其中起到了核心技术的作用，没有电镀复合镀技术的成功，再好的装备和基材，都生产不出合格的金刚石复合镀钢丝锯。这可以说是现代功能性电镀技术在现代制造中不可或缺的又一个典型例子。

金刚石复合镀钢丝线锯的采用使硅片的厚度进一步减小，已经可以做到 60μm 以下，同时，锯缝宽度也进一步缩小，可以控制在 80μm 以内。当硅片厚度进一步减小时，将可以成为具有柔性的可变形硅片，这对拓展太阳能电池的应用是极有意义的。

8.1.2　金刚石的化学镀

为了实现金刚石复合镀技术，对金刚石的前处理也是关键之一。实践证明，目前用裸石难以满足上述严格的工艺质量要求。因此，用于复合镀的金刚石采用了预先化学镀镍的技术（图 8-4）。以化学镀镍后的金刚石表面性质金属化，在以镍盐为载体的复合镀过程中，易于与镀层良性互动而在运动中完成复合镀过程。这样一来，金刚石的化学镀就又是一个课题。

图 8-4　金刚石化学镀镍的显微图

钢丝线锯复合镀中使用的金刚石是极为细小的人造金刚石颗粒。平均粒径在 5 ~ 30μm。要在这么细小的金刚石表面获得化学镀镍层是很困难的，需要在化学镀工艺和操作工艺上有许多创新才行。现在也有在化学镀金刚石表面再电镀镍的措施，以进一步增强金刚石在钢丝表面复合镀过程中的沉积能力，改善金刚石钢丝锯的切割力。这种在金刚石表面进行改性和增强的表面处理技术，是电镀、化学镀等表面处理工艺的创新性应用，彰显出表面处理技术在现代制造中的生命力。

像这样利用表面处理技术来改进制造工艺的例子在现代制造业的很多领域包括电子产业、汽车制造等产业中都经常会遇到。

实现金刚石化学镀的工艺流程与塑料电镀的流程基本是一样的，如除油污→粗化→敏化→活化→化学镀镍。

一位研究生实施金刚石化学镀镍的方案如下：

（1）脱脂处理

称取 10g 金刚石，放入预先配制好的 100g/L 氢氧化钠溶液中，煮沸处理 30min，然后用水洗涤至 pH 等于 7。

（2）粗化处理

将脱脂处理的金刚石放入预先配制的硝酸溶液（1 + 1）中，煮沸 20min，然后用水洗涤至 pH 等于 7。

（3）敏化处理

量取 12. 5mL HCl，加到 500mL 水中，配制成 25mL/L 的 HCl 溶液。然后称取 7. 5g 的 $SnCl_2 \cdot 2H_2O$（15g/L）加入其中并搅拌溶解，配制成敏化液。将金刚石加到敏化液中，磁力搅拌 10min，然后将金刚石洗涤至 pH 为 7。

（4）活化处理

量取 5mL HCl，加到 500mL 水中，配制成 10mL/L 的 HCl 溶液。然后称取 0. 2g 的 PdCl（0. 4g/L）加入其中并搅拌直至溶解，配制成活化液。将金刚石加到活化液中，磁力搅拌 10min，然后将金刚石洗涤至 pH 为 7。

（5）还原剂预处理

还原液的配方为 $NaH_2PO_2 \cdot H_2O$（25g/L）；温度为室温。将活化后的金刚石微粉放入还原液中浸泡 3min，静置，倒出上层清液，目的是提高金刚石表面在化学镀过程中的还原能力。

（6）化学镀 Ni-P。化学镀镍配方见表 8-2。

表 8-2　化学镀镍配方

磷含量	硫酸镍	次亚磷酸钠	柠檬酸钠	硫脲	糖精	pH	温度	搅拌方式
低磷	30g/L	21g/L						
中磷	27g/L	28g/L	10g/L	10^{-5}g/L	1g/L	4.4	(85±2)℃	8min/次间歇搅拌
高磷	23g/L	33g/L						

化学镀镍液的配制方法如下：

① 用分析天平分别称取已计算好质量的所需硫酸镍、次亚磷酸钠、柠檬酸钠、硫脲并用去离子水分别配制成溶液（中磷方案及高磷方案都试过）；

② 将镍盐溶液倒入柠檬酸钠溶液中，适当加以搅拌；

③ 将次亚磷酸钠溶液边搅拌边缓缓地加到②溶液中；

④ 搅拌的同时，将硫脲溶液倒入③溶液中；

⑤ 测试 pH，pH 在 4.4 左右；

⑥ 将水浴锅温度升至 85℃，然后将配制好的镀液放入水浴锅中升温。待镀液的温度升至 85℃时，倒入处理过的金刚石，磁力搅拌，使金刚石处于悬浮状态。

这份试验方案实施后，没有获得良好的化学镍沉积层，原因是极细的金刚石很难与化学镀液充分浸润，添加表面活性剂后，结果有了很大改善。

完成化学镀镍后的金刚石要经过充分清洗，然后过滤、干燥，保存备用。

8.1.3　金刚石线锯的制造

金刚石线锯也被称为金刚线，是指利用电镀工艺或树脂结合的方法，将金刚石磨料固定在金属丝上。20 世纪 90 年代，国际上为了解决大尺寸硅片的加工问题，采用了线锯加工技术将硅棒切割成片。早期的线锯加工技术采用裸露的金属线和游离的磨料，在加工过程中，将磨料以第三者加到金属线和加工件之间产生切削作用。这种技术被成功地用于对硅和碳化硅的加工。为了进一步缩短加工时间，以及对其他坚硬物质和难以加工的陶瓷进行加工，人们将金刚石磨料以一定的方式固定到金属线上，从而产生了固定金刚石线锯。现在普遍采用的是用电镀方法制造的金刚石复合镀线锯。

用电镀的方法在金属丝上沉积一层金属（一般为镍和镍钴合金），并在金属镀层中包覆金刚石磨料，用以制成一种线性超硬的切削工具。金属镀层是金刚石磨料的载体，这种线锯适用于切割硬质材料将其加工成薄片，典型的如光伏太阳能电池硅片。

电镀金刚石线锯根据需要可制成不同的直径和长度；线锯可以装在不同的设备上形成不同的加工方式，如往复循环（锯架）式、高速带锯式、线切割式等。对硬脆材料的加工，线锯不仅可以切割薄片，也可加工曲面，更可以用于小孔的研修，其应用前景广阔。

8.1.3.1　金刚石线锯的特点与应用领域

（1）特点

① 与游离磨料线锯相比，其加工效率更高，能耗更低；

② 可避免烧结金刚石工具制造过程中的混料、制粒、烧结、焊接（或注塑）等烦琐工序；

③ 可用于对电子放电加工无法加工的非导体的加工；

④ 金刚石线锯缠绕在滚筒周围，可以同时对加工件（如硅棒）进行多次切割，并且可以同时对多个加工件进行加工；

⑤ 由于烧结金刚石线锯串珠之间存在间距，间距部分可能过早地磨损导致钢丝（线）的断裂，而电镀金刚石线锯中金刚石连续分布，可避免线锯的过早断裂；

⑥ 与圆锯和带锯相比，线锯能灵活地改变切割方向，可以用于加工几何形状复杂的工件；

⑦ 线锯直径小，加工时切口损失小，这对成本昂贵的半导体和宝石的加工具有重要的意义。

（2）应用领域

① 太阳能领域：单晶硅硅棒或多晶硅硅锭的切方；硅的切片。

② LED 领域：蓝宝石晶棒切方、切片。

③ 其他领域：钕磁石或铁素体磁石等磁性材料；碳化硅及其他难切材料、各种基板；水晶切片；陶瓷切割；大理石切割等。

8.1.3.2 用于制造金刚石复合镀的原材料

（1）金刚石

现在多采用人工合成金刚石，其粒度为纳米级。

为了使金刚石磨料更加牢固地附着在钢丝上，需要对金刚石进行预处理。传统的预处理是除油和酸蚀，但是实践证明处理后的裸砂的复合镀效果不好，需要对金刚石进行化学镀镍后，才有较好的复合镀效果。还可以在化学镀外镍的基础上再电镀镍，有更好的复合效果。现在采用这两种镀镍金刚石的工艺都有应用。

（2）钢丝线

钢丝线是金刚石附着的一根母线，最初借用钢琴钢丝线，现在则已经有专业生产金刚石线锯的专用钢丝线企业。将金刚石通过电镀方式均匀固定在裸线的外周围，同时裸线还要保持一定的强度和韧性，保证金刚线不断裂或折断。根据切割材料的不同，裸线的线径不同，用于硅片或晶圆切割的线径在 60μm 左右。现在已经有进一步降低至 50μm 以下的市场需求。

（3）电镀原料

金刚石复合镀线锯的生产要用到电镀技术，也就是要用到电镀原料。这主要是配制镀液的镍盐和各种辅助原料。用于化学镀镍的主要是硫酸镍及配料，而用于电镀的则主要是氨基磺酸镍及配料。当然还有实现电镀的前后处理的原料。因为基本上采用的是通用的工艺，所有配方和工艺都可以从任何一种电镀手册中查到。

金刚石复合镀线锯生产的关键是其生产设备，在设备完善的基础上，选到合适的电镀工艺并不困难。

8.1.3.3 用于制造金刚石线锯的电镀设备

金刚石线锯是以卷对卷的连续电镀方式生产出来的，就是将整卷的钢丝线作为原材料装进电镀机，线材一边运动一边经过电镀槽等，在另一端被收卷机收集到成品轮上，就制成了整卷的金刚线。这种整卷的切割线装到切割机上，就可以对硅片等进行切割加工。

用于制造金刚石线锯的电镀机分为单头和多头等几种类型，各有优劣。单头操作简单，但生产效率较低；多头是在一台镀机上同时进行多卷线的电镀，通常是 4 头、6 头等，一次可以加 4 卷或 6 卷钢丝线锯，生产效率高，但操作和管理更复杂。图 8-5 是用于生产金刚石复合镀线锯的 4 头样机，一次可以同时镀 4 条钢丝线锯。在复合镀槽出槽处设置有显微摄像头，可以将复合镀的直观图示和单位长度内金刚石颗粒镀上的量进行适时统计并显示出来。这已经是这种生产设备的标准配置。采用显微摄像机在线监测的作用是可以及时发现电镀过程中的质量异常，以便随时纠正和调整工艺参数。因为整卷钢丝锯的生产周期较长，早期发现有利于质量控制。目前使用的显微监测装置基本上是智能化的，在对复合镀状况做直播放大显示的同时，对线速、线径变化、颗粒分布数等都可以同步显示（图 8-6）。

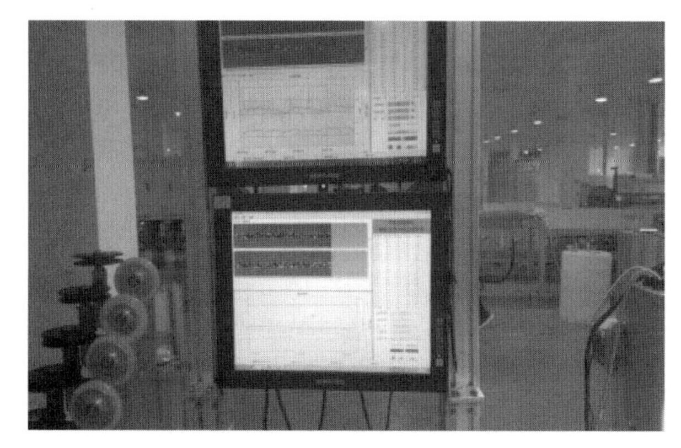

图 8-5　用于生产金刚石复合镀线锯的 4 头样机

图 8-6　钢丝线复合镀金刚石在线监测图

目前，用于金刚石复合镀线锯生产的电镀设备基本上是非标准设备，是由各生产企业自己研制或委托电镀设备制造企业定制的。这种根据工艺参数和产能定制的设备有时受限于技术水平而不能完全满足生产企业和市场的需要，改进的空间还是很大的。图 8-7 是笔者设计的一种装置，其重大改进是将导线兼导电的辊轮改用非金属材料，例如尼龙或硅胶等，这样可以使导线轮全部浸入镀液中，对多圈绕组，这种全浸式可增加钢丝线锯受镀长度，从而减小设备长度。受镀钢丝线的通电由镀槽两端的导电轮来实现。

这种模式通过钢丝线在镀槽内的往复而延长复合镀受镀时间，对在高速度下提高金刚石上砂量是有益的。如果采用直线式，在速度提高时，要保证用于上砂的复合镀的时间，镀槽的长度也要增加，这就增加了生产设备的占地面积。往复式对牵引机械的张力设计有更高要求。在穿线时也比直线式困难一些，这是其弱点。但随着国内精密装备制造能力的增强和张力调节器水平的提高，可靠性高的钢丝线锯复合电镀设备的国产化是没有问题的。

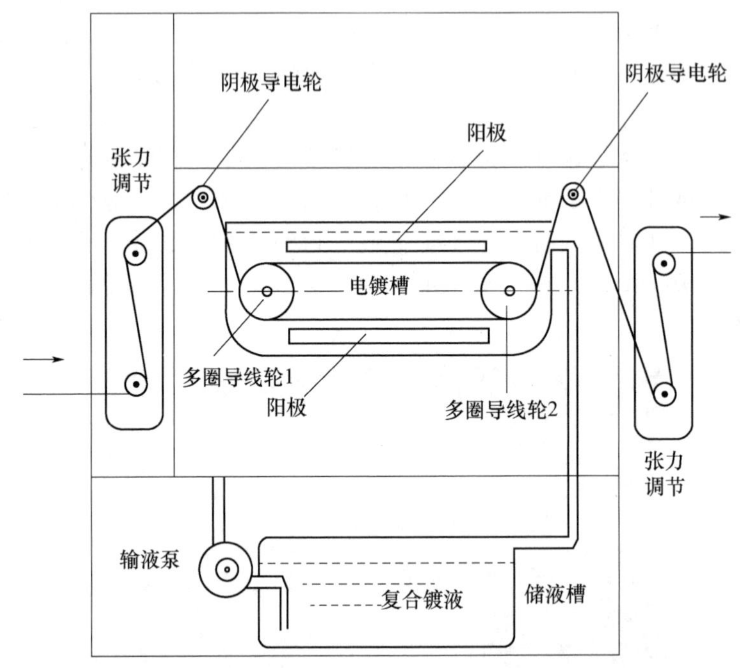

图 8-7　一种多圈导线全浸式复合线材电镀装置

8.2　晶圆电镀

晶圆是制造芯片的母体，是由硅片制成大面积半导体集成块的芯片群。简要地说，晶圆是指拥有集成电路的硅晶片，因为其形状是圆的，故称为晶圆。晶圆在电子数码领域的运用是非常广泛的。内存条、SSD、CPU、显卡、手机内存、手机指纹芯片等，可以说大多智能电子数码产品都不能缺少晶圆。

8.2.1　晶圆制造流程

晶圆制造的工艺流程：从硅矿石中提炼硅→拉制硅棒→切割硅片→硅片抛光→镀膜→上光刻胶→光刻→离子注射→电镀→抛光→切成单片→测试。

整个流程其实是在硅材料表面形成半导体集成电路的过程，也就是形成高密度三极管电路的过程。这个流程中的每一道工序都是关键工序。

① 硅的提炼，要保证是纯净的硅材，然后拉制成的硅棒必须是单晶硅。

② 切割硅片时要用到前面介绍的金刚线复合镀技术生产的钢丝线锯。只有采用先进的金刚石复合镀线锯，才能保证切割的质量和数量。

③ 镀膜、光刻也是制造无数单个半导体管的关键，其光栅格密度决定半导体的集成度。其中的光刻机也是制造晶圆的关键设备，直接关系到晶圆上硅晶体管的密度。这项技术、装备与晶圆电镀装备、技术一样，都是国外垄断的产品和技术。

④ 扩散三价、五价元素离子，形成 PN 结。完成光刻后的离子注入是形成 PN 结的关键工序，但这时这些硅半导体各自还是互不连接的。

⑤ 只有在对硅片进行电镀后，所有晶体管才形成互联，使整个晶圆成为一个大的集成块。电镀通常是在镀铜液中完成的，阳极采用不溶性或可溶性阳极。要求在晶圆表面形成均匀的镀铜层，才能保证晶圆整片产品的质量。

完成电镀的晶圆经后处理（抛光等）之后，根据需要将晶圆切割成不同大小（其实就是不同运算需要的晶体管密度）的小晶片，就可进入芯片的制造流程。

由此可知，电镀在晶圆制造即芯片制造中相当重要。显然，实施晶圆电镀就涉及电镀工艺，包括电镀液和添加剂、电源、电极等，也就涉及电镀工艺和装备的开发。

8.2.2 晶圆电镀装置

对晶圆进行电镀互联加工，不是在传统的电镀槽中完成的，需要采用专用的工装和工具。为此科技人员开发有专门的晶圆电镀装备。这一度是国外垄断技术，现在我国已经有自己研发的晶圆电镀设备。

例如，中国电子科技集团公司第四十五研究所提出的一项晶圆电镀发明专利就已经由国家知识产权局受理并进入实审（CN201710208317.8 一种晶圆电镀装置及电镀方法）。

根据专利说明书，这种晶圆电镀装置与方法属垂直喷流式（Fountain Type），其晶圆电镀装置构造包含有晶圆旋转模组、垂直上下模组、晶圆倾斜模组、机架主体模组等。含有晶圆夹具、旋转轴的晶圆旋转模组及含有镀槽单元的晶圆倾斜模组设于一旋转台上，借一连动装置（如气压缸）的带动，使晶圆及镀槽单元能同时产生适当的倾斜。晶圆电镀方法是将含晶圆夹具的旋转轴与镀槽单元共同装置于一具有水平转动轴的旋转台上，利用一连动装置的带动，促使晶圆与水平面产生大角度的倾斜，使电镀所产生的气体很容易自晶圆的电镀表面逃逸，因而得到更好的晶圆电镀品质。

这项专利的要点是在电镀阳极和受镀晶片之间设置两组阻挡装置，改进一次电流分布，即通过对电力线分布的干预来改善电流密度分布，提高镀层均匀性，同时令晶圆在镀液中旋转，这也是提高镀层均匀性和改进离子传递、降低浓差极化的常用方法。

8.2.3 晶圆电镀装置的种类和主要特点

晶圆电镀装置可分为两大类：一类是将晶圆纵向（通过挂具）放入电镀槽的 DIP 方式；另一类是将晶圆横向（水平）放入镀槽的 CUP 方式。

DIP 方式：将晶圆装入挂具，由于挂具是纵向放入镀槽，在搅拌方向不变时，镀层厚度难以保证，同时从镀槽带出的镀液也多，质量和效率都不是很好。

CUP 方式：晶圆在镀液中是水平放置的，具有高速搅拌的优点，可以实现高电流密度下的高速电镀，镀液带出量也少。由于是水平放置，设备的占地面积要求较大，这是其缺点。表 8-3 是这两种方式的对比。

如前所述，今后对电镀层厚和均一性的要求将越来越高，采用 CUP 方式电镀会成为主流。8.2.4 节即以这种模式为主加以介绍。

表 8-3 DIP 模式与 CUP 模式的电镀装置的对比

模式	搅拌	镀液带出	晶圆挂具	晶圆装卸	设备大小
DIP 模式	缓慢	多	必要	次数少	小
CUP 模式	高速	少	不需要	次数多	大

以下以日本企业研制的这种水平放置晶圆进行高速电镀装置为例，对 CUP 模式加以介绍。

（1）CUP 型晶圆电镀装置的构造

CUP 模式有将晶圆电镀面朝上放入 CUP 槽的底部的模式和将晶圆面朝下放在镀槽上部的模式。

圆晶面朝上模式是实现高速度的方法。在晶圆上面有横向的高速喷镀液装置，由于喷嘴固定，对镀层厚度分布有一定影响。而面朝下装置，是在镀槽上部放入晶圆，输送镀液有一定难度，但从上面装卸晶圆容易，产生附着力的风险也较小。

在朝下型 CUP 装置的底部，有向上喷镀液的喷嘴，同时设置有使阳极与阴极电力线分布均匀的挡板。阴极电流是从晶圆的外周接入的。同时，为了控制镀液中添加剂的消耗，在阳极上部安装了钵状隔膜，使阳极与阴极可以分离。电镀液的搅拌方式为旋转翼方式。

至少配置两个这种搅拌翼，分别在自转的同时围绕轨道公转。由于镀槽内镀液的流动方向经常变化，与一般搅拌方式相比，这个搅拌器的金属离子供给充分，对提高镀层均匀性是极为有效的。

（2）镀层在晶圆表面的均匀性

采用 CUP 装置的场合，晶圆面上的镀层的均匀性受电流密度分布、镀液流速与分布的影响。电流密度分布因素可以采用有限要素法进行解析，即采用 3D 分析模型，对镀液变化、阳极、模式数据等进行有限元分析。

通常，阳极和阴极以同样形状、相同面积、相对配置的场合，外圆周边的电流密度高，晶圆外周镀层偏厚。影响电流密度分布的因素，包括阳极和阴极的面积比（阴极为晶圆）、阳极与阴极的距离（极间距）、屏蔽板的设置等。改良外圆镀层偏厚的正确方法，是将阳极的面积缩小，并改善阳极与阴极间的距离。但是，也要注意过小的阳极面积会使阳极电流密度增高而影响镀液离子平衡，而极间距太近也可能导致晶圆中间镀层偏厚。在阴极附近安装屏蔽板也可以改善边缘镀层分布。

镀液流速分布因素受循环泵搅拌的影响。要保持镀层均匀性，就要保持阴极附近消耗的金属离子的持续供给。这一因素在高电流密度和高温条件下析出速度提高的场合，特别重要。另外，因为搅拌器在阳极及喷嘴和阴极之间，由喷嘴流出的镀液的速度和方向的变化，对镀层质量的好坏是有直接影响的。在这种情况下，搅拌浆的形状、大小与阳极和屏蔽板的形状、大小一样，都要进行最优化的设计。

另外，晶圆表面镀层均匀性除了受上述两方面因素影响外，还受晶圆的形态很大的影响。例如电镀掩膜线的数量和线径、分布等，都会影响电镀质量。因此，在进行正式生产前要进行电镀工艺试验，通过试验验证，确定合适的工艺参数。由于生产装置镀液用量较大（50～100L），进行工艺试验不经济也不方便，有必要采用专门的试验装置，如图 8-8 所示。与生产线设备同样结构的试镀机的镀液用量只有 10L 的规模。这样既降低了试验成本，也减少了废液的排放量。

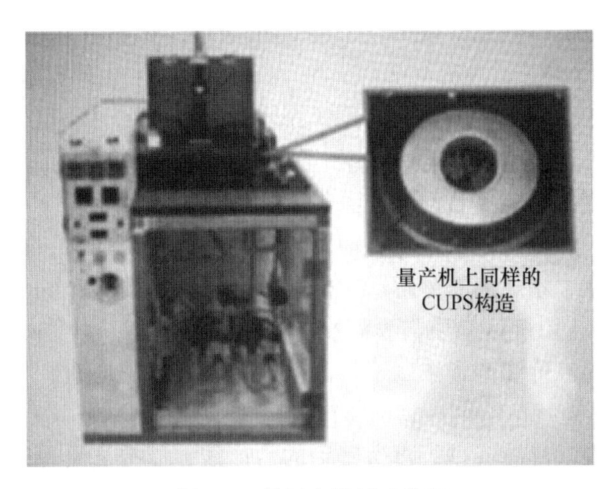

图 8-8 晶圆电镀试验装置

(3) 晶圆微细互连线和微孔内镀层的析出

光刻机制造出的极细的刻线需要通过电镀来形成连接。更难的是高孔径比的细孔（硅通孔）中的电镀。这些细小的线缝和孔底部的润湿性差，会因为镀液难以覆盖而无法获得镀层。这对保证镀层析出和具有结合力的镀前处理有很高要求。以前的浸润方式是流体喷射方式，这在细微连接场合将难以达到充分浸润的效果。

图 8-9 所示是一种改进的清洗装置。

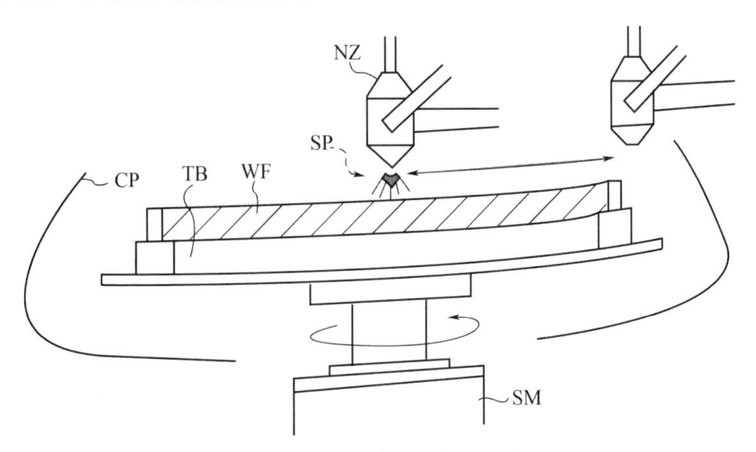

图 8-9 晶圆镀前处理装置示意图

将前处理液和气体混合物通过二流体喷嘴以细小的液滴（喷雾器）向晶圆进行喷雾。这样，掩膜的细线部位和微孔径内比较容易受到工作液的浸润，提高其润湿性能。但是，由于工作液与气体混合，采用以往只用来喷液体的喷嘴时，液体的有效流量会减少，从喷嘴到晶圆的距离较长时，液量比较均匀，但实际情况是喷嘴到晶圆距离较近，由于喷射面积变小，需要在喷嘴移动、晶圆转速和处理时间等多个参数上进行合适的设计。

其他应对措施包括前处理液在与晶圆接触前需要脱气，TSV 等的凹槽部位可能形成的气泡要排除。这种方式在面朝下结构的晶圆电镀装置中是有效的。另外，进行脱气时也可以将镀液中溶入的氧气排除，对含有易氧化成分的镀液是有利的。作为一种脱气方法，在 CUP

槽内进行减压操作，也可得到同样效果。

（4）工艺管理

阴极过程的副产物会增加镀液中的杂质而影响镀液性能，因此需要对镀液适时进行监控，使之维持在正常工艺范围内。正确的工艺管理需有技术支持很重要。在生产线上采用了能够自动分析镀液成分并且能够自动补充添加剂的装置。

但是，在线分析只能补充正常组分，而对异常的情况难以应对，例如酸性镀铜中阳极上的泥渣的脱落进入镀液、添加剂的分解产物的积累等都要有对策。利用隔膜从阳极区向晶圆（阴极）供给镀液而防止阳极区杂质与镀液混合就是一种措施。其他如镀锡或金锡合金中二价锡离子的氧化导致的二价锡离子浓度不足的问题都要有措施应对，例如采用阴阳极分区和镀液定期沉淀过滤等。

另外，也有一种可以对镀液进行再生回用的生产线，以提高管理效率。电镀生产过程会因为杂质的积累而导致镀液老化。例如，镀金中的金盐可以取出而返回到镀槽中。对贵金属电镀，还可以将水洗槽中的成分浓缩后回收利用。这种镀槽边回收装置也是成熟的产品。

8.3 电铸

8.3.1 电铸技术概要

电铸是利用电沉积方法在作为阴极的原型上进行加厚电镀，从而复制出与原型一样的制品的方法，是电沉积技术的重要应用技术之一。利用电铸法所获得的制品可以是模具的模腔，也可以是成型的产品，还可以是一种专业型材。广义地说，为获得较厚镀层的电沉积过程，都可以被叫作电铸。

电铸最早是由俄国的雅柯比院士于 1837 年发明的，将电铸技术用于实际生产最早也是在俄国开展的。早期的电铸主要用在浮雕工艺品、塑像的制作方面。到 20 世纪 40 年代开始在工业生产中有了应用。从 20 世纪 50 ~60 年代，电铸技术有了较快的发展。许多工业领域都开始采用电铸工艺。直到现在，电铸技术还在不断发展中。

采用电铸制作注塑或压塑模具已经是当代精密模具加工的重要方法之一。一些异型构件和难以用机械方法精确制作的原型，采用电铸成型法都能精确地复制出原型的模样。电铸不仅能用于生产高精度产品的型腔，而且能生产表面为皮革纹理的大型模腔，例如长度超过 10m 的轻型组件。

早期的电铸还在留声机唱片的制作、印刷用版的制造等方面起过积极作用。现在，在微波波导的制作、热交换器的制作、高反射镜的制作等方面都大显身手。一些用在飞机、雷达、航天器等高端产品上的复杂结构的零件，都要依靠电铸法加工。至于日用工业、玩具制造、钟表电器、塑料成型等许多方面，都要用到电铸技术。由于电铸的母型中有相当一部分采用的是非金属材料，所以电铸技术与非金属电镀技术有着紧密的联系。可以说非金属电镀技术是电铸的重要辅助技术和预备技术。

电铸与电镀的原理基本相同，工艺也相近，但是镀层的作用和要求是不同的。电镀对镀层的外观质量要求很严格，特别是装饰性电镀，外观质量是首要的质量指标。但是电铸就不一样，就模具制造的应用而言，电铸对镀层的外表面基本上是不做要求的，所要求的是镀层与基体接触的内表面，必须能完全复制原型的表面状态，因为电铸的目的就是要用所复制的模具批量制作出和原型一样的产品。但是，也不是说电铸完全不要求镀层的外观。对产品制作型电铸，实际上是一种功能性电镀，如剃须刀网罩的电铸制作等，是对外观和材料性能都有严格要求的过程。

电铸也不同于电解冶金。电解冶金只要求获得还原态的金属结晶，并要求镀层有较高的纯度。电铸则对沉积的纯度没有一定的要求，有时为了提高其硬度，还要在镀层中加入提高其机械性能的合金成分。

概括起来，电铸有如下优点：

① 可以以较低的成本和较高的效率制造形状复杂的模具。

② 应用领域宽，铸模材料的选择范围广。

③ 可以精密地复制出原型的细部，尺寸误差很小，只在 ±0.25μm 左右。

④ 模具内表面的光洁度很高，可以达到镜面光洁。

当然，电铸也存在一些缺点，特别是当采用非金属材料作母型时，表面金属化技术难度较高，并且整个电铸过程中影响质量的因素比较多，包括电流的波动、电铸液的变化等。这些缺点的克服，一方面有赖于技术和工艺的进一步发展，另一方面要求作业人员有较多的实践经验和一定的理论知识。

电铸加工中的一个重要问题是所要加工制作的制品的原型或母型的制作。对可以沿模具主表面垂直方向一次脱模的制品，可以采用重复使用的原型，并且这些原型可以用金属制造，当然为了脱模方便，这些金属最好是表面有一层纯天然或人工化膜的金属，如铬、铝及其合金等。

但是，大多数形状复杂的制品，不可能沿一个方向脱模，要将模具进行分解才能脱出，而分解将损坏原型，这时就不能采用重复使用的金属原型。另外，还有相当一部分电铸模要求保留完整的电铸模腔，这时则需要将原型完全破坏，使之从电铸完成后的模腔内脱出来。在这种时候，就要使用低熔点合金或易熔的非金属材料来制作母型。

8.3.2 电铸技术的特点与流程

8.3.2.1 电铸的技术特点

在前面已经说到，所谓电铸，就是以电沉积的方法在作为阴极的原型上铸造出一定的造型。这个造型可以是某种产品模具的腔体，也可能是一个结构的零件和制件。电铸也是获得一些特殊材料的加工方法，如采用连续电铸法制作镍箔等。电铸在很大程度上与电镀技术是相同或者相似的。但是，作为一项专门的技术，有着自身的一些特点。这些特点概括起来，有以下几点：

（1）快速复制能力

相对其他机械加工的方法，电铸可以用较快的速度制作出复杂造型制件的型腔和制品。特别是对有复杂曲面的造型，例如考虑到人体工学的特殊造型、异型结构等，还有雕塑类模具、工艺品类的模具，以及市场流行制品的复制和制作等，如果用机械的方法根本就不可能做到，用手工艺人或高级模具技术工则需要较长的加工时间，还不能完全达到原型要求的精确度。但是采用电铸的方法，不仅可以惟妙惟肖地复制出原设计的造型，而且加工速度和效率都比较高，有其他加工方法不能取代的优势。

（2）节约资源

电铸的加工过程除了镀液的工艺损耗，几乎没有加工边料的浪费问题。它的镀层是在原型表面生长，达到一个合适的厚度就可以停止加工。并且当所用材料成本比较高时，还可以在工作面达到一定厚度后，在外表面另外采用廉价的材料电铸加厚或加固，因而是一种节约型的加工工艺。这在资源紧张的当代是很突出的优点。

（3）精确度高

电铸加工的精度可以非常高，能复制包括皮肤纹理等细微的表面或高抛光的表面，因此可以用于复制录音盘、光碟等高要求的制品，可以忠实再现原型或芯模的原有特征，不改变模腔内表面的粗糙度。特别是在新近发展中的微加工制造中，由于尺寸精度已经超出常量的范围，不能采用机械加工的方法进行制造，电铸的优势就更为明显。

（4）应用面广

电铸加工有灵活的应用能力，可以用于制作模具，也可以用于制造产品，还可以用于生产金属材料。电铸也是复制三维造型孤品、工艺品、雕塑类文物的重要工艺。从高科技产品的制造到工艺品的生产，从电子工业到汽车工业，从医疗用品到塑料制品，都在采用电铸技术，并且随着 CAD/CAM 技术引进电铸加工领域，电铸的应用还会进一步扩大。

电铸技术的最新应用是微电铸加工，这是将半导体技术和集成电路微制造技术与电铸技术结合起来，在微蚀原型上进行微电铸加工的技术，必将在微型机器人制造等领域获得进一步的发展。

（5）可以制作用其他加工方法无法完成的制品

有些异型造型即使用现代的机械加工设备也是难以制作成型的。有些特殊造型或高精度要求的制品，采用机械加工方法需要很长的加工周期，因而没有工业生产的价值。而采用电铸加工工艺，则可以高效率地完成这类加工过程，并获得符合设计要求的精度和质量。例如光碟片模具的生产、微型结构件的制造等，只有电铸技术可以胜任。

8.3.2.2 电铸工艺的流程

电铸的流程可以分为四大部分，即原型的选定或制作、电铸前处理、电铸和电铸后处理。每一个部分又都包括完成这个部分的多个子流程或工序。

原型在选定前实际上还有一个原型设计的过程，在设计确定以后，才是原型的选定。原型的选定或制作包括如下流程：原型脱模方式的确定→原型材料的确定→原型的制作→检验→安装挂具。

金属原型电铸前处理流程：除油→水洗→酸蚀→水洗→活化（预浸）→（水洗）。

非金属原型电铸前处理流程：表面整理→除油→水洗→敏化→水洗→蒸馏水洗→活化→水洗→化学镀铜（或镍）→水洗→检验。

电铸流程：（预镀）→电铸→水洗→检验。

无加镀工序的后处理流程：抛光或者钝化处理→清洗→干燥。

有加镀工序的后处理流程：除蜡（除油）→水洗→活化→镀铬（或化学镀镍）→水洗→干燥。

8.3.2.3 电铸原型的选定或制作

对电铸过程来说，首先要确定的是原型。因为电铸是在原型上进行的，因此，如何选定原型和如何根据设计要求制作原型是电铸的关键。

原型根据其所用的材料的不同而分为金属原型和非金属原型两大类，根据功能的不同又分为一次性原型和反复使用性原型两大类。采用什么样的原型要根据所加工产品的结构、造型、产品材料和适合的加工工艺确定。当然，在需方有明确要求的情况下，完全可以按照需要来进行原型的设计和制作。对选定了的原型形式，要采用相应的方法按设计意图加工成原型，以便用于电铸。

原型的制作有很多方法，包括手工制作原型、机械加工制作原型、利用快速成型技术制作原型和从成品上翻制原型等。

8.3.3 电铸工艺

8.3.3.1 电铸前处理

电铸前处理也被称为电铸原型的表面改性处理。电铸的原型分为金属原型和非金属原型两大类。无论是金属原型还是非金属原型，在电铸前都要进行适当的前处理加工，使电铸层能可靠地在原型表面生长出来。

对金属原型，其前处理包括表面整理和除油、除锈等类似于电镀前处理的流程，但是这种前处理不是为了获得良好的结合力，而是要获得均匀平整的表面镀层，以利于在其上生长电铸层，还要方便以后的脱模处理。因此电铸前处理中有时还要加入一个最重的工序，那就是脱模剂或隔离层的设置。

对非金属原型，则是要首先使其表面金属化，以便使后续的电铸加工可以顺利进行。表面金属化则要经过表面整理、敏化、活化、化学镀等一系列流程。

8.3.3.2 电铸过程

电铸过程就是金属的电沉积过程。在电铸工作液中，以经过前处理的原型作为阴极，以所电铸的金属为阳极，在直流电的作用下，控制一定的电流密度，经过一定时间的电沉积，就可以在原型上获得金属电铸的制品。

根据所设计的电铸制品的要求，电铸所用的金属可以是铜、镍、铁、合金等。电铸制品的厚度也可以从几十微米到十几毫米。

由于电铸过程所经历的时间比较长，对电铸过程中的工艺参数可以采用自动控制的方法加以监控。例如工作液的温度、电流密度、pH、浓度等，可以采用不同的控制系统加以控制。

电铸过程中所用的阳极通常都要求采用可溶性阳极。这是因为电铸过程的金属离子的消耗量比电镀大得多，并且电铸过程所采用的阴极电流密度也比较高，如果金属离子得不到及时的补充，电铸的效率和质量都会受到影响。

（1）电铸液的类别

用于电铸的镀种基本上是单金属电铸液，如镀铜、镀镍、镀铁、镀铬、镀银等，但是有些电铸也采用合金电镀技术，以满足某些产品的技术要求。

每个镀种又因所用镀液的组成不同而又分为若干种类。进行分类的理由是不同的镀种或同一镀种的不同镀液，所电铸出的金属的物理性质有所不同。为了使读者对电铸液的种类有一个整体的认识，本节先列举常用的几种电铸液的种类，主要和常用的电铸工艺将在专门的章节中详细介绍。

（2）铜电铸液的种类

① 酸性硫酸铜镀液

这是以硫酸铜和硫酸为镀液的电铸液，是最基本的镀液。镀层呈暗红色或红铜色。为了改善镀层的性能，也可加入无机和有机添加剂，使镀层的结晶细化。由于电铸对外观要求不是很高，因此这种电铸铜仍然在采用。特别是电铸层的脆性比较敏感时，多采用这种没有添加物的纯铜镀液。

② 酸性硫酸铜光亮镀液

这是在硫酸铜和硫酸的镀液中加入光亮剂的光亮镀液，可以获得全光亮的镀层。由于镀层的结晶非常细致，以致可以达到镜面光洁度，因此已经在电铸中被普遍采用。

③ 氟硼化物镀铜液

氟硼化物镀铜液的主要优点是可以在较高的电流密度下工作，但是氟硼化物由于属于对环境有污染的受限使用的化工原料，这种镀液的采用将受到一定限制。

④ 焦磷酸铜镀液

焦磷酸铜镀液的最大优点是分散能力好，可以对形状复杂的制件进行电铸，但其电流效率比酸性镀液略低，且络合剂的废水处理比较麻烦。成本比酸性镀铜要高一些。

⑤ 氨基磺酸盐镀液

这也是可以在较高电流密度下工作的高速电铸铜镀液，但是化学原材料的成本也较高。水处理也比硫酸盐镀铜复杂一些。

（3）镍电铸液的种类

① 瓦特型镀镍液

这是最基本的镀镍液，可以获得硬度较低的镀层，但电流密度不是很高，因而沉积速度不会很快。

② 全氯化物镀镍液

全氯化物镀镍液可以有较高的电流密度，且阳极的溶解性能很好，能保证在高电流密度沉积下金属离子的及时补充。

③ 氟硼化物镀镍液

氟硼化物镀镍液也是为提高电沉积物的效率而设计的镀液，但现在已经不多用，也是涉及水处理的问题。

④ 氯化铵镀镍液

这是与全氯化物类似的镀液，可能有更好的镀层分散性能和抗杂质性能。

⑤ 氨基磺酸盐镀镍

这是用得较多的高速镍电铸液。可以在较高电流密度下工作而镀层的脆性较弱。

（4）铁电铸液的种类

① 氟硼化物铁电铸液

氟硼化物铁电铸液的稳定性高，镀层结晶细致，但存在氟离子污染问题，使用受到一定限制。

② 氯化物铁电铸液

采用氯化物铁电铸液是比较简单的镀铁工艺，存在三价铁影响的问题，也即镀液的稳定性问题。加入各种添加剂可以改善镀层性能和提高镀液稳定性。

③ 氨基磺酸盐铁电铸液

这也是稳定性较高且电沉积效率也较高的电铸液。镀液的成本比氯化物高。

（5）稀贵金属的电铸

稀贵金属的电铸除了工艺品类，一般不用于大规模生产，而是科研或小规模生产中才会用到的电铸镀种。主要有以下几类电铸液：

① 钴电铸

有些特殊产品的制件要用到钴电铸制品。

② 银电铸

特殊电极的电铸，特殊产品的电铸，如工艺饰品、奖品等。

③ 金电铸

特殊制件的电铸制造、金饰品的电铸加工，如生肖工艺品、星座工艺品等。

④ 铂电铸

特殊电极的电铸制造，工艺品的电铸加工等。

（6）合金电铸

合金由于具有比单一金属更为优良的性能，不仅在电镀中有广泛应用，在电铸中也有着一定的应用，有些制品适合采用合金镀层。本书将介绍的合金电铸工艺有以下几类：

① 铜系合金

如铜锌合金、铜锡合金等。

② 镍系合金

如镍铁合金、镍磷合金等。

③ 钴系合金

如钴镍合金、锡钴合金等。

④ 其他合金

如银锌合金、银锑合金、金钴和金镍合金等。

8.3.3.3 电铸液的选择

在电铸加工中选用哪一种电铸液要根据各种因素综合加以考虑。一般有以下几种因素：

（1）所加工的电铸制品的用途

根据电铸制品的用途来选择电铸工艺，实质上是根据电铸制品的功能来进行选择。一个产品的用途或功能，是决定采用什么材料和工艺的主要因素。尤其当电铸制品是用来生产其他产品时，制作电铸模的材料可以有多种选择，首选要考虑的是能不能满足功能上的需要。例如搪塑模的电铸就以铜为好，而不能用其他导热比铜差一些的材料。

（2）电铸模物理化学性能的要求

当我们选定铜电解液作为电铸液后，还需要确定选用哪一种镀铜工艺，是硫酸盐镀铜，还是焦磷酸盐镀铜，还是磺酸盐镀铜。这时要考虑的就是模具的物理化学性能方面的要求，如模具的强度、韧性、硬度等，因为不同的镀液获得的镀层的机械性能是有所不同的。

（3）电铸模造型的复杂程度和所要求的沉积速度

对复杂造型和结构进行电铸时，还要考虑镀液的分散能力问题。要尽量选择分散能力好的镀液，如焦磷酸盐镀铜的分散能力就明显比硫酸盐的好一些。当对沉积速度有要求时，应选择硫酸盐镀铜等简单盐的镀液。但是实际上由于完全的简单盐镀液不可能获得良好性能的镀层，往往还要用到一些添加剂。

（4）成本因素

任何产品的加工制作都必须考虑成本因素，在能满足功能和性能要求的前提下，首选的应该是成本低的工艺，包括环境和社会成本都必须加以考虑。

（5）电解液的稳定性及维护的难易程度

要尽量选用成熟和通用的电镀工艺，这样可以稳定生产和保证产品的质量。电铸加工过程历时较长，如果出现不合格往往是不可修复的，有时连原型都一起报废，这既浪费资源，又降低效率，是很不经济的。

综上所述，选择合适的镀液和工艺，对满足设计要求而又提高效率、降低成本是非常重要的工作。同时，开发更多成熟的电铸工艺以满足日益增长的对电铸加工的需求，也是一项很重要的工作。

8.3.4 不同铸电镀液沉积物的力学性质

前面已经提到，不同电铸液由于金属离子的状态、pH、添加剂的有无和种类、温度、电流密度等因素的影响，所镀得的金属的物理性质是很不相同的。表8-4中列出了不同电铸镀液所获得镀层的机械性能，供选用参考。

表8-4 不同电铸镀液所获得镀层的机械性能

镀种	电铸液类别	硬度（维氏）	延伸率（5cm厚）（%）	抗拉强度（×10MPa）
镀铜	酸性硫酸铜	40～85	15～40	23～47
	光亮酸性铜	80～180	1～20	48～63
	氟硼化物镀铜	40～75	6～20	12～28
	焦磷酸盐镀铜	160～190	≤10	≤42
镀镍	瓦特型镀镍	100～250	10～35	35～56
	光亮镀镍	300～650	12～20	—
	氯化物镀镍	230～300	10～21	63～68
	氨基磺酸镀镍	150～200	20～30	30～39
镀铁	硫酸盐镀铁	180～400	0.3	77～84
	氯化物镀液	120～220	10～50	3～79
镀铬	标准镀铬	300～1000	0～0.1	7～12

8.3.5 电铸后处理

电铸加工完成后，还要经过一些技术处理，才能得到合格的电铸制品。这些对电铸出来的制品进行的技术处理可以称为后处理。电铸的后处理与电镀的后处理有很大的不同。电镀的后处理是对表面质量的进一步保护，包括清洗、脱水、钝化、涂防护膜等。电铸的后处理第一步是脱模，就是将电铸完成的电铸制品从原型或芯模上取下来，然后是对电铸制品的清理。这种清理包括去除一次性原型特别是破坏性原型的残留物，尤其是内表面（如果是腔体类模具）的清理。

（1）脱模

由于电铸所用的原型有金属材料和非金属材料两大类，同时又分为反复使用性原型和一次性原型，因此，从原型上脱除的工艺是不同的。如果对电铸的外表面还有结构等方面的加工，最好在脱模前进行。这样可以防止电铸模的变形或损坏。对不同的电铸原型，可以选择以下不同的脱模方法：

① 机械外力脱模法

对反复使用性原型，多半要采用机械外力脱模法。简单的电铸模可以用锤子敲击脱模。如果是有较大接触面的电铸模，则需要采用水压机或千斤顶对原型施加静压力脱模。

② 热胀冷缩脱模法

当原型与电铸金属的热膨胀系数相差较大时，可以采用加热或冷却的方法进行脱模。通常可以采用烘箱、喷灯、热油等加热的方法。在铸型和原型因热胀程度不同而相互脱离后，可以比较方便地进行脱模。如果电铸原型是不适合加温的材料，则可以采用冷却法进行冷缩处理。这时可以采用干冰或酒精溶液进行冷却，同样可以利用冷缩率的差别而使铸模与原型脱离。

③ 熔化脱模法

对一次性原型，无论是低熔点合金还是蜡制品，都可以采用加热使其熔化的方法进行脱模。对涂有这类低熔点材料做隔离层或脱模剂的原型，也采用这种加热的方法脱模。对热塑型原型的脱模，在加热后可以将大部分软化后的原型材料从模腔内脱出，剩余的部分可以用溶剂加以清洗，直至模腔内没有残留物。

④ 溶解脱模法

对适合采用溶解法脱模的原型，也要根据不同的材料选用不同的溶解液。例如对铝制原型，可以采用加温到 80℃ 的氢氧化钠溶液溶解。这时氢氧化钠溶液的质量浓度为 200 ~ 250g/L。如果所用的是含铜的铝合金，则可以在以下溶解液里进行溶解：

氢氧化钠为 50g/L；

酒石酸钾钠为 1g/L；

EDTA 为 0.4g/L；

葡萄糖为 1.5g/L。

（2）脱模剂

电铸完成后，要使原型与铸模容易分离，必须借助于原型与电铸层之间存在的脱模剂的作用。当然，对一般非金属原型来说，脱模并不困难。尤其是一次性原型，可以用破坏原型的方法将原型与电铸模分离。但是对反复使用的原型，既要保证电铸模的完好，又要保证原型可以再次使用，这时脱模剂就十分重要。下面介绍几种常用的脱模剂。

① 有机物脱模剂

有机物脱模剂是用得最多的一种脱模剂，如涂料、橡胶、石墨粉等，可以用于各种金属原型。这类脱模剂成本低、操作方便。但是对不导电的有机质，要进行导电性处理，因此最常用的还是石墨粉。

② 无机物脱模剂

这主要是指在金属原型表面生成氧化物薄膜的方法，如生成铬酸盐、硫化物等，因此，也可以叫作化学转化膜型脱模剂。这是金属原型用得比较多的方法。

由于不同的金属的氧化或钝化性能不同，需要根据不同的金属选用不同的氧化方法或钝化方法。例如铜、镍、铬等表面可以用电解法氧化，也可以用化学法氧化。

有些金属有自钝化性能，如铝会生成天然氧化膜，在其上电铸，容易脱模。天然氧化膜往往是不致密或不完全的，这对反复使用性原型存在脱模失败的风险。因此，正确的做法仍然是要进行人工生成隔离层。对金属铝及其合金，这时要采用电化学氧化生成的脱模层。

③ 低熔点合金脱模剂

在金属原型表面镀覆一层铅锡合金，即低熔点合金，然后在其上电铸。电铸完成后，用高温熔掉隔离层而便于电铸模腔脱出。这种方法的缺点是脱模层比较厚，对尺寸要求较严的制品不宜采用。

（3）加镀与最后修饰

对有些电铸制件，特别是用来做模具用的制件，为了提高其使用寿命和脱模性能，要进行电镀铬或化学镀镍等后处理。同时，为了适用于各种使用模具的机械，还需要配制模架和加固加工。对有些电铸制品，还需进行装饰、抛光、喷油漆等后处理。

8.3.6 电铸加工需要的资源

8.3.6.1 电铸所需的设备

（1）整流电源

电铸电源是电铸工艺中主要设备之一，是为电铸过程提供工作能量的能源设备。

在选择电铸电源时要注意以下几点：

① 电压选择

在电铸过程中，电源的直流输出额定电压一般应不低于电铸槽最高工作电压的 1.1 倍。如果电沉积过程中需要冲击电流，整流电源的电压值应该能满足要求。可供选择的直流电源的电压值有以下系列：6V、9V、12V、15V、18V、24V、36V 等。用户还可以根据自己的需要设定电源的最高电压值。

② 电流选择

电铸的直流额定电流应该不小于根据所加工产品尺寸计算出来的电流值，并且要加上当需要冲击电流时的过载能力。

③ 电源波形

直流整流电源是根据供电和整流方式的不同而有几种电源波形，即单相半波、单相全波、单相桥式、三相半波、三相全波、双反星形带平衡电抗器。

现在常用的电源是可控硅整流电源，其输出电流根据不同的规格可以有 5A、10A、50A、100A、20000A 等多种选择。对电流的波形有特别要求的电铸过程，可以选用脉冲电源或周期换向电源，以获得更为细致的金属结晶和表面质量。对要求纯正直流的电铸过程，可以选用开关电源等更为高级的供电方式。

在需要自动控制的场合，则可以加入计算机自动控制系统，使电铸过程获得稳定的电流供应而不出现较大的波动。

电铸过程中对电流的监控实际上是对电流密度的监控，因此选择电源功率的依据是所需要加工的电铸制品的表面积。通常以所能加工的最大表面积和最大的电流密度的积为选取电源功率的依据，并且还要加上10%～15%的裕度。

（2）电铸槽

电铸用的槽体因所加工的制品不同而有所不同，和电镀槽一样属于非标准设备。槽体所用的材料要能防止电铸液的腐蚀和温度等变化的影响。由于电铸所用的镀液有不少是高温型，因此，电铸用镀槽宜用钢材衬软PVC制作，也可以采用增强的硬PVC制作镀槽。

电铸槽的大小视所加工的电铸制件的大小而定。如果是体积较小的电铸制品，还要考虑单个电铸槽的承载量，或者说根据所需要加工电铸的制品的产量确定所需要的设备。需要注意的是，这种根据实际生产需要计算出的镀槽的容量并不包括日后发展时对电铸设备的需要。因此，一般都要对镀槽的容量适当放大，以留有产能的裕量。因此，电铸槽的容量可以从几十升至几千升不等。同时，尽管传统的电铸槽的形状与电镀槽大同小异，现在电铸槽的形状有很多已经与电镀用镀槽的形状有所不同。

因为对不同的电铸加工，要根据所加工的制品的形状、大小和具体的要求专门设计镀槽和辅助装置。例如连续镀所用的带滚轮的镀槽，光盘电铸所需要的旋盘电极等。有些槽体也会因为电铸制品的形状特殊而要采用特制的镀槽。

对电铸液量不大而又可以另外设置循环过滤槽的电铸槽，可以采用陶瓷槽体。对不需要加温的常温型电铸或加温不超过60℃的镀液，可以采用普通PVC镀槽或玻璃钢镀槽。

有些产品生产型电铸，例如镍质剃须刀网罩、波导管等大批量生产的制品，可以采用电铸自动线生产。由自动或半自动控制系统按设定的流程程序进行操作，可以提高生产效率和适应大规模的生产。

对近年出现的微电铸加工，则可以在更为小型的镀槽内进行，并且这种电铸槽对所有工艺参数都尽可能采用自动控制系统加以控制，以保证过程的高度重现性。

（3）电铸用阳极

电铸的阳极通常都要求是可溶性阳极，并且对纯度也有一定的要求。根据电铸制品的精度和硬度等不同的要求，对阳极的要求也不一样。普通电铸可以采用纯度为99.9%的阳极。但是，对镀层纯度有较高要求的电铸，则要采用纯度为99.99%的阳极，以保证镀层的柔软性和镀液的纯净。对电铸而言，由于阴极的工作电流密度高，工作时间长，因此，要求阳极与阴极的面积比要比电镀的大一些，阳极的面积至少是阴极面积的2倍。同时，一定要配置阳极篮，这样可以保证在可溶性阳极不足时，阳极仍然可以起导电作用，缓冲由于阳极消耗过大时，可溶性阳极面积减小引起的电流密度和槽电压过大的变化。

无论采用阳极篮还是阳极，都要加上阳极套，以防止阳极泥落入镀液内而使沉积层表面出现刺瘤等质量问题。

对阳极有较高要求的电铸，可以在镀槽中设置专门的阳极室，以隔膜与阴极区隔开，以免阳极泥等影响电铸过程。

有些特殊的电铸液会用到不溶性阳极。这种不溶性阳极根据镀液性质的不同而不同，通常是不锈钢，但是也有的工艺要求使用钛合金、石墨、碳棒等。

（4）电铸的辅助设备

电铸的辅助设备包括强化传质过程的搅拌设备、净化镀液的过滤机、加热镀液的温度控制系统及调节 pH 等工艺参数的自动控制系统。对电铸过程来说，这些辅助设备一般都应该具有。只是当某些参数不作为工艺要求时，则与这类参数有关的辅助设备可以省去。例如在室温工作的镀液，可以不要温控系统，强酸性镀液可以不要 pH 控制系统等。

① 搅拌和阴极移动

大多数电铸过程都要求有搅拌或阴极移动。这是因为电铸的电流密度通常都比较高，这样可以缩短一些电铸时间。搅拌可以采用电动螺旋桨式，或者采用泵式循环，也可以采用空气搅拌。当采用螺旋桨式搅拌时，主轴的转速不可以太高，最好是采用可调速电动机作动力，这样可以根据实际需要调节搅拌机的转速。一般可在 300 ~ 900r/min 的范围内调整。在高电流密度下工作时，通常都要用到较高的搅拌速度。在镀液金属离子浓度充分的条件下，高速搅拌可以提高极限电流密度，使电沉积速度得到提高。

如果采用阴极移动，则移动的频率可以比电镀的高一些。电镀的移动频率一般是 10 ~ 15 次/min，电铸则可以采用 15 ~ 30 次/min 的频率。每次移动的距离要在 100 ~ 200mm。

② 过滤机

去除电铸液中的机械杂质需要过滤机。过滤机由带电动机的过滤泵（通常是采用高耐蚀塑料等制成的离心泵）和装有滤芯的过滤筒组成。带活性炭的筒式过滤器还可以除掉电铸液中的有机杂质。现在流行以循环过滤兼搅拌镀液，这样可以在不断净化镀液的同时，起到搅拌镀液的作用，一举两得，所以比较受欢迎。

过滤机的规格通常是以每小时的流量作为标记，其流量从 1t/h 到 20t/h。对小于 1t/h 的流量也有用 L/min 作单位的，如有 10 ~ 15L/min 的小型过滤机。

因为有些微型电铸加工所用的槽液的量不大，只有几十升或不到 100L，这时要用到定制的专用循环过滤装置。

③ 加热器与温度自动控制系统

对需要加温的电铸液，要采用加热设备，通常是采用直接加热式热电管。管材根据电解液化学性能的不同，可以采用不锈钢管或钛管、聚四氟乙烯管等，也可采用石英玻璃管或钢管外包覆有搪瓷的加热器。如果采用蒸汽加热，则在槽中要安装固定的热交换管，通常是钛或铅等耐蚀性好的管材。

合理的加热系统还应该包括温度传感器、温度控制继电器，以便对工作液的温度进行自动控制。采用自动控温系统可以使镀液处于最佳温度状态，避免镀液温度过高或偏低，既保证了电铸质量和效率，又可以节约能源。

④ pH 自动调节器

除了强酸或强碱性镀液外，电铸液的 pH 一般都是一个比较重要的工艺参数，需要经常进行管理。电铸液的工作时间较长，电流密度较高，镀液的 pH 变动也会较快。因此，经常监控镀液的 pH 是电铸生产管理的一项重要内容。这种场合，采用 pH 自动调节装置比较合理。

例如镀镍的最佳 pH 范围是 3.5 ~4.5。为了稳定电铸沉积层的性质，保持 pH 在这个范围内是很重要的。但是，由于电铸时间通常都比较长，完全依靠人工检测和调整 pH 会有很大的不确定性，pH 的波动会很大，这时就需要采用 pH 自动调节装置，如图 8-10所示。

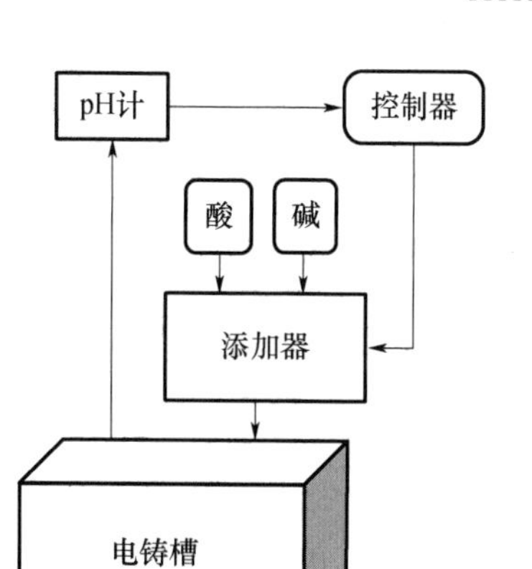

图 8-10　槽液 pH 自动调节装置

图中的 pH 计通过传感器收集电铸液中的酸碱度信息，然后将所得信息发送给控制器。控制器可以设定一个 pH 范围，超出这个范围就发信号给添加器。这时添加器就会根据需要打开酸或者碱的阀门，向电解液内添加酸或碱，并启动搅拌器工作。这种装置能以 0.2pH 的精度调节 pH。

8.3.6.2　一体化电铸设备

为了适应各种专业电铸加工的需要，电镀设备开发商已经制造出一些一体化的专用电铸设备。这种一体化的电铸设备主要是用于较小体积的精密电铸制造，如光碟电铸机、稀贵金属饰品电铸机、快速成型母型电铸机等。这类电铸机一般都是专用型电铸设备，是根据专业电铸制造工艺而设计的，因此不具备通用性。随着电铸应用的进一步扩展，现在也发展出通用型一体化电铸设备。

一体化电铸设备主要由以下几个部分构成：

（1）电铸电源

电铸电源是为电铸加工提供电能的主要设备，对小功率的机型，一般采用单相可控硅整流器。最大工作电流分为 50A、100A 和 200A 等几种。对 300A、500A 及更大功率的电铸设备，则通常采用分体式的设备，不大适合于一体化机型。

（2）电铸槽

电铸加工的镀液由于多数是要加热的，有的还要加热到较高的温度，因此镀槽的材料要有一定强度并且能耐至少 80℃ 的温度。商品化的镀槽可采用不锈钢制作外槽再内衬硬聚氯乙烯（PVC），这种镀槽的工作温度可以达到 80℃。也可直接采用聚丙烯（PP）制作电铸槽，工作温度可以达到 100℃（软化点为 120℃）。

（3）储液槽及循环系统

储液槽一般采用与镀槽相同的材料制作，其体积一般是镀槽的一倍以上，并通过一台循环泵与工作槽（电铸槽）对镀液进行循环。采用储液槽可以有效地利用空间，而又方便维护镀液。有的一体机的循环泵还备有过滤装置，在需要的时候可以对镀液进行循环过滤。

（4）辅助设备

辅助设备主要是加热和温度控制、循环过滤、阴极移动或旋转等装置。这些都是电铸加工中不可缺少的辅助装置。还有一些必要的挂具、挂钩、工装夹具等。

（5）控制系统

控制系统是将电铸电源控制系统中的电流或电压控制和阴极移动、旋转控制、加温控制等主要和辅助设备的控制开关等集中到一台控制器上，便于在电铸加工过程中对整个电铸过程全面地加以控制。

提供一体化电铸机的厂商一般也提供各种电铸液和阳极材料，并提供相关的工艺文件以指导采用这种设备进行电铸加工或生产。

8.3.6.3 电铸所需的原材料

这里所说的电铸所需的原材料，主要指的是化工原料。这些化工原料可以根据电铸工艺的需要分为几类。

（1）主盐

主盐是配制电铸液的主要材料，需要进行什么样的金属电铸，就要用这种金属的主盐。例如铜电铸要用到铜盐，镍电铸要用到镍盐等。另外，同一种金属的电铸，由于所采用的工艺不同要用到不同的主盐。例如硫酸盐镀铜所用的是硫酸铜作主盐，而焦磷酸铜镀铜用的是焦磷酸铜作主盐。对合金电铸，则要有与合金成分一样的主盐。特别是对没有合金材料作阳极时，镀层中的金属成分完全是靠主盐提供的。

电铸所用主盐溶液的浓度一般比电镀的高一些。当然有些电镀液也可以直接用作电铸液。另外，电铸同样对主盐的质量有要求。为了防止杂质从主盐中带入镀液，要求主盐的纯度高一点，最好是采用化学纯级的主盐。如果使用工业级材料，则在镀液配好以后要加入活性炭进行过滤，有些镀种还要用小电流电解。

（2）辅助盐

除了极个别的镀液是由单纯的简单盐配制成的以外，电铸液还要用到各种辅助盐，如导电盐、络合剂、辅助络合剂、pH 调节剂等。对这些盐类同样有质量的要求，以防不纯的材料将金属杂质或有机杂质带到镀槽中。如果用到工业级材料，一定要进行过滤处理。

（3）添加剂

添加剂是现代电镀技术中的重要化工原料，在电铸中同样有着重要的作用。有很多镀种没有添加剂就根本不能工作，如酸性镀铜，没有光亮剂是不可能获得合格镀层的。

电镀或电铸中用的添加剂主要是有机物，并且现在有不少是人工合成的有预设功能的有机物中间体，最常用的是光亮剂（在电铸中则主要用作镀层结晶的细化剂）、镀层柔软剂、走位剂（分散能力的通俗说法）等。

有些镀种仍然可以采用天然有机物或其他有机物作添加剂，如明胶、糖精、尿素、醇类、醛类等化合物。

还有一些镀种则要用到无机添加剂，如增加硬度或调整镀层结晶的非主盐类的金属盐。作为添加剂用的金属盐的用量通常都非常少，只在 1g/L 以下。

（4）前后处理剂

对电铸来说，前后处理剂主要是常规酸、碱或盐。其中前处理主要用到的是去油所要的碱类，如氢氧化钠、碳酸钠、磷酸钠，还有表面活性剂。还有去掉金属表面氧化皮的酸，如硫酸、盐酸、硝酸等。

对电铸的后处理，要用到酸碱的场合主要是一次性金属原型从电铸完成后的型腔中脱出。这时要用酸或碱将金属原型溶解，以获得电铸成品。

其他前后处理剂包括脱模剂、隔离剂等。

8.3.7 电铸在现代制造中的应用及展望

电铸是在预先通过精密设计和制作的原型（或称为母型、模型）上，用电镀的方法进行加厚电铸，然后将母型脱出，获得与母型外形完全一样的模具型腔的制模方法。这是现代塑料制品模具制造普遍采用的方法，手机制造行业特别得益于这一方法。特别对更新换代极快速的产品，利用三维计算机设计技术获得的产品外型设计，可以输入激光自动成型机快速自动成型而获得手板（样品样板）。对这种样板进行电铸，就可以很快获得一个模腔，能很快投入小批量试产。手机制造行业正是这样做的：从机壳到后盖，从按键到功能框及各种小配件，全部都采用电铸法制造模具，然后大量生产。这些手机配件包括外罩壳、后盖、键盘等。这也是在现代制造技术支持下，山寨版手机可以迅速跟随正版手机面市的原因。

由于采用非金属材料制作模具母型比较方便而快速，因此，电铸模的母型较多采用非金属材料。加上有些仿制品就是直接拿塑料样品当作母型使用。因此，在非金属母型上进行电铸要用到非金属电镀技术。

所谓非金属电镀技术，就是使不导电的非金属材料表面获得均匀的一层金属膜，使表面具有良好的导电性能，然后用电镀加厚的方法使非金属表面具有金属质地。

在非金属表面获得导电膜的方法有物理方法和化学或电化学方法两大类。物理方法是真空镀膜等技术，化学方法则是通过非金属表面粗化、敏化和活化，使用化学镀或电镀技术。对电铸而言，较多采用化学方法，然后电铸成型。不过，对电铸母型，不仅不能进行粗化，还要在母型表面形成脱模层（特别是当母型为金属材质时，这种处理更为重要），以便在电铸完成后，便于母型的脱出，特别是对多次使用的可回用母型，更是如此。对一次性母型，即破坏性母型，也要用便于脱出的方式处理，以防止基体与电铸层结合较紧密，脱出时影响模腔内表面质量。

显然，电铸在手机制造中的应用只是一个例子，却是很典型的例子。这种应用证明电铸在现代制造中具有越来越重要的位置。以往电铸只是作为电镀的一个分支技术，没有独立的行业体系，这种局面现在已经有所改变。一些从事电铸加工的企业已经出现，制作电铸设备和电铸一体机的企业也有所增加。社会需求永远都是推进产业发展和科技进步的动力。正是市场的需要，促进了电铸技术的进步，同时，为了顺应这种需要，也就有了普及和推广这一技术的必要。

电铸技术的应用也绝不只是手机这类小型产品，包括在汽车制造和航空航天制造中，都已经并且还会大量用到电铸技术。我们有理由相信，关注和使用电铸技术的企业和人士会越来越多。

作为一种加法制造技术，电铸的应用已经比较广泛。随着 3D 打印技术的应用和推广，一部分原来采用电铸制造的样板的产品开始采用 3D 打印制造。其实，电铸在一定程度上也是一种 3D 制造。它所获得产品的结晶情况与 3D 打印的物理堆积还是有较大优势的。因此，在模型制造特别是需要量产和对材料结晶等有要求的产品，电铸仍然是不可替代的技术。

8.4 特殊材料上电镀

8.4.1 铝上电镀

8.4.1.1 铝上电镀的前处理

由于化学活泼性很强，铝在空气环境中和含氧或氧化剂的水或溶液中极易生成氧化膜，也就是所谓的天然氧化膜。如果想在铝表面进行电镀，这层氧化膜的存在对电镀结合力是极为不利的，可以说基本上不可能在这种有天然氧化膜的铝表面获得有使用价值的镀层。因此，铝上电镀的一个重要工序就是对铝进行前处理，以便使铝表面活性化而能与电沉积的结晶有良好的结合力。

铝上电镀的前处理分为常规处理和专业处理两类。常规处理是按金属电镀前的表面处理常规，对金属制件表面进行除油、去氧化膜或出光处理。铝材由于是两性金属材料，在酸和碱中都会发生化学反应，并且反应速度都很快。特别是在碱性处理液中，如果处理不当，铝材会迅速发生剧烈的化学反应而导致表面过腐蚀，因此要特别小心，通常都采用不含氢氧化钠的碱性处理液，以防过腐蚀。

（1）铝上电镀的通用流程

铝上电镀需要经过特殊的前处理后才有可能成功，而铝制件电镀前处理的工艺会因铝材的性能差异而有所不同，但是基本上都可以根据通用的铝上电镀工艺流程来进行，只在需要调整的工序做出安排。通用的流程因打底所用的工艺不同而有以下 3 种：

① 阳极氧化打底流程

有机除油→热水洗→碱性除油→热水洗→水洗→酸侵蚀→水洗→阳极氧化→电镀。

② 化学浸锌打底流程

有机除油→化学除油→冷水漂洗→酸蚀→冷水漂洗→活化→冷水漂洗→一次化学浸锌→冷水漂洗→退锌→冷水漂洗→二次化学浸锌→冷水漂洗→冲击镀铜（或镀镍）→冷水漂洗→电镀。

③ 化学镍锌打底流程

铝前处理流程→化学沉镍锌→水洗→预镀铜→热水洗→水洗→活化→水洗→电镀。

（2）除油与酸蚀工艺

① 有机除油

使用汽油、三氯乙烯或四氯化碳。

汽油成本低、毒性小，但是有易燃的缺点。三氯乙烯和四氯化碳不会燃烧，可在较高温度下除油，但成本较高且有毒，需要在比较密封的设备内小心操作。

② 碱性除油

磷酸三钠为 40g/L；

硅酸钠为 10g/L；

表面活性剂为 3mL/L；

温度为 50 ~60℃。

③ 酸侵蚀

硝酸为500g/L;

温度为室温。

(3) 预处理工艺

① 氧化膜法

铝及铝合金经电解氧化后，所获得的膜层是多孔性的。特别是在磷酸中阳极氧化后，膜层的孔径较大，可以作为电镀层增加结合力的基体表层。

磷酸为300～420g/L;

草酸为1g/L;

硫酸为1g/L;

十二烷基硫酸钠为1g/L;

阳极电流密度为1～2A/dm^2;

电压为30～60V;

温度为25℃;

时间为10～15min。

为了获得更好的结合强度，可以在铝氧化完成后在含有6%～8%的氰化钠溶液中进一步扩孔（时间：纯铝为15min，合金铝为5min），然后带电入槽进行电镀。刚入镀槽时的电流密度不宜过高，可以在1A/dm^2的电流下先电镀约30s，再调整到正常电流密度。

② 化学沉锌

a. 一次沉锌工艺

氧化锌为100g/L;

氢氧化钠为500g/L;

酒石酸钾钠为10～20g/L;

三氯化铁为1g/L;

温度为15～30℃;

时间为30～60s。

b. 二次沉锌工艺

氧化锌为20g/L;

氢氧化钠为120g/L;

酒石酸钾钠为50g/L;

三氯化铁为2g/L;

温度为15～30℃;

时间为20～40s。

③ 化学沉锌镍

氧化锌为5g/L;

氯化镍为15g/L;

氢氧化钠为100g/L;

酒石酸钾钠为20g/L;

硝酸钠为1g/L;

三氯化铁为2g/L；

氰化钠为3g/L；

温度为15～30℃；

时间为30～40s。

配制化学沉锌镍要先将锌与氢氧化钠制成锌酸盐溶液，将氯化镍与酒石酸盐络合，再在搅拌下溶于锌酸盐溶液中，最后加入氰化钠。氰化钠在这里所起的作用机理尚不明确，如果不加则镍不能共沉积，合金中镍的含量约为6%。

8.4.1.2 铝上电镀工艺

只要按前面所介绍的任何一种方法进行了铝上电镀的前处理准备工作，就可以进入铝上电镀的流程。

无论采用的是哪一种前处理方式，完成前处理后进入电镀的第一个工序是打底镀层。最常用的是冲击镀铜，也叫闪镀铜。这是铝上电镀打底镀层，对提高铝上电镀结合力和保证其后的电镀流程的顺利进行有重要作用。

（1）氰化物打底铜

现在适合用作打底镀层的闪镀铜的镀液主要是氰化物镀铜工艺。其配方和操作条件如下：

氰化亚铜为40g/L；

氰化钠为50g/L；

碳酸钠为30g/L；

酒石酸钾钠为60g/L；

pH为10.2～10.5；

温度为室温；

冲击电流密度为2.6A/dm^2；

时间为2min；

正常工作电流密度为1.3A/dm^2；

时间为3min。

（2）无氰镀铜

随着对清洁生产要求的加强，采用无氰电镀已经是流行的趋势，因此也有一些可以用于工业生产的打底用碱性镀铜工艺出现。一种商业碱性打底铜的工艺如下：

主盐液为300mL/L；

络合剂为150mL/L；

光亮剂为5mL/L；

pH为8.5～9.0；

pH调节剂为20～25mL/L；

阴极电流密度为2A/dm^2（挂镀）或1A/dm^2（滚镀）；

阳极电流密度为2A/dm^2；

光亮剂消耗量为100～200mL/（kA·h）。

可以用于无氰镀铜的络合剂型镀铜有焦磷酸盐镀铜、HEDP镀铜等。商业无氰镀铜基本上是这类工艺改进后的新一代产品。

在完成闪镀铜后，要充分清洗，并进行活化处理，活化用1% ~3%的硫酸溶液，如果其后的电镀是酸性镀铜或镀镍，经活化后不用水洗就可以直接入槽电镀。如果是其他碱性镀液特别是氰化物镀液，则活化后一定要经两次水洗后才能入槽电镀。

（3）闪镀镍

硫酸镍为140g/L；

硫酸铵为35g/L；

氯化镍为30g/L；

柠檬酸为140g/L；

葡萄糖酸钠为30g/L；

温度为55 ~66℃；

冲击电流密度为9 ~13A/dm^2；

正常电流密度为4 ~5A/dm^2；

时间为3 ~5min（其中冲击电流时间为30 ~45s）。

8.4.1.3 *加厚镀层和表面镀层*

完成打底镀以后的铝制品还需要进行加厚电镀，以保证镀层有一定厚度。这不仅仅是为了提高镀层的抗蚀性能，也是为了提高镀层的机械强度，在一定意义上可以增加镀层的机械结合力。因为铝的热变效应较强，如果镀层太簿，受热时容易起泡，而镀层较厚时，可以抵抗变形应力。加厚镀层由于处于打底镀层和表面镀层之间，因此也被叫作中间镀层。

（1）中间镀层的选择

要达到产品对镀层的要求，要根据表面的最终镀层选用中间镀层。例如镀暗镍或其他可作为中间或底镀层用的镀种或工艺。如果表面镀层是镀银，则更要在闪镀铜后适当加厚镀层；如采用酸性光亮镀铜等，一定要再经闪镀银（或化学镀银），然后才能进入表面最终镀层的施镀。

（2）适合做中间镀层的工艺

常用作中间镀层的镀种有酸性镀铜、瓦特型镍、焦磷酸镀铜等。对铝基体上电镀来说，适合作中间镀层的应该是pH接近中性的弱酸或弱碱性镀液。因此，可以选用瓦特镍或焦磷酸铜工艺。

如果采用酸性镀铜加厚，预镀层一定要有一定厚度并要保证镀层有较低的孔隙率；否则酸铜液在孔中残留而难以洗净，会成为以后起泡或发生点蚀的原因。

（3）表面镀层

表面镀层也是铝上电镀所需要的目标镀层，可以是装饰性镀层，也可以是功能性镀层。铝上电镀多数是功能性镀层，少数外装件兼有功能和装饰作用。纯装饰用镀层仅限于外框上的拉手、旋钮、标牌等。

在有了打底和中间镀层后，进行表面镀层的电镀就比较容易了。对镀液的选择范围也可以宽一些，但仍然要考虑铝基材的特点。因为任何镀层都是有一定孔隙率的，有些孔还会直通到基体。强酸或强碱性镀液在孔内的残留物会影响镀层的抗蚀性能和镀层结合力。

8.4.2 铝上电镀注意事项

铝上电镀质量的关键指标是结合力，而影响铝上电镀结合力的因素比较多，所以必须对整个流程加以严格的控制，才能达到预期的效果。

（1）前处理

前处理要保持表面氧化物充分被去除，但同时又要防止过腐蚀。前处理过程中要经过碱蚀、酸蚀、去膜、活化等各个步骤，如果有一个步骤处理不充分，就会影响结合力。也要完全避免同时发生过腐蚀的现象。因为铝无论是在碱性还是酸性溶液中都会发生腐蚀，这将导致金属晶间腐蚀加重，表面出现晶斑或晶纹，即使电镀也不能覆盖住这些粗糙的纹理而导致外观或性能不合格。

同时，经过化学前处理的铝制件要迅速进入下一道工序，这是防止表面再次氧化而导致结合力出现问题的关键，不要预先处理许多制件来等待下一道流程，应该镀多少就处理多少，以保持前处理的工件可尽快全部进入下个流程。

（2）化学沉锌的维护

化学沉锌槽严禁带入其他杂质和酸碱溶液，特别是油污或其他金属杂质。悬挂铝制品的挂具要用铝或不锈钢制作。沉锌液每次使用后要加盖保存。对二次沉锌工艺，退锌液要保持干净和经常更换，第二次沉锌的时间也不宜过长，防止发生置换过度造成的基体腐蚀。

（3）保证结合力良好的细节

“赢在细节”这条管理理念，在铝上电镀的质量管理中也是用得上的。这些细节中的任何一个环节马虎了，结合力就会出问题。

① 水洗

每道工序间的清洗要非常充分，并且工序间的停留时间不宜过长。同时，如果制件进入加热的镀液或由加热的镀液出槽，都要在热水中预热或出槽热水洗，以缓冲金属铝与镀层间的热胀冷缩引起的结合力不良。特别是碱性加热液的出槽清洗，一定要用热水洗，这样才能将表面残留的碱液清洗干净。

② 带电入槽

铝上电镀都要带电入槽，以防止产生置换而影响结合力。电镀过程不能断电，观察镀件时不可提出槽外，尽量在槽内带电观察。

③ 冲击电流

锌酸盐处理后的制件在进行镀铜打底时，不仅要带电入槽，还要使用较高的电流密度进行冲击电镀，数秒钟后以正常电流密度电镀。这样可以在极短时间内在制件表面获得铜镀层，即使发生置换锌层的溶解也由铜镀层填补。如果不采用冲击电流，对复杂的制件，低电流区难免有镀层生长。在此后的电镀中，没有镀层的部位，很难再镀上镀层。即使有镀层补上，也容易起泡。

8.4.3 镁及其合金电镀

8.4.3.1 镁及其合金表面处理工艺的选择

（1）镁及其合金的性能

采用更轻量化的结构材料已经是现代产品结构的一种发展趋势。这种形势使镁及其合金在电子产品中的应用越来越多，对这种比铝更轻的材料的电镀也就成为人们关心的课题。

镁及其合金具有许多优良的物理和机械性能。例如具有较高的比强度和比刚度、易于切削加工、易于铸造等。同时其减振性好，能承受较大的冲击振动负荷。由于导电导热性好、磁屏蔽性能优良，它是一种理想的现代电子产品结构材料，现已被广泛应用于汽车、机械制造、航空航天、电子、通信、军事、光学仪器和计算机制造等领域。

但是镁的标准电位很小，在酸性介质中达 -2.363V，因此是极为活泼的金属。耐蚀性很差，如果不对其表面进行防护装饰性处理，难以用作产品的结构件。实际产品中使用的已经多数是镁的合金制品，采用合金化处理的镁在机械性能和防护性能上都有所改善，但是仍然需要进行表面处理特别是电镀以后，才能发挥其独特的功能。

（2）镁及其合金的表面处理

为使镁合金应用于不同的场合，经常需要改变其表面状态以提高耐蚀性、耐磨性、可焊性、装饰性等性能。目前有许多工艺可在镁及其合金表面上形成涂覆层，包括电镀、化学镀、转化膜、阳极氧化、氢化膜、有机涂层、气相沉积层等。其中应用最多而又有效的方法就是通过电化学方法在基体上镀一层所需性能的金属或合金——电镀与化学镀。

与其他表面处理方法相比，镁合金上电镀及化学镀投资相对较少，获得的镀层功能多样性，可以满足各方面的需要。因此，许多镁及镁合金制品选择了电镀。

但是，电镀、化学镀及前处理过程经常采用铬的化合物、氰化物及含氟化合物，引起的环境问题促使我们开发绿色环保工艺以适应新时代的需要。化学镀获得的镀层均匀，但镀液使用寿命较短、废液较多，且操作条件比较苛刻，必须严格控制。电镀操作条件较宽，镀液寿命较长，环境问题相对较小，但对形状复杂的部件难以获得均匀的镀层。

（3）镁及其合金上电镀的难度

由于镁特殊的电化学反应活性，给电镀及化学镀增加了额外的困难。镀前处理对能否获得满意的镀层至关重要，目前较常用的方法为浸锌和直接化学镀镍。浸锌过程需精确控制，否则获得的镀层不均匀，呈海绵状，且结合力不好。浸锌后通常还要氰化镀铜，对形状复杂的基体难以获得均匀镀层，并且镀液含有剧毒氰化物，污染环境。直接化学镀镍面临的主要问题是传统的镀液呈酸性，会腐蚀镁基体。镁与镀液中阳离子发生的置换反应严重缩短了化学镀液使用寿命。

8.4.3.2 镁及其合金电镀流程

（1）镁及其合金电镀的典型工艺流程

典型的镁及其合金电镀的工艺流程包括表面的机械前处理，包括小型零件的滚光或擦光，大型制件的表面精抛以得到高光泽表面等。但对一般产品，机械前处理往往是省掉了的。工艺流程如下：

有机除油→化学除油→冷水漂洗→酸蚀→冷水漂洗→活化→冷水漂洗→化学浸锌→冷水漂洗→冲击镀铜（或镀镍）→冷水漂洗→电镀目标镀层。

（2）化学镀镍流程

① 有浸锌的化学镀镍

有机除油→化学除油→冷水漂洗→酸蚀→冷水漂洗→活化→冷水漂洗→化学浸锌→冷水漂洗→化学镀镍。

② 直接化学镀镍

有机除油→化学除油→冷水漂洗→酸蚀→冷水漂洗→活化→冷水漂洗→预浸还原剂→化学镀镍。

(3) 可直接镀镁合金电镀工艺流程

典型工艺流程中的化学浸锌工艺比较费时费力，而且条件控制要求较严，因而成本较高。为了改善这种情况，近年来已经出现了一种通过改进镁合金成分而直接电镀以获得良好镀层结合力的材料和技术。其流程如下：

碱洗→水洗→浸酸→水洗→活化→水洗→电镀镍。

这一工艺的应用将降低镁制品电镀的成本而扩大其商业应用的价值。

8.4.3.3 镁及其合金电镀工艺

以下是典型工艺流程所采用的工艺配方与操作条件：

(1) 高效碱性除油

氢氧化钠为15~60g/L;

磷酸三钠为10g/L;

温度为90℃;

时间为3~10min。

这种处理液的pH要保持在11以上，如有必要，可添加0.7g/L的肥皂。考虑到磷酸盐的污染问题，可以将其去掉而增加氢氧化钠的含量至100g/L。

(2) 浸酸

浸酸是为了除去镁在有机除油或碱性除油后留下的污染，特别是有过刷光、喷砂等处理的表面。

① 硝酸铁亮浸

铬酐为180g/L;

九水硝酸铁为40g/L;

氟化钾为6g/L;

温度为室温;

时间为15s~2min。

② 铬酸侵蚀

铬酐为180g/L;

温度为20~90℃;

时间为2~10min。

这种侵蚀适合对尺寸要求较高的产品。

③ 磷酸侵蚀

磷酸（85%）为不稀释;

温度为室温;

时间为15~300s;

注意这种侵蚀的金属损失率较高，为13μm/min。

④ 醋酸侵蚀

冰醋酸为 280mL/L;

硝酸钠为 80g/L;

温度为室温;

时间为 30～120s。

(3) 活化

活化实际上是一种特殊的侵蚀工艺，可以使表面显露出微晶界面而有利于镀层的生长。

① 磷酸活化

磷酸（85%）为 200mL/L;

氟化氢铵为 100g/L;

温度为室温;

时间为 15～300s。

这是最常用的活化剂。氟化氢钠或氟化氢钾也可以用，注意镀槽不能用玻璃或陶瓷类制品。

② 碱性活化液

焦磷酸钠为 40g/L;

四硼酸钠（硼砂）为 70g/L;

氟化钠为 20g/L;

温度为 70℃;

时间为 2～5min。

这种碱性活化液兼有除油的效果，对表面有一般氧化膜的镁制件可以除油和活化一步完成。

(4) 化学浸锌

镁上电镀能否成功的关键在于化学浸锌的成功与否。由于镁有更活跃的化学性质，增加处理流程都有伤其基体的风险，因此一般不采用退锌后再二次浸锌的流程。标准的浸锌液是焦磷酸盐、锌酸盐和氟化物的水溶液。

一水硫酸锌为 30g/L;

焦磷酸钠为 120g/L;

氟化钠为 5g/L;

碳酸钠为 5g/L;

温度为 80℃;

含铝镁合金，时间为 3～7min;

不含铝镁合金，时间为 3～5min;

非合金镁，时间为 2～4min。

配制这种镀液的次序很重要。首先在室温下将硫酸锌溶于水中，然后加热至 60～80℃，在搅拌下加入焦磷酸钠。这时有白色焦磷酸锌沉淀出现，但继续搅拌 10min 左右即会完全溶解。再加入氟化物，然后加入碳酸钠调整 pH 到 10.0～11.0。

氟化物也可以采用氟化锂，虽然比较贵，但由于溶解度有限而会自行调节在镀液中的浓度，过量的氟化锂会附着在阳极袋上，在溶液中氟离子浓度下降时自动溶解补充氟离子。

浸锌溶液应该尽量采用去离子水配制。铁及其他金属离子对沉锌是有害的。挂具上的铬残留物或陶瓷类槽体因氟腐蚀下来的硅离子，对化学沉锌都是有害的。

(5) 冲击镀铜

冲击镀铜也叫闪镀铜，是在化学沉锌表面镀上一层电镀层以利于后续的电镀加工的过程。

① 氟化物-氰化物镀铜

氰化亚铜为41g/L；

氰化钾为68g/L；

氟化钾为30g/L；

游离氰化钾为8g/L；

温度为55~60℃；

pH为9.6~10.4；

阴极移动速度为2.4~3.7m/min。

② 酒石酸钾钠-氰化物镀铜

氰化亚铜为41g/L；

氰化钾为51g/L；

碳酸钠为30g/L；

四水酒石酸钾钠为45g/L；

游离氰化钾为6g/L；

温度为55~60℃；

pH为9.6~10.4；

阴极移动速度为2.4~3.7m/min。

两种槽液都必须带电下槽，否则置换铜层将影响镀层的结合力。

(6) 化学镀镍工艺

硫酸镍为27g/L；

次亚磷酸钠为30g/L；

苹果酸为15g/L；

乳酸为10g/L；

柠檬酸为1g/L；

3-硫-异硫脲嗡盐丙烷磺酸钠为0.005g/L；

pH为4.6~5.2；

温度为75~95℃。

8.4.3.4 直接镀工艺

直接镀工艺是省去预镀等工序的电镀工艺，可以提高生产效率，但是对前处理的要求非常严格，否则难以保证镀层与基体的结合力。

(1) 碱洗

氢氧化钠为100g/L；

温度为100℃；

时间为3~10min。

(2) 浸酸

铬酐为120g/L；

硝酸（70%）为 150g/L；
温度为 21 ~ 32℃；
时间为 0.5 ~ 1min。
（3）活化
氢氟酸为 360g/L；
温度为 21 ~ 32℃；
时间为 10min。
（4）电镀镍
碱式碳酸镍为 120g/L；
柠檬酸为 40g/L；
氢氟酸为 43g/L；
润湿剂为 0.7g/L；
pH 为 3.0；
阴极电流密度为 3 ~ 10A/dm^2。
注：直接镀需要搅拌。

8.4.4 镁及其合金电镀的常见故障与排除方法

镁及其合金电镀的常见故障与排除方法见表 8-5。

表 8-5 镁及其合金电镀的常见故障与排除方法

常见故障	表现或原因	排除方法
浸锌层沉积不全	表面活化不当	检查浸酸和活化液，更换
	挂具上的铬或镍离子带入	将挂具清洗干净再用
	浸锌时间不足	适当延长浸锌时间
	氟化物含量过低	适当添加氟化物
	锌含量低	补加锌离子
	表面有油污	除油要充分
浸锌时镁基体上有麻点	氟化物含量过低	补充氟化物
	溶液 pH 太低	调整浸锌液 pH
冲击镀铜镀层不全	1. 当镀层不全面积较大时	
	浸锌时间不足	延长浸锌时间
	表面有油污	除油要干净
	游离氰化物含量低	补充氰化物
	2. 当镀不全部位较小时（3mm 以下）	
	浸锌液中氟化物含量低	补加氟化物
	冲击镀铜时间不足	延长冲击镀铜时间
	游离氰化物含量不足	分析、补加氰化物
	阴极电流密度太高	降低阴极电流密度
	溶液搅拌不够	加强搅拌

续表

常见故障	表现或原因	排除方法
冲击镀铜起泡	零件没有带电入槽	冲击电镀时带电入槽
	浸锌、水洗和冲击镀铜之间传送时间过长	各工序之间停留时间尽量缩短
	起始阴极电流密度太高	降低起始电流密度
	游离氰化物含量太低	分析、补加氰化物
	浸锌层太厚	控制浸锌时间
	表面有油污	不要污染流程中的零件
冲击镀铜时镁基体有麻点	浸锌时间太短	延长浸锌时间
	阴极电流密度太低	提高阴极电流密度
	游离氰化物含量过低	分析、补加氰化物
	氟化物含量低	添加氟化物
冲击镀铜后镁基体有麻点	冲击镀铜时间不足	延长冲击镀铜时间
	通电前在镀液中停放时间太长	镀件带电入槽

8.5 铷铁硼磁体电镀

8.5.1 磁性材料电镀工艺

磁性材料在现代通信电子和仪器仪表类电子整机中都有较多的应用，如导航仪器、测试仪器、磁敏传感器等各种磁体材料和类磁体材料，很多都需要进行电镀以保持和增强其功能性，有时在这类材料上的电镀则是装配、引线等功能方面的需要。比较典型的磁性材料是钕铁硼稀土永磁材料。

8.5.1.1 钕铁硼稀土永磁材料简介

稀土永磁材料是指稀土金属和过渡族金属形成的合金。这种经一定的工艺制成的永磁材料有极强的磁性并能持久保持。这种材料现在分为第一代永磁材料（RECo5）、第二代永磁材料（RE2TM17）和第三代稀土永磁材料（NdFeB）。

钕铁硼（NdFeB）稀土材料的出现及其在电子领域中应用的迅速发展，在电子电镀业界掀起了一股钕铁硼电镀的热潮。这是因为钕铁硼材料是电子信息产品中重要的基础材料之一，与许多电子信息产品息息相关。随着计算机、移动电话、汽车电话等通信设备的普及和节能汽车的高速发展，世界对高性能稀土永磁材料的需求量迅速增长。

我国在钕铁硼生产上，已经初步形成了自己的产业体系，产量已占到世界总额的40%。在这个份额里，高档产品还没有形成较强的实力，缺少国际竞争能力。作为新材料重要组成部分的稀土永磁材料，广泛应用于能源、交通、机械、医疗、IT、家电等行业，其产品涉及国民经济的很多领域，其产量和用量也成为衡量一个国家综合国力与国民经济发展水平的重要标志之一。

钕铁硼作为第三代稀土永磁材料，具有很高的性能价格比，因此近几年在科研、生产、应用方面都有持续高速的发展。以信息技术为代表的知识经济的发展，给钕铁硼稀土永磁等功能材料不断带来新的用途，这为钕铁硼产业带来更为广阔的市场前景。在钕铁硼材料发明之初，主要应用于计算机磁盘驱动器的音圈电动机（VCM）、核磁共振成像仪（MRI）以及各种音像器材、微波通信、磁力机械（磁力泵、磁性阀）、家用电器。随着其性能的不断提高，近年来出现了一些新的应用，如目前正在研制的磁悬浮列车对钕铁硼的需求将使其用量超过所有其他领域。

钕铁硼材料由于含有较多的铁成分，其抗氧化性能是较差的，因此在很多使用永磁体的场合，都对其进行了表面处理，而用得最多的表面处理方案就是电镀。因此，钕铁硼材料的电镀技术，成为电子电镀中新兴而热门的新技术。

8.5.1.2 钕铁硼永磁体电镀工艺流程

钕铁硼材料的制作工艺决定了这种材料是多孔性的，同时作为特殊材料的合金，各组分之间在结晶结构上会有某些差别，从而导致材料的不均一性和易腐蚀性。因此，对钕铁硼材料进行电镀成为提高钕铁硼材料使用性能的重要加工措施。钕铁硼制件多为1～2mm厚的圆片状体，没有可以悬挂的小孔，不方便挂镀，而又不适合滚镀，因为容易重叠在一起而导致局部没有镀层。一种解决办法是在电镀时装入一定量直径为3～5mm的钢珠（约为镀件量的1/3），这样就可以增加小圆片的可镀性，钢珠的加入不仅增加了导电能力，而且起到隔离圆片之间重叠的作用，使钕铁硼制件的滚镀顺利进行。

典型钕铁硼电镀的工艺流程如下：

烘烤除油→封闭→滚光→水洗→装桶（与钢珠一起）→超声波除油→水洗→酸蚀→水洗→去膜→水洗→活化→超声波清洗→滚镀→水洗→出槽→水洗→干燥。

本工艺流程中有几道工序是常规滚镀中所没有的，是针对钕铁硼制品的材质特点而设计的工序，要特别加以留意。

（1）烘烤除油

钕铁硼制品是类似粉末冶金制品的多孔质烧结材料，在加工过程中难免有油污等脏污物进入孔内而不易清除。简便的方法就是利用空气的强氧化作用，使孔内的油污等蒸发或灰化，以消除以后造成结合力不良的隐患。

（2）封闭

封闭是对多孔质材料常用的表面处理方法之一，通常可以借用粉末冶金件封闭的方法，即浸硬脂酸锌的方法，将硬脂酸锌在金属容器内加热至熔化（130～140℃），然后将烘烤除油后的制品浸到熔融的硬脂酸锌中（浸25min左右）。取出，置于烘箱中，在600℃干燥30min左右，或在室温下放置2h以上，使其固化。

（3）滚光

经封闭后的制件还要进行滚光处理，使表面的氧化物、毛刺、封闭剂等经滚光处理后都去掉而呈现出新的金属结晶表面。所用磨料视表面状态而有所不同，通常为木屑类植物性硬材料，也可用人工磨料（人造浮石等）。工件与磨料的比值为1：(1～2)。为了提高滚光效果，可以加入少许OP乳化剂，以淹没工件为宜。滚光桶以六角形为好，转速为30～40r/min，时间为30～60min。

（4）去膜

钕铁硼制品经酸蚀后表面会残留一层黑膜，如果不除掉会影响镀层结合力。这些黑膜不宜用普通强酸去除，可在150mL/L浓盐酸中加有机酸15g/L，在室温下处理2min左右即可。

8.5.1.3 钕铁硼电镀工艺

钕铁硼电镀根据产品使用环境的不同而采用了不同的电镀工艺，表面镀层也分为两大类：一类是镀锌，用于常规产品；另一类是镀镍，用于要求较高的产品。也有少数产品从整机需要出发而要求镀其他镀种，如镀合金、镀银等。

（1）镀锌

钕铁硼产品的镀锌采用先化学浸锌再镀锌的工艺：

① 化学浸锌

硫酸锌为35g/L；

焦磷酸钾为120g/L；

碳酸钠为10g/L；

氟化钾为10g/L；

温度为90℃；

时间为40s。

② 氯化钾光亮镀锌

氯化钾为180～200g/L；

氯化锌为60～80g/L；

硼酸为25～35g/L；

商业光亮剂按说明书加入；

pH为5.0～5.5；

温度为室温；

电流密度为1～2A/dm^2。

③ 镀后处理

经镀锌的钕铁硼制品一定要经过钝化处理，可采用低铬或三价铬、无铬钝化，然后经烘干后表面涂罩光涂料。彩色钝化的耐中性盐雾试验要求不低于72h。

（2）镀镍

钕铁硼镀镍实际上有多层镀层，需要预镀镍、镀铜加厚，然后在表面光亮镀镍。

① 预镀镍

硫酸镍为300g/L；

氯化镍为50g/L；

硼酸为40g/L；

添加剂适量；

pH为4.0～4.5；

温度为50～60℃；

电流密度为0.5～1.5A/dm^2；

时间为5min。

② 焦磷酸盐镀铜加厚

作为中间镀层，尽管大都采用酸性光亮镀铜工艺，但是，对钕铁硼材料进行加厚电镀不宜采用酸性镀铜，这是因为在强酸性镀液中，已经预镀了阴极镀层的多孔性材料会很容易发生基体微观腐蚀，为以后延时起泡留下隐患。比较合适的工艺是接近中性的焦磷酸盐镀铜：

焦磷酸铜为70g/L；

焦磷酸钾为300g/L；

柠檬酸铵为30g/L；

氨水为3mL/L；

光亮剂适量；

pH 为8～8.5；

温度为40～50℃；

电流密度为1～1.5A/dm^2。

③ 光亮镀镍

硫酸镍为300g/L；

氯化镍为40g/L；

硼酸为40g/L；

低泡润湿剂为1mL/L；

商业光亮剂按说明书加入；

pH 为3.8～5.2；

温度为50℃；

阴极电流密度为2～4A/dm^2。

对需要其他表面镀层的钕铁硼材料，可以在完成中间镀层的铜加厚电镀后，进行其他表面镀层的加工。有时为了增加镀层的厚度和可靠性，还可以在焦磷酸盐镀铜后加镀（快速酸性镀铜工艺），以获得良好的表面装饰性，再镀其他镀层会有更好的效果。进行这些电镀操作的要点是一定要带电下槽和中途不能断电，否则会因孔隙中的镀液的作用而对基体造成微观腐蚀，影响结合力。

8.5.2 其他磁体电镀

8.5.2.1 电沉积高电阻率镍铁系软磁镀层

近年来，随着磁记录元器件的高频化，对用于高频领域的低损耗材料的需求也在增长，并促进了微磁器件的研究和开发，使以电沉积的方法获得磁性能镀层的技术也有所发展。

在高频电波信号领域，电磁器件材料的电阻率与表面磁性膜层厚度有以下关系：

$$S = (2p/\omega\mu)^{1/2}$$

式中，S 表示表面磁层厚度；p 表示电阻率；ω 表示频率；μ 表示磁导率。

这个关系表现了软磁材料的特殊性能，实际上是软磁体的“趋肤效应”。

所谓软磁材料，是指在较弱的磁场下，易磁化也易退磁的一种铁氧体材料。这种材料通常要求有较高的电阻率，以使表面能保持良好的软磁性能，这在现代通信电子产品中是很重要的。

由这个关系式可知，当材料本身的电阻率增加时，磁层将减薄，而传统的铁氧体材料制成的电磁器件不能满足高频率下对器件饱和磁束密度要求小而保磁率高的要求，从而促进了对新的磁性膜层的开发和研究，结果开发了电沉积磁性薄膜技术。这一技术的商品化最早是由 IBM 公司于 1979 年完成的。

获得镍铁系软磁镀层的工艺如下：

硫酸镍为 130g/L；

硫酸亚铁为 3g/L；

硼酸为 25g/L；

氯化钠为 20g/L；

氨基磺酸为 3g/L；

聚氧乙烯十二烷基醚硫酸钠为 0.02g/L；

二甘醇 3，4-三胺为 $0 \sim 8 \times 10^{-6}$；

温度为室温；

pH 为 3；

阴极电流密度为 $0.5 \sim 2A/dm^3$。

在这一工艺中，添加剂二甘醇 3，4-三胺有重要作用，当其添加量为 0 时，在 $1A/dm^2$ 电流密度下镀得的镍铁膜层的电阻率为 25μΩ·cm，随着二甘醇量的增加，膜层的电阻率也随之上升，在添加量是 4×10^{-6} 时，电阻率为 75μΩ·cm，当添加量增加至 8×10^{-6} 时，则电阻率达到 130μΩ·cm。

保持镀层适当的高电阻率是保证镀层所具有的软磁特性的重要条件。

但是，二甘醇的添加对镀层的矫顽力也有影响。当添加量在 4×10^{-6} 以内时，矫顽力基本上维持在一个较低的水平；当添加量大于 4×10^{-6} 以后，矫顽力急剧增大。因此，为了达到镀层电阻率、磁导率和矫顽力的平衡，二甘醇的添加量以 $3 \sim 4 \times 10^{-6}$ 为合适。矫顽力（H_c）是表示材料磁化难易程度的量，取决于材料的成分及缺陷（杂质、应力等）。

为什么添加二甘醇会引起镀层的这种性能的变化？研究表明是添加二甘醇后的合金共沉积的比率有所改变，铁的含量有所增加，从而增加了镀层的电阻率。

8.5.2.2 化学镀钴合金获得垂直磁性能镀层

随着数字信号储存量和处理量越来越大，人们对磁存储器的容量要求也越来越高，促使人们开发新存储方式。正是在这种背景下，产生了改变传统磁记录方式的垂直磁记录方式。

关于电磁信号的垂直记录（Perpendicular Magnetic Recording，PMR）理论，其实早在 20 世纪 80 年代就已提出，和现有的工业标准相反，垂直记录要求在硬盘碟片上垂直排列记录着数字信息的磁电荷（magnetic charges）。这类似于在碟片表面垂直排列大量微小的磁铁。目前采用的纵向记录（Longitudinal Magnetic Recording，LMR）技术是在碟片表面上水平排列磁电荷。

一般来说，提升磁信号存储容量目前有两种方法，一是提升磁道密度，二是提升数据存取单元密度。不管是现在普遍采用的纵向记录技术还是垂直记录技术，都依靠这两种方式增大磁体的容量。

简单地说，垂直记录就是将磁物质的磁场方向旋转 90°，以此来记录数据的一种方式——使磁粒子的排列方式与盘片（软磁底层）垂直，而不是原有的使两者呈水平关系的排列。与这种理论相对应的磁层性能的获得，就成为电子制造中的一个课题。

可以采用磁控溅射的方法获得钴镍垂直磁性薄膜，但是其生产效率和成本都不能与化学沉积法相比，因此开发化学镀钴合金镀层来获得垂直磁记录膜层有很重要的工业价值。

化学镀钴镍合金的工艺配方如下：

硫酸钴为3g/L；

硫酸镍为13g/L；

次磷酸钠为21g/L；

硫酸铵为66g/L；

丙二酸钠为75g/L；

铼酸铵为0.8g/L；

pH为9.6；

温度为80℃。

从这个镀液中获得的钴镍合金膜与普通化学镀液获得的相比，膜层具有多向垂直磁性能，有可能用于垂直磁记录体。镀液以丙二酸钠作络合剂，以硫酸铵为pH缓冲剂，镀液性能稳定。

8.5.3　巨磁阻抗效应与电镀

2007年10月9日，瑞典皇家科学院宣布，法国科学家阿尔贝·费尔和德国科学家彼得·格林贝格尔因先后独立发现了“巨磁阻抗”效应，分享2007年诺贝尔物理学奖。阿尔贝·费尔和彼得·格林贝格尔发现的“巨磁阻抗”效应造就了计算机硬盘存储密度提高50倍的奇迹。其研究成果在信息产业中的商业化运用非常成功。可以说巨磁电阻效应的发现是近些年来物理学的一项重大科学进步，并很快取得了极大的社会效益。

那么什么是巨磁阻抗效应呢？与电镀又有什么关系？

8.5.3.1　巨磁阻抗效应

在较早以前，在经典物理的电磁学中，已经发现了磁电阻效应。这是指在一定磁场下磁性金属和合金电阻会发生某些变化，但这种变化并不十分显著，只被当作一般物理现象对待。“巨磁电阻”效应是指在一定的磁场下电阻急剧变化，变化的幅度比通常磁性金属与合金材料的磁电阻数值高10余倍。20世纪90年代，人们在多种纳米结构的多层膜中观察到显著的“巨磁电阻”效应，巨磁电阻多层膜在高密度读出磁头、磁存储元件上有广泛的应用前景。

法国科学家阿尔贝·费尔和德国科学家彼得·格林贝格尔分别发现的巨磁阻抗效应（Giant Magnetic Impedance，GMI）成为20世纪90年代物理学的最重要发现，因为这一发现引发了许多技术领域特别是电子信息存储与读取技术的重要进步。

巨磁阻抗一般定义为

$$\mathrm{GMI}\ [\Delta Z/Z\ (\%)] = (Z_{\mathrm{H(max)}} - Z_0)\ /Z_0 \times 100\% \tag{8-1}$$

式中，Z_0表示外加直流场为零时，薄膜的阻抗；$Z_{\mathrm{H(max)}}$表示外加直流场H为饱和时，薄膜的阻抗。

巨磁阻抗效应的发现迅速引起敏感的科技工作者的重视，人们很快就在一些磁合金材料观察中发现了这一效应，且在室温和很低的磁场作用下，也可观察到显著的巨磁阻抗现象。

1992年首先在铁系和钴系非晶软磁丝中观察到了巨磁阻抗效应，磁场下材料的阻抗变化的灵敏度比金属多层膜的巨磁电阻高一个数量级，这一现象引起了广泛的关注。该效应具有灵敏度高、反应快和稳定性好等特点，在传感器技术和磁记录技术中具有巨大的应用潜能。利用该效应可以制作高灵敏度传感器，可广泛应用于交通运输、生物医疗、自动控制、安全生产、国防等各行业，还可以用于磁场、位移、扭矩、计数、测速、无损探伤等方面的检测。

1994年，IBM公司研制成“巨磁阻抗”效应的读出磁头，将磁盘记录密度一下子提高了17倍，从而使磁盘在与光盘竞争中重新处于领先地位。硬盘的容量从4GB提升到了当今的600GB或更高。

1997年，基于“巨磁阻抗”效应的读出磁头研制成功，很快成为标准技术。即使在今天，绝大多数读出技术仍然是“巨磁电阻”的进一步发展。

对“巨磁阻抗”效应的应用，不仅使电子器件小型化，而且价格低廉，除了在读出磁头上的应用外，还可以应用于测量位移、角度等传感器中，可广泛地应用于数控机床、汽车测速仪、非接触开关和旋转编码器中，与光电等传感器相比，它具有功耗小、可靠性高、体积小、能工作于恶劣的工作条件等优点。

此外，利用“巨磁电阻”效应在不同的磁化状态具有不同电阻值的特点，可以制成随机存储器，由于其具有可在无电源的情况下继续保留信息的优点，已经成为计算机、手机、数码相机、MP3等电器必备的存储元件。

目前已有一些关于巨磁阻抗传非晶丝的磁敏特性研制磁传感器，无疑具有重要的现实意义和广阔的应用前景。这项具有里程碑意义的开拓性工作，不仅引发了过去十几年中凝聚态物理新兴学科——磁电子学和自旋电子学的形成与快速发展，也极大地促进了与电子自旋性质相关的新型磁电阻材料和新型自旋电子学器件的研制和广泛应用。

我国科学工作者和相关企业在过去十几年里也持续开展了有关新型磁电阻材料和器件及其物理研究，并取得了显著的科研成果。例如，国际上至今发现具有“巨磁阻抗”效应的20多种金属纳米多层膜中，有三种是我国学者发现的。

此外，我国学者在纳米环状磁性隧道结及其新型磁随机存储器原理型器件研制方面也取得了创新性的重大进展；在相关磁电子学和自旋电子学基础物理研究方面也获得了许多有创新性的成果。采用电镀的方法获得具有巨磁电阻效应的镀层，就是一项重要的进展。

8.5.3.2 巨磁效应镀层的电沉积

就如电镀获得纳米材料一样，采用电镀的方法可以获得具有巨磁效应的镀层也是电化学加工工艺学的新进展。

有人采用异常电沉积法在厚度为60～80μm的铜基片上制备了非晶镍铁磁敏薄膜，镍铁磁敏膜的厚度为25～30μm。其工艺流程如下：

铜基片→电解除油→混酸侵蚀→清洗→弱侵蚀→电沉积镍铁合金→磁敏薄膜成分分析及性能测试。

频率为40kHz时，在饱和磁场下，巨磁阻抗变化率达到最大值30%，复合NiFe/Cu/NiFe磁敏薄膜比单层NiFe薄膜具有更明显的巨磁阻抗效应。

具有优良软磁性能的一种合金镀层是同样具有巨磁阻抗效应的钴磷复合镀层（CoP-

Cu)。巨磁阻抗效应的一个重要特征是当非晶丝中通过交流电流时，频率从 1kHz 到几兆赫范围内，在较小的直流磁场作用下，材料的交流阻抗随外加磁场的变化而有很灵敏的变化。这一效应最早是在 CoFeSiB 非晶丝中发现的，其后发展到 Fe 基非晶丝和薄带，现在已扩展到夹心薄膜中。已经探明，非晶丝和薄带中巨磁阻抗效应的来源归于某些特殊的磁畴结构和较强的趋肤效应。在膜厚为 1 ~4μm 的单层铁磁薄膜中，出现大巨磁阻抗效应的频率在 80MHz 以上，这时趋肤效应非常强烈。高频电磁信号的这种趋肤效应对利用电沉积法获得各种电磁性能镀层是非常有利的。因为功能性镀层要想保持其镀层的各部位和较厚镀层中的各向同性是有难度的，而薄层镀层特别是化学镀层，比较容易获得这种性能。同时，电磁波的这种表面传导特性也为一些新材料和新技术的应用提供了理论上的支持。

从以下镀液中获得的钴磷镀层，表现出具有巨磁效应的特性。所用基体材料为 200μm 的铜丝，在电镀完成后，相当于制成了以铜丝为内导体、以钴磷为外导体的同轴电缆。

硫酸钴为 50g/L；

次亚磷酸钠为 60g/L；

硼酸为 30g/L；

pH 为 2；

温度为室温；

阴极电流密度为 0.1 ~0.5A/dm^2；

阳极为铂网。

工艺流程如下：电解除油→热水洗→清水洗→酸蚀→清水洗→去离子水洗→电镀→二次水洗→干燥。

从这种镀液中获得的钴磷镀层为非晶态合金镀层，其合金的组成和软磁性能随电流密度的变化而变化。

测试结果显示，当阴极电流密度在 0.17 ~0.25A/dm^2时，镀层的含磷量为 11.48%（质量分数）左右。这种铜-钴磷复合丝的巨磁阻抗与软磁性能的关系符合所示的公式关系。镀层的巨磁阻抗比的最大值为 441%，巨磁阻抗效应非常显著。

8.6 陶瓷电镀

8.6.1 陶瓷电镀概述

陶瓷是陶器和瓷器的总称。人类使用陶器的历史可以追溯到一万多年以前，虽然有资料认为在八千多年前的新石器时代是陶器产生的时代，但不断有考古新发现在更新人们关于人类发展进程的认识。可以肯定的是，陶器是原始人类一项重大的发明，在人类发展史上有着重要的意义，那第一个将泥土糊在植物编织成的容器上让它可以耐火的原始人，应该是一个绝顶聪明的人。直到 21 世纪的今天，陶器仍然是人类的生活器皿或工业产品的重要材料。现在很多家庭煲汤的罐子就一直用的是陶罐。

陶瓷是良好的电介质，因此在电子工业一直有着广泛的应用。从电容器到高频线圈等，都有用到陶瓷的。陶瓷表面电镀以后，可以方便地焊接，可以再加工出图形或线路，凡此种种，都是电子器件可以发挥作用之处。

现在纳米陶瓷正在加紧开发中，可塑性陶瓷也早已是很多研究机构的重要课题，与之相关的表面处理技术包括电镀技术，也会有相应的跟进。陶瓷这一古老的材料，还在散发着青春的力量。

近年陶瓷在微电子器件中的应用越来越多。尤其在移动智能通信进入5G时代后，用于5G基站的微波陶瓷器件需求量大增。微波陶瓷的电镀也成为一项重要的电子制造技术。

陶瓷材料的电镀，与塑料等非金属材料电镀一样，需要先采用化学镀的方法使其表面金属化，具有导电功能后，进行所需要的镀层的电镀。而非金属表面金属化技术依据的原理是基本相同的。因此，我们在掌握了非金属材料的表面金属化技术后，从事包括陶瓷材料在内的各种非金属材料的表面金属化就不是很难的了。

8.6.2 非金属电镀的通用工艺

非金属电镀的通用工艺流程：除油→清洗→粗化→清洗→敏化→清洗→活化→清洗→化学镀→清洗→电镀→清洗→干燥。

实际上，任何一种非金属材料，只要能在表面形成亲水的粗化状态，就可以在表面进行化学镀过程，从而获得表面金属化的效果，完成其后续的电镀就不是很难了，可见粗化是非金属电镀的关键。

8.6.2.1 粗化

除油的工艺很多，且都是通用工艺，就不重复介绍了。在完成除油工序后，表面粗化程度是决定非金属电镀结合力好坏的关键。在非金属电镀工艺不成熟的时期，为了提高镀层与基体的结合力，曾经采用过机械粗化的方法，当然现在对化学粗化还有困难的非金属材料，还需要采用机械粗化方法，但是机械粗化使表面完全没有了光泽，这对装饰性电镀来说是不利的，只能用于亚光的表面处理。

同时，机械粗化是物理粗化过程，一般采用喷沙或喷丸的方法。这些方法所得到的镀层结合力是有限的，据说机械粗化所得到的镀层结合力平均只是化学法所获得结合力的1/10，因此，现在普遍采用的是化学粗化的方法。

化学粗化法是根据非金属材料中具有可与酸或碱起反应的物质而设计的。这类物质在经过酸或碱的处理后，从组分中溶解出来，从而使表面粗化。化学粗化可以获得均匀一致的粗化表面，其与镀层的结合力比机械粗化好得多。

最常用的化学粗化液是以铬酸和硫酸为主的强氧化性粗化液。这种粗化液有很好的通用性，适合对ABS塑料和其他塑料进行粗化处理。

无论是机械粗化还是化学粗化，其目的是使非金属表面粗糙化，以增加表面与金属镀层的结合力。金属镀层是从化学镀层表面生长出来的，而化学镀层是否可以完全地在表面形成完整的镀层，就取决于粗化的效果。实际上，“镀层结合力”这一术语，准确地讲是指化学镀层与基体的结合力。显然，表面面积越大，镀层与基体的接触面越大，结合力也就越强。粗化过程大大地增加了非金属材料的表面积，使化学镀层的结晶有效地在上面生长成为连续的镀层。

化学粗化之所以比机械粗化的方法有较强的结合力，是因为化学处理后的表面的粗化形态不同于机械粗化后的表面。一般来说，机械粗化表面所形成的粗化形态是许多碗状的小坑，也就是半圆形凹坑。我们设所采用的喷料是完全的球形，根据机械粗化的过程来判断，这些凹坑的形状最佳的状态就是半圆状态，实际过程由于重叠效应，这些凹坑只会是不完整的或小于半圆的凹坑。而化学粗化所依据的是表面物质的溶解，溶出后留下的凹坑的形状往往大于半圆，形成的不是碗状而是罐状的凹坑。仅从这一点来推断，就可以知道化学粗化法所获得的表面积比机械粗化法所获得的表面积大。化学粗化法所获得的表面形状使镀层在其上生长后获得了一种锁扣效应，也有人称为"燕尾槽效应"或"锚效应"。这种效应在 ABS 塑料中最为明显。因为 ABS 塑料中的 B 成分是微球形丁二烯，在粗化中被溶解，形成圆形小坑，镀层在其中生成后就如同按扣扣牢，增强了机械结合力。仿照这一原理，一些非金属材料在合成时也采用了类似的填充易溶性微球的方法。

8.6.2.2　敏化

(1) 敏化的原理

敏化的英文是 sensitize，按其字面来看，是使物体变得敏感或者具有感光性。但是，在我们对非金属进行金属化处理的过程中，是在经过粗化的表面上吸附一层具有还原作用的化学还原剂，为下一道活化工序做准备。

要使非金属表面镀上金属，先要在非金属表面以化学的方法镀出一层金属来。这被称为化学镀，而要实现化学镀，非金属表面必须有一些具备还原能力的催化中心，通常被称为活化或活性中心。实际上是要以化学方法在非金属表面形成生长金属结晶的晶核。形成这种活性中心的过程是一个微观的金属还原过程，并且通常是分步实现的。这就是先在非金属表面形成一层具有还原作用的还原液体膜，然后在含有活化金属离子的处理液中还原出金属晶核。这种具有还原性作用的处理液就是敏化剂。

许多在溶液中可以提供电子的化学物质都具有还原能力，并且在不同的条件下，不同的氧化-还原配体既可表现为氧化剂，也可表现为还原剂。因此作为敏化剂，可以有很多选择。例如有人提出二价锗、二价铁、三价钛、卤化硅、铅盐及某些染料或还原剂等，都可以用作敏化剂。但是，敏化过程所依据的原理是让具有还原作用的离子在一定条件下较长时间地保持其还原能力，还要能控制其反应速度。要点是，敏化所要还原出来的不是连续的镀层，只是活化点即晶核。由于大多数还原剂会过快地消耗并会还原出连续的镀层，所以并不适合用作敏化剂。

目前最适合的敏化剂只有氯化亚锡。氯化亚锡是二价锡盐，二价锡离子很容易失去两个电子而被氧化为四价锡离子：

$$Sn^{2+} - 2e \longrightarrow Sn^{4+}$$

这两个电子可以供给所有氧化-还原电位比它正的金属离子作为还原剂，如铜、银、金、铂等：

$$Sn^{2+} + Cu^{2+} = Sn^{4+} + Cu$$

$$Sn^{2+} + 2Ag^{+} = Sn^{4+} + 2Ag$$

$$6Sn^{2+} + 4Au^{3+} = 6Sn^{4+} + 4Au$$

$$Sn^{2+} + Pd^{2+} = Sn^{4+} + Pd$$

氯化亚锡的特点是在很宽的浓度范围内可以在非金属材料表面形成一个较恒定的吸附层，如从 1g/L 到 200g/L，都可以获得敏化效果。

为了合理地选择敏化液的成分，首先一定要弄清敏化过程的机理。很多研究都已经证实，二价锡离子在表面的吸附过程并不是发生在敏化溶液中，而是在下一道用水清洗时由于发生水解而产生微溶性产物：

$$SnCl_4^{2-} + H_2O \longrightarrow Sn(OH)Cl + H^+ + 3Cl^-$$

这种 $Sn(OH)_{1-5}Cl_{0-5}$是二价锡离子水解后的微溶性产物，正是这些产物在凝聚作用下沉积在非金属表面，形成一层厚度由几至几百纳米的膜。因此，如果敏化液中的二价锡离子不水解，则无论在其中浸多长时间，都不会增加二价锡离子的吸附量。但是后面的清洗条件和酸及二价锡离子的浓度则与二价锡离子的吸附量有重要关系。试验表明，提高敏化液的酸度和降低二价锡离子的含量都将导致表面水解产物的减少。

另外，表面的粗糙度、表面的组织结构及清洗水的流体力学特性都对二价锡离子水解产物在表面的沉积数量有直接关系。酸性或强碱性溶液易于将表面上的二价锡离子薄层膜洗掉而导致敏化效果消失。

沉积在非金属表面上的二价锡离子的数量对化学镀的成败起着决定性作用。二价锡离子的数量越多，在下一道催化处理时所形成的催化中心密度越高，化学镀时的诱导期就越短，且获得的镀层也均匀一致。但是，过量的二价锡离子的吸附，会导致催化金属过多地沉积，致使镀层结合力下降，所以应根据不同的活化液和化学镀液确定敏化液中二价锡离子的浓度。

（2）敏化工艺

一个典型的敏化工艺如下：

$SnCl_2 \cdot 2H_2O$ 为 10g/L；

HCl 为 40mL/L；

温度为 10～30℃；

时间为 3～5min。

在配制时，要先将盐酸溶于水中，再将氯化亚锡溶入盐酸水溶液中，这是为了防止氯化亚锡发生水解：

$$SnCl_2 + H_2O = Sn(OH)Cl + HCl$$

由反应式可知，盐酸有利于氯化亚锡的稳定。

根据敏化的机理，在敏化过程中，Sn^{2+} 在非金属表面的吸附层是在清洗过程中形成的，所以敏化时间的长短并不重要。实际清洗确实很重要，这时因为二价锡离子外面多少都会有四价锡离子的胶体存在，特别是对使用过一段时间后的敏化液更是如此，如果清洗不好，会影响敏化效果。但过度的清洗会使二价锡离子脱附，导致敏化效果变差。

不论由于氧化剂的影响将二价锡离子氧化成四价锡离子，还是光照或空气中长时间暴露的氧化过程，都会使敏化效果失效。因此保持敏化液的稳定性也是很重要的，当镀液中的四价锡离子的含量超过二价锡离子的含量时，化学镀铜的镀层呈暗色且不均匀。

尚没有找到完全抑制氧化的办法。通常的做法是，在敏化液配制成后，在敏化液内放入一些金属锡条或锡粒，这也是为了减少四价锡离子的危害：

$$Sn^{4+} + Sn = 2Sn^{2+}$$

实际生产过程中，敏化可以有多种的工艺。

① 酸性敏化液

前面介绍的典型敏化工艺即属于这种类型。酸与锡的物质的量之比可以在 4～50 之间，最常用的是每升含 10～100g 氯化亚锡和 10～50mL 盐酸的敏化液。随着酸浓度的升高，二价锡离子氧化的速度也会加快。也有用其他酸来作为介质酸的工艺。例如采用硫酸亚锡或氟硼酸亚锡盐时，所用的酸就应该是同离子的硫酸或氟酸硼。例如对玻璃、陶瓷、氟塑料进行敏化，可以用以下配方：

氟硼酸亚锡（$Sn(BF_4)_2$）为 15g/L；

氟硼酸（HBF_4）为 250mL/L；

氯化钠（NaCl）为 100g/L。

当敏化表面难以被水润湿时，可以在敏化液中加入表面活性剂，加入的含量在 0.001～2g/L，常用的是十二烷基硫酸钠。

② 酒精敏化液

这同样是为了针对表面难以亲水化的某些非金属制品的方法。在酒精溶液中加入 20～25g/L 的二价锡盐即可。也可以用酒精与水的混合液或加入适当的酸或碱。

③ 碱性敏化液

提到加入碱，是因为有些非金属材料不适合在酸性介质内处理，这时就要用到碱性的敏化液：

氯化亚锡为 100g/L；

氢氧化钠为 150g/L；

酒石酸钾钠为 175g/L。

实际生产中很少用到碱性敏化液，这主要是针对特殊制品所用的方法。

经过敏化处理的表面，如果后边的活化工序所用的是银盐，还要经过蒸馏水清洗后才能进入下道工序。这是为了防止将敏化离子带入而引起活化的无功反应，消耗活化的资源。

8.6.2.3　活化

活化液主要由贵金属离子如金、银、钯等金属的盐配制的。在分步活化法中，用得最多的是银盐，这是因为相对来说，银的成本是最低的。但是银盐也有其局限性：一是其稳定性不是很好，见光以后会自己还原而析出银来，使金属离子浓度下降；二是银只能催化化学镀铜，对化学镀镍没有催化作用。因此，很多时候要用到其他贵金属，用得最多的是钯，当然现在也有了新的活化工艺或直接镀工艺，但最大量采用的还是银和钯的活化工艺。

（1）活化的原理

活化的原理简单地说起来，就是当表面吸附有敏化液的非金属材料进入含有活化金属盐的活化液时，这些活化金属离子与吸附在表面的还原剂锡离子发生电子交换，二价锡离子将两个电子供给两个银离子或者一个钯离子，从而将其还原成金属银或钯。这些金属分布在非金属材料表面，成为非金属材料表面的活化中心。当这种具有活化中心的非金属材料进入化学镀液时，就会在表面催化化学镀发生而形成镀层。

$$Sn^{2+} - 2e = Sn^{4+}$$

$$2Ag^{+} + 2e = 2Ag$$

或者

$$Pd^{2+} + 2e = Pd$$

在化学镀的开始阶段，先是个别催化中心开始由晶核成长为晶格，然后逐步增大形成连续的金属膜。从结晶开始成长到出现可以肉眼看见的金属膜的这段时间，称为化学镀的诱导期。其诱导期的长短与敏化与活化的作用和效果有密切关系：

当$0 \leqslant t \leqslant 1/(c\sqrt{\delta\pi})$　　$d = 2\pi\delta ct(r_0^2 + r_0 ct + (1/3)c^2t^2)$

当$t \geqslant 1/(c\sqrt{\delta\pi})$　　$d = 2r_0(i + r_0\sqrt{\delta\pi} - (1/3)\sqrt{\delta\pi} + ct)$

式中，d 表示膜层厚度；c 表示化学镀瞬时速度；δ 表示单位面积上催化剂中心的数量；r_0 表示催化中心的直径；t 表示化学镀持续的时间。

第一个公式表示诱导期阶段个别半圆颗粒的成长情况；第二个公式则表示连续膜生长的情况。当 $r_0 = 5\text{nm}$ 时，试验数据与公式完全吻合。

当以银盐为活化剂时，催化中心颗粒的直径为 3～10nm；而以钯为催化中心时，其颗粒的标准直径约为 5nm；在 $1\mu m^2$ 上的数量为 10～15 个。

催化中心的密度与催化中心的大小与沉积在表面上敏化剂的数量和种类及活化条件（催化剂种类、活化离子浓度、酸度和温度等）和持续的时间有关。

敏化后的清洗和所持续的时间对颗粒的大小影响较大。经彻底清洗后，所形成的钯颗粒的直径小于 2nm，，是这种粒径的颗粒所获得的化学铜镀层平滑且结合力良好。

当用强酸性或强碱性溶液进行活化时，一部分敏化剂如锡的化合物将被溶解，并使钯离子还原而形成混浊液。这时最好采用银氨活化液，因为二价锡盐的水解产物在银氨溶液中不会被溶解。

经过活化处理后的制件最好进行干燥，干燥后进入化学镀的制件，结合力有所提高。

（2）活化工艺

以银离子作活化剂的工艺如下：

$AgNO_3$ 为 3～5g/L（蒸馏水）；

氨水滴加至溶液透明；

温度为室温；

时间为 5～10min。

加盖避光存放，每次使用后都要加盖。

以钯离子做活化剂的工艺如下：

$PdCl_2$ 为 0.1～0.5g/L；

HCl 为 20～40mL/L；

温度为室温；

时间为 5～10min。

分步活化法不适合自动生产线的生产，因为敏化液如果不清洗干净，稍有残留就会带进活化液而导致活化液提前失效。特别是当采用银离子作活化剂时，要经常更换蒸馏水，以保证活化液的稳定。这也是分步活化法的一个主要缺点。作为改进，人们开发了一步活化法。

（3）敏化活化一步法

敏化活化一步活化法是将还原剂与催化剂置于同一份溶液内，在反应生成活化中心后，在浸入的非金属材料表面吸附而生成活性中心的方法。因此也叫敏化活化一步法。由于通常采用的是胶体钯溶液，所以也被称为胶体钯活化法。

这种方法是将氯化钯和氯化亚锡在同一份溶液内反应生成金属钯和四价锡离子，利用四价锡离子的胶体性质形成以金属钯为核心的胶体团。这种胶体团可以在非金属材料表面吸附，通过解胶流程，将四价锡离子去掉后，露出的金属钯就成为活性中心。

胶体所用原料：

$PdCl_2$为1g；

HCl为300mL；

$SnCl_2 \cdot 2H_2O$为37.5g；

H_2O为600mL。

配制方法：取300mL盐酸溶于600mL水中，然后加入1g氯化钯，使其溶解。再将37.5g氯化亚锡边搅拌边加入其中，这时溶液的颜色由棕色变绿，最终变成黑色。如果绿色没有及时变成黑色，就要在65℃保温数小时，直至颜色变成黑色以后，才能使用。

严格按上述配制方法进行配制是非常重要的，如果配制不当，会使活化液的活性降低甚至没有活性。

活化液配制过程中出现的颜色变化是锡离子不同配位数胶体的反应显示。当配位数为2时，显示为棕色；当配位数为4时，显示为绿色；进一步增加锡的含量，当配位数达到6时，溶液的颜色就成为黑色。这时的胶团的分子式可能是$[PdSn_6Cl_x]^{y-}$。

由于一步活化法中金属离子是以胶体状存在于活化液中，因此，在非金属制品浸过活化液后，还必须经过一道解胶工序。例如用HCl 100mL/L，经过5min或更长时间处理，就可以进行化学镀了。

8.6.3 化学镀

化学镀是非金属电镀的主要工艺。经过活化处理后，非金属表面已经分布有催化作用的活性中心。这些活性中心作为化学镀层成长的晶核，使化学镀层从这里生长成连续的镀层。当最初的镀层形成后，化学镀层具有的自催化作用使化学镀得以持续进行。

化学镀所依据的原理仍然是氧化-还原反应。由参加反应的离子提供和交换电子，从而完成化学镀过程。因此，化学镀液需要有能提供电子的还原剂，而被镀金属离子就当然是氧化剂了。为了使镀覆的速度得到控制，还需要有让金属离子稳定的络合剂及提供最佳还原效果酸碱度调节剂（pH缓冲剂）等。

在非金属电镀中应用得最多的是化学镀铜和化学镀镍，我们将重点加以介绍。对其他化学镀工艺也将简单介绍。

8.6.3.1 化学镀铜

最早关于化学镀铜的记述，可能是1887年由法拉第做出的。他将氧化亚铜和橄榄油一起加热，使氧化亚铜还原，在玻璃上获得铜镀层。

为了寻求比银镜法更为廉价的化学处理液，很早就有人研究在碱性条件下以甲醛为还原剂的化学镀铜法，这就是所谓的“沉铜法”。由于溶液本身的稳定性太差，这种方法在很长一段时间内没有获得突破，从而使其应用受到阻碍，结果比化学镀镍的工业化要迟一些。

20世纪50年代是电子工业处于大发展的时期，这时对印刷线路板的孔金属化提出了实践的要求，从而刺激了化学镀铜的研究。到了60年代，塑料电镀的出现及孔金属化技术的成熟，化学镀铜终于以工业化生产规模的姿态出现了。

用于工业化的化学镀铜工艺分为两大类：

一类是用于塑料电镀和孔金属化场合，镀层厚度在1μm以下的薄的导电性镀层。这种类型的化学镀铜液的优点主要是稳定性高，便于在生产线上维持稳定的生产流程。

另一类是用于印刷线路板加厚或电铸的化学沉铜液。沉积层的厚度在20～30μm。这时对镀层的厚度和延展性有一定要求，对镀液的要求是以反应快速为主。镀液的温度通常在60～70℃之间，而不是像前一种类型是在常温下操作。

(1) 化学镀铜原理

我们先看一个典型的化学镀铜液的配方：

硫酸铜为5g/L；

酒石酸钾钠为25g/L；

氢氧化钠为7g/L；

甲醛为10mL/L；

稳定剂为0.1mg/L。

在这个配方中，硫酸铜是主盐，是提供我们需要镀出来的金属的主要原料。酒石酸钾钠被称为络合剂，是保持铜离子稳定和使反应速度受到控制的重要成分。氢氧化钠维持镀液的pH并使甲醛能充分发挥还原作用。甲醛则是使二价铜离子还原为金属铜的还原剂，是化学镀铜的重要成分。稳定剂则是为了防止当镀液被催化而发生铜的还原后，能对还原的速度进行适当控制，防止镀液自己剧烈分解而导致镀液失效。

化学镀铜以甲醛为还原剂时，是在碱性条件下进行的。铜离子则需要有络合剂与之形成络离子，以增加其稳定性。常用的络合剂有酒石酸盐、EDTA、多元醇、胺类化合物、乳酸、柠檬酸盐等。我们可以用通式 $Cu^{2+} \cdot Complex$ 表示铜络离子，则化学镀铜还原反应的表达式如下：

$$Cu^{2+} \cdot Complex + 2HCHO + 4OH^- \longrightarrow Cu + 2HCOO^- + H_2 + 2H_2O + Complex$$

这个反应需要催化剂催化才能发生，因此正适合于经活化处理的非金属材料表面。但是，在反应开始后，当有金属铜在表面开始沉积出来，铜层就作为进一步反应的催化剂而起催化作用，使化学镀铜得以继续进行。这与化学镀镍的自催化原理是一样的。当化学镀铜反应开始以后，还有一些副反应也会发生：

$$2HCHO + OH^- \longrightarrow CH_3OH + HCOO^-$$

这个反应也叫“坎尼扎罗反应”，这个反应也是在碱性条件下进行的，它将消耗掉一些甲醛。

$$2Cu^{2+} + HCHO + 5OH^- \longrightarrow Cu_2O + HCOO^- + 3H_2O$$

这个是不完全还原反应，所产生的氧化亚铜会进一步反应：

$$Cu_2O + 2HCHO + 2OH^- \longrightarrow 2Cu + H_2 + H_2O + 2HCOO^-$$

$$Cu_2O + H_2O \longrightarrow 2Cu^+ + 2OH^-$$

也就是说，一部分被还原成金属铜，还有一部分被还原成一价铜离子。一价铜离子的产生对化学镀铜是不利的，因为它会进一步发生歧化反应，还原为金属铜和二价铜离子：

$$2Cu^+ \longrightarrow Cu + Cu^{2+}$$

这种由一价铜还原的金属铜是以铜粉的形式出现在镀液中的，这些铜粉成为进一步催化化学镀的非有效中心，当分布在非金属表面时，会使镀层变得粗糙，而当分散在镀液中时，会使镀液很快分解而失效。

（2）化学镀铜液的稳定性

以甲醛作还原剂的化学镀铜不仅仅可以在被活化的表面进行，在溶液本体内也可以进行，而当这种反应一旦发生，就会在镀液中生成一些铜的微粒，这些微粒成为进一步催化铜离子还原反应的催化物，最终导致镀液在很短时间内就完全分解，变成透明溶液和沉淀在槽底的铜粉。这种自催化反应的发生提出了化学镀铜稳定性的问题。

在实际生产中，希望没有本体反应发生，铜离子仅仅只在被镀件表面被还原。由于被镀表面是被催化了的，而镀液本体中尚没有催化物质。因此，化学镀铜在初始使用时不会发生本体的还原反应，同时由于非催化的还原反应的活化能较高，要想自发发生，需要克服一定的阻力。但是很多因素会促进非催化反应向催化反应过渡，最终导致镀液的分解。以下因素可能会降低化学镀铜液的稳定性：

① 镀液成分浓度高

铜离子和甲醛及碱的浓度偏高时，虽然镀速可以提高，但镀液的稳定性会下降。因此，化学镀铜有一个极限速度，超过这一速度，在溶液的本体中就会发生还原反应。尤其在温度较高时，溶液的稳定性明显下降，因此，不能一味地让镀铜在高速下沉积。

② 过量的装载

化学镀铜液有一定的装载量，如果超过每升镀液的装载量，会加快镀液本体的还原反应。例如空载的镀液，当碱的浓度达到 0.9mol/L 时才会发生本体还原反应；在装载量为 $60cm^2/L$ 时，碱的浓度在 0.6mol/L 时就会发生本体的还原反应。

③ 配位化合物的稳定性下降

如果配位体含量不足或所用配位体不足以保证金属离子的稳定性，镀液的稳定性也跟着下降。例如当酒石酸盐与铜的比值从 3：1 降到 1.5：1 时，镀液的稳定性就会明显下降。

④ 镀液中存在固体催化微粒

当镀液中有铜的微粒存在时，会引发本体发生还原反应。这可能是从经过活化的表面上脱落的活化金属，也可能是从镀层上脱落的铜颗粒。还有就是配制化学镀铜液的化学原料的纯度，用有杂质的原料配制的化学镀液，稳定性肯定是不好的。

（3）提高化学镀铜稳定性的措施

为了防止这些不利于化学镀铜的副反应发生，通常要采取以下措施：

① 在镀液中加入稳定剂

常用的稳定剂是多硫化物，如硫脲、硫代硫酸盐、2-巯基苯并噻唑、亚铁氰化钾、氰化钠等。但其用量必须很少，因为这些稳定剂同时也是催化中毒剂，稍一过量，将使化学镀铜停止反应，铜完全镀不出来。

② 采用空气搅拌

空气搅拌可以有效地防止铜粉的产生，抑制氧化亚铜的生成和分解，但对通入槽中的空气要进行去油污等过滤措施。

③ 保持镀液符合正常工艺规范

不要随便提高镀液成分的浓度，特别是在补加原料时，不要过量，最好根据受镀面积或取样分析来较为准确地估算原料的消耗。同时，不要轻易升高镀液温度，在调整各种成分的浓度和在调高 pH 时都要很小心。在不工作时，将 pH 调整到弱碱性，并加盖保存。

④ 保持工作槽的清洁

采用专用的化学镀槽，槽壁要光洁，不让化学铜在壁上有沉积，如果发现有沉积。要及时清除并洗净，再用于化学镀铜。去除槽壁上的铜可以采用稀硝酸浸渍。有条件时要采用循环过滤镀液。

（4）化学镀铜层的性能

研究表明，通过化学镀铜获得的铜层是无定向的分散体，其晶格常数与金属铜一致。铜的晶粒为 0.13μm 左右。镀层有相当高的显微内应力（约 180MPa）和显微硬度（2000 ~ 2150MPa），并且即使进行热处理，其显微内应力和硬度也不随时间而降低。

降低铜的沉积速度和提高镀液的温度，铜镀层的可塑性将增强。有些添加物也可以降低化学镀铜层的内应力或硬度，如氰化物、钒、砷、锑盐离子和有机硅烷等。当温度超过 50℃时，含有聚乙二醇或氰化物稳定剂的镀液，镀层的塑性会较高。

化学镀铜层的体积电阻率明显超过实体铜（$1.7\times10^{-6}\Omega\cdot cm$）。含有镍离子的镀层，电阻会有所增加。因此，对铜层导电性要求比较敏感的产品，以不添加镍盐为好。这种情况在一般化学镀铜时可以忽略。

（5）化学镀铜工艺

用于非金属电镀的化学镀铜工艺如下：

硫酸铜为 3.5 ~ 10g/L；

酒石酸钾钠为 30 ~ 50g/L；

氢氧化钠为 7 ~ 10g/L；

碳酸钠为 0 ~ 3g/L；

37% 甲醛为 10 ~ 15mL/L；

硫脲为 0.1 ~ 0.2mg/L；

温度为室温；

搅拌为空气搅拌。

这是笔者经常采用的常规配方。在实际操作中为了方便，可以配制成不加甲醛的浓缩液备用。例如按上述配方将所有原料的含量提高到 5 倍，在需要使用时再用蒸馏水按 5 : 1 的比例进行稀释，然后在开始工作前再加入甲醛。

要想获得延展性好又有较快沉积速度的化学镀铜，建议使用如下工艺：

硫酸铜为 7 ~ 15g/L；

EDTA 为 45g/L；

甲醛为 15mL/L；

用氢氧化钠调整 pH 到 12.5；

氰化镍钾为 15mg/L；

温度为 60℃；

析出速度为 8 ~ 10μm/h。

如果不用 EDTA，也可以用酒石酸钾钠 75g/L。另外，现在已经有商业的专用络合剂出售，普遍用于印刷线路板行业。所用的是 EDTA 的衍生物，其稳定性和沉积速度都比自己配制的要好一些。一般随着温度上升，其延展性也要好一些。在同一温度下，沉积速度慢时所获得的镀层延展性要好一些。同时抗拉强度也增强。为了防止铜粉的影响，可以采用连续过滤的方式进行空气搅拌。

表 8-6 是根据资料整理的稳定性较好的化学镀铜液配方。

表 8-6 稳定性较好的化学镀铜液配方

组分	不同配方各组分含量（g/L、mL/L）									
	1	2	3	4	5	6	7	8	9	10
硫酸铜	7.5	7.5	10	18	25	50	35	10	5	10
酒石酸钾钠	—	—	—	85	150	170	170	16	150	—
EDTA 二钠	15	15	20	—	—	—	—	—	—	20
柠檬酸钠	—	—	—	—	—	50	—	—	20	—
碳酸钠	—	—	—	40	25	30	—	—	30	—
氢氧化钠	20	5	3	25	40	50	50	16	100	15
甲醛（37%）	40	6	6	100	20	100	20	8（聚甲醛）		9（聚甲醛）
氰化钠	0.5	0.02								
丁二腈			0.02							
硫脲			0.002							
硫代硫酸钠				0.019	0.002	0.005				
乙醇				0.003	0.005					
氨基甲酸钠										0.1
硫氰酸钾								0.005		
联喹啉									0.01	
沉积速度（mg/h）		0.5				5~10	3		6	

8.6.3.2 化学镀镍

（1）化学镀镍简史

化学镀镍的实用化试验是从 1946 年开始的。当年，美国的布朗勒（A. Brenner）在研究合成石油的时候，偶然发现了次亚磷酸钠能还原金属镍的现象。他抓住这个现象，深入研究，于 1947 年开发出了化学镀镍工艺。

1953 年，布朗勒在美国《金属精饰》（*Metal Finishing*）上发表论文，介绍了化学沉积镍层的物理性质，指出其实际上是镍磷合金的共同沉积，因此所获得的镍层比普通镍要硬。

1954 年，化学镀镍从只能在铁合金基体上沉积发展到可以在非铁系金属上沉积。

1955 年，皮比斯丁在《金属精饰》上发表了在非金属上沉积化学镍的论文，预示在合成树脂、陶瓷、玻璃、木材等材料上也可以获得良好的镀层。只是由于结合力太差，没有引起工业界的重视，延缓了这一技术的应用。直到 1958 年才有工业化的化学镀镍用于实际生产。1959 年，威斯特发表了关于在碳上沉积化学镍的论文。但是直到 1968 年之前，化学镀镍工艺都是以高温型为主。

此后，化学镀镍在非金属电镀等工业领域获得广泛的应用。由于它具有比化学镀铜更多的优点，尤其在非金属电镀方面，其优良的稳定性和镀层性能，使之在很多场合取代了化学镀铜。特别是在镀层的导电性和装饰性方面，都比化学镀铜好。

（2）化学镀镍原理

化学镀镍镀液主要由金属盐、还原剂、pH 缓冲剂、稳定剂或络合剂等组成。

用得最多的镍盐是硫酸盐，还有氯化物或者醋酸盐。还原剂主要是亚磷酸盐、硼氢化物等。pH 缓冲剂和络合剂通常采用的是氨或氯化铵等。

以次亚磷酸钠作还原剂的化学镀镍是目前使用最多的一种，其反应的机理如下：

在酸性环境：

$$Ni^{2+} + H_2PO_2^- + H_2O \longrightarrow Ni + H_2PO_3^- + 2H^+$$

在碱性环境：

$$[NiX_n]^{2+} + H_2PO_2^- + 3OH^- \longrightarrow Ni + HPO_3^{2-} + nX + 2H_2O$$

磷的析出反应如下：

$$H_2PO_2^- + 2H^+ \longrightarrow P + 2H_2O$$

$$2H_2PO_2^- \longrightarrow P + HPO_3^{2-} + H^+ + H_2O$$

$$H_2PO_2^- + 5H^+ \longrightarrow PH_3 + 2H_2O$$

化学镀镍的沉积速度受温度、pH、镀液组成和添加剂的影响。通常温度上升，沉积速度也上升，每上升 10℃，速度约提高 2 倍。

pH 是最重要的因素，不仅对反应速度，对还原剂的利用率、镀层的性质都有很大的影响。

镍盐浓度的影响不是很主要的，次亚磷酸钠的浓度提高，速度也会相应提高。但是到了一定限度以后反而会使速率下降。每还原 1mol 的镍，消耗 3mol 的次磷酸盐（1g 镀层消耗 5.4g 的次亚磷酸钠）。同时，一部分次亚磷酸盐在镍表面催化分解。常常利用系数来评定次亚磷酸盐的消耗效率，它等于消耗在还原金属上的次亚磷酸盐与整个反应中消耗的次亚磷酸盐总量的比：

$$\text{次亚磷酸盐利用系数} = \frac{\text{用于还原镍的次亚磷酸盐}}{\text{化学镀中次亚磷酸盐消耗总量}}$$

次亚磷酸盐的利用系数与溶液成分如缓冲剂和配位体的性质和浓度有关。当其他条件相同时，在镍还原速度高的溶液里，利用系数也高。利用系数也随着装载密度的提高而提高。

在酸性环境里，可以用只含镍离子和次亚磷酸盐的溶液化学镀镍。但是为了使工艺稳定，必须加入缓冲剂和络合剂，因为化学镀镍过程中生成的氢离子使反应速度下降，乃至停止。常用的有醋酸盐缓冲体系，也可用柠檬酸盐、羟基乙酸盐、乳酸盐等。配体可以在镀液的 pH 增高时也保持其还原能力。当调整多次使用的镀液时，这一点很重要，因为在陈化的镀液里，亚磷酸会积累，如果没有足够的络合剂，镀液的稳定性会急剧下降。

酸性体系里的络合剂多数采用的是乳酸、柠檬酸、羟基乙酸及其盐。有机添加剂对镍的还原速度有很大影响，其中许多都是反应的加速剂，如丙二酸、丁二酸、氨基乙酸、丙酸及氟离子。但是，添加剂也会使沉积速度下降，特别是稳定剂，会明显降低沉积速度。

在碱性化学镀镍溶液里，镍离子配位体是必需的成分，以防止氢氧化物和亚磷酸盐沉淀。一般用柠檬酸盐或铵盐的混合物作为络合剂，也可用磺酸盐、焦磷酸盐、乙二胺盐的镀液。

提高温度可以加速镍的还原。在 60～90℃，还原速度可以达到 20～30μm/h，相当于在中等电流密度（2～3A/dm^2）下电镀镍的速度。

采用硼氢化物为还原剂，析出物就是镍硼合金。与用次亚磷酸盐做还原剂相比，还原剂的消耗量较少，并且可以在较低温度下操作。由于硼氢化物价格高，在加温时易分解，使镀液管理存在困难，一般只用在有特别要求的电子产品上。镍磷和镍硼化学镀的特点见表 8-7。

表 8-7　镍磷和镍硼化学镀的特点

项目	各项指标	化学镀镍磷	化学镀镍硼
镀层性质	合金成分	Ni：87%～98%（质量分数） P：2%～13%（质量分数）	Ni：99%～99.7%（质量分数） B：0.3%～1%（质量分数）
	结构	非晶体	微结晶体
	电阻率	30～200μΩ·cm	5～7μΩ·cm
	密度	7.6～8.6g/cm^3	8.6g/cm^3
	硬度	500～700HV	700～800HV
	磁性	非磁性	强磁性
	内应力	弱压应力-拉应力	强拉应力
	熔点	880～1300℃	1093～1450℃
	焊接性	较差	较好
	耐腐蚀性	较好	比镍磷差
镀液特性	沉积速度	3～25μm/h	3～8μm/h
	温度	30～90℃	30～70℃
	稳定性	比较稳定	较不稳定
	寿命	3～10MTO	3～5MTO
	成本比	1	6～8

（3）化学镀镍工艺

化学镀镍根据其含磷量的多少可分为高磷、中磷和低磷三类；以镀液工作的 pH 范围可分为酸性镀液和碱性镀液两类；根据镀液的工作温度又可以分为高温型和低温型两类。

由于非金属电镀的基材大多数不宜于在高温条件下作业，因此，非金属电镀只适合于采用低温型的镀液。当然有些能耐高温的材料如陶瓷，也可以为了获得快速和性能良好的镀层而采用高温型镀液。

① 低温碱性化学镀镍磷

硫酸镍为 10～20g/L；

氯化铵为 20～30g/L；

柠檬酸钠为 20～30g/L；

pH 为 8～9；

温度为 35～45℃；

时间为 5～15min。

这是用于塑料电镀的典型化学镀镍工艺。其特点是温度比较低，不至于引起塑料的过热变形。但由于要求用氨水调节 pH，所以存在有刺激性气味等缺点。

② 高温型化学镀镍

如果要求有较高的沉积速度，而产品又可以耐较高的温度，则可采用以下工艺：

硫酸镍（$NiSO_4 \cdot 7H_2O$）为 30g/L；

柠檬酸钠（$Na_3C_6H_5O_7 \cdot 2H_2O$）为 10g/L；

次磷酸钠（$NaH_2PO_2 \cdot H_2O$）为 15g/L；

乙酸钠（$NaCH_3COO \cdot 3H_2O$）为 10g/L；

温度为 80～85℃；

pH 为 4～4.5。

这一工艺的沉积速度可达 10μm/h，镀层的含磷量也在 10% 以上，但要求搅拌镀液；否则沉积速度会有所下降。

③ 稳定性高的化学镀镍

提高温度可以提高沉积速度，但镀液的稳定性会下降，这时要用到更多的稳定剂组合，以络合反应中生成的亚磷酸钠：

硫酸镍为 21g/L；

次磷酸钠为 24g/L；

乳酸（88%）为 30mL/L；

丙酸为 2mL/L；

铅离子为 1×10^{-6}；

温度为 90～95℃；

pH 为 4.5。

采用这个工艺可以获得 17μm/h 的沉积速度，但温度过高会有镀液蒸发过快的问题。

④ 镍硼化学镀液

以氨基硼烷为还原剂的化学镀镍：

硫酸镍为 30g/L；

柠檬酸钠为 10g/L；

琥珀酸钠为 20g/L；

醋酸钠为 20g/L；

二甲基胺硼烷为 3g/L；

pH 为 6～7；

温度为 50℃；

时间为 10min。

二甲基胺硼烷［DMAB，分子式为（CH_3）$_2NHBH_3$］在室温下为固体，易溶于水，应在弱酸介质条件下使用。如果考虑中性介质，可用二乙基胺硼烷［DEAB，分子式是（C_2H_5）$_2$-$NHBH_3$］作还原剂。二乙基胺硼烷是透明液体，且难溶于水。因此，二乙基胺硼烷是用酒精制成饱和溶液后再拿来补加的。这种镀液镀出的镍层含有一定量的硼，因此也被称为镍硼合金，就如用次亚磷酸盐获得的镀层被称为镍磷合金一样。

⑤ 配制化学镀镍液时的注意事项

配制化学镀镍液所用的化学原料最好用化学纯以上的材料，如果采用工业级材料。一定要先将不含还原剂的部分先溶解，如主盐、络合剂等，然后加试剂，再加入活性炭进行处理，过滤后加入经过滤处理的还原剂等。即使是用化学纯配制，也要将还原剂与主盐溶液分开溶解，最后才混合，并注意配制时所用容器必须干净，不能有金属杂质或活化性化学物残留在容器内，避免在不工作时引发自催化反应而使镀液失效。配制完成后，不要急于调 pH，而是在需要化学镀之前再调 pH。

现在有专用的化学镀设备厂商，为化学镀提供专用设备。有的化学镀工艺开发商同时提供配套设备，对加热、pH 控制、搅拌、镀液过滤等进行自动控制。但是，更多的用户出于成本的考虑而采用自己制作的设备。这时要注意最好采用间接加热的办法，也就是套槽水浴加热法，可以用不锈钢作镀槽。

为了使化学镀层不至于在不锈钢槽壁上沉积，可以采用微电流阳极保护法，使镀槽处于阳极状态，而不发生还原反应。

其具体做法是在镀槽内放置几个用塑料管套起的对电极（阴极），可以是钛材料或不锈钢，也可以加在所镀产品上，在两极间施加 8 ~ $10mA/dm^2$ 的电流。

套槽的好处是在化学镀完和停止使用后，可以放入冷水中对镀液进行冷却，使反应最终停止下来，这时可以关掉保护电源。

8.6.4 陶瓷电镀工艺

8.6.4.1 陶瓷的组成与粗化

陶瓷的化学组成主要是金属、碱金属、碱土金属的氧化物，是在地球上大量存在的物质。它们之间的含量、比例的不同，在性质上有着很大差别。

一般来说，当酸性氧化物含量增高、碱性氧化物含量相对减少时，它的烧成温度提高，质地也最硬。酸性氧化物主要是二氧化硅（SiO_2），它在陶瓷中所占的比率为 60% ~75%，三氧化二铝（Al_2O_3）占 15% ~20%。其他成分为 Fe_2O_3、FeO、MgO、CaO、Na_2O、K_2O、TiO_2、MnO 等。吸水率也因烧制技术不同而有较大差别。现代陶瓷的吸水率均在 1% 以下。

陶瓷外表面的釉质也是金属氧化物。尤其是各种色彩的瓷质，都是金属氧化物在熔融后分布在表面的结果。各种金属离子在不同价态时的特殊颜色，都可以在彩釉中得到充分反映。常用的有铜盐、钴盐、铁盐等。

通常将没有上过釉的陶瓷称为素烧瓷。素烧瓷的表面是无光且多孔质的，经过处理容易亲水化。因此，需要电镀的陶瓷以素烧瓷为好。

针对陶瓷的主要成分是二氧化硅的情况，粗化液主要是氢氟酸（HF），但是处理前仍然必须进行必要的除油等工序，流程如下：

化学除油→清洗→酸洗→清洗→粗化→清洗→表面金属化。

化学除油采用碱性除油。可以采用氢氧化钠、碳酸钠、磷酸钠等任何一种或混合物以 50 ~ 100g/L 的浓度煮沸处理。

酸洗是为了中和碱洗中残余的碱液，也是为粗化做准备。常用重铬酸盐与硫酸的混合液进行，组成如下：

100g/L 重铬酸钾（钠）水溶液为 1 份；

浓硫酸为 3 份。

配制时要将硫酸非常慢地滴加到重铬酸钾（钠）的水溶液中，并充分搅拌。不要使温度上升太快，最好外加水浴降温，以确保安全。

也可以在1L的硫酸中加入重铬酸钾（钠）30g，这样比较安全。从环保的角度看，现在可以不用重铬酸盐，完全采用1∶1的硫酸也是可以的。

酸洗操作均在常温下进行，浸入时间以表面可以完全亲水为标准。对表面比较干净的制品，可以只用10%的硫酸中和。

酸洗完成后，将制品清洗干净就可以进行粗化处理。粗化是为了使表面出现有利于增强金属镀层与基体结合力的微观粗糙。由于陶瓷的主要成分是二氧化硅，对其进行粗化的有效方法是使用氢氟酸。因为有以下反应发生：

$$SiO_2 + 4HF = SiF_4 + 2H_2O$$

SiF_4是水溶性盐，这样仅用氢氟酸就可以获得陶瓷表面粗化的效果。

粗化液的组成如下：

氢氟酸（55%）为200mL/L。

实际上氢氟酸的浓度还可以调整，时间不宜过长，以防出现过腐蚀现象。

由于氢氟酸也是对环境有污染的酸，所以现在有改良的粗化法，就是在硫酸溶液中加入氟化物，用离子效应进行粗化。相对氢氟酸对环境的危害要小一些。

如果想避免化学法对环境的污染，也可以采用湿式喷砂法。对有釉的陶瓷，有时也采用湿式喷砂法去釉。

8.6.4.2 陶瓷的金属化与电镀

(1) 敏化与活化

陶瓷表面进行金属化处理的方法和塑料表面的金属化方法是大同小异的。粗化以后的陶瓷，即可以进入以下流程：

敏化→清洗→蒸馏水洗→活化→清洗→化学镀镍或铜→清洗→电镀加厚。

实践证明，对陶瓷进行金属化处理，采用胶体钯活化比较好：

胶体钯活化→回收→清洗→加速→清洗→化学镀镍→电镀加厚。

由于陶瓷的粗化效果不同于塑料，其黏附敏化和活化剂的能力要低于塑料。而胶体钯具有较好的黏附性能，因此，采用胶体钯活化，效果会好一些。同时，对陶瓷来说，有比塑料高得多的耐高温性能，采用钯活化，可以采用高温型化学镀镍，这对提高效率和质量都是有利的。

推荐的胶体钯活化工艺的配方和工艺要求如下：

氯化钯为0.5~1g/L;

氯化亚锡为10~20g/L;

盐酸为100~200mL/L;

温度为20~40℃;

时间为3~5min。

配制方法：

胶体钯由于配制方法不当而导致催化活性不足，以至于完全没有活性的情况比较常见。这里介绍的是在实践中所用的方法。因为在实际生产过程中，精确地称量是不可能完全保证的，并且溶液的变化是绝对的，不变只是暂时的，即使采用精确计量的方法配制、存放和使用，特别是使用会改变其原始状态。

以1L液量计，将200mL盐酸分成两份；一份约150mL，溶入800mL去离子水中，然后将20g氯化亚锡溶入其中。将另约50mL盐酸加热，将1g氯化钯溶入其中，直至完全溶解后，冷却至室温。然后在充分搅拌下将氯化钯盐酸溶液倒入溶有氯化亚锡的溶液中，这时溶液的颜色将由深绿色变为深棕色，最后成为暗褐色。这是因为二价锡离子与二价钯离子发生反应：

$$Sn^{2+} + Pd^{2+} = Pd + Sn^{4+}$$

还原出来的活性金属钯很快被四价锡胶团包围，并且经由生成二合、四合、六合金属钯胶团而分别显示出绿、棕和褐色。配好后，不要当时使用，放置一天再用，效果更好。

有些人配好后就用，发现活性不好，甚至完全没有活性，以为是配制过程出了错。因为当胶体钯液显示深绿色时，肯定是没有活性的。放置一天以后，就转化为褐色了。如果放了一天还没有变成褐色，可以适当加热，加速其转化。

当然，也有立即要用的情况，这时就要加热以加速成熟。可以在配制液混合前加热，然后在60℃下保温几小时，以保证活性。如果配制时温度过高或加热温度偏高，会发现有金属钯薄膜浮在溶液表面，这就是过度了，虽然活性很高，但活化液的寿命会很短。

因此，在配制胶体钯时要注意这些细节。最好是保证配好的活化液有一个诱导期，让金属钯胶体处于最佳状态。

（2）化学镀镍

陶瓷上化学镀宜采用高温型化学镀镍。这是因为陶瓷有很好的耐高温性能。高温化学镀的反应能力强一些，有利于获得完全的镀层沉积。

可供选择的化学镍工艺如下：

① 氯化物型

氯化镍为30g/L；

氯化铵为50g/L；

次亚磷酸钠为10g/L；

pH为8~10（用氨水调）；

温度为90℃；

时间为5~15min。

② 硫酸盐型

硫酸镍为20~30g/L；

柠檬酸钠为5~10g/L；

醋酸钠为5~15g/L；

次亚磷酸钠为10~20g/L；

pH为7~9；

温度为50~70℃；

时间为10~30min。

（3）化学镀铜

有些陶瓷制品要求化学镀铜后加镀铜，不能用镍。这时可以采用银作活化剂，配方前面已经有几种可供选用。化学镀铜也举出两种供选用：

① 普通型

硫酸铜为7g/L；

酒石酸钾钠为34g/L；

氢氧化钠为10g/L；

碳酸钠为6g/L；

甲醛为50mL/L；

pH为11～12；

温度为室温；

时间为30～60min。

可根据受镀面积计算镀液中原料的消耗。从理论上讲，每镀覆30～50dm^2的铜膜，将消耗1g金属铜。这样，可以根据镀液所镀制品的表面积补充铜盐和相应的辅盐和还原剂，并且在计算时应取面积的下限，还要考虑到无功消耗的补充。

② 加速型

A液：

硫酸铜为60g/L；

氯化镍为15g/L；

甲醛为45mL/L。

B液：

氢氧化钠为45g/L；

酒石酸钾钠为180g/L；

碳酸钠为15g/L。

使用前将A液和B液按1∶1混合。然后调pH至11以上，这时甲醛的还原作用才能得到最大发挥。反应要在室温下进行，并充分加气搅拌。

（4）电镀加厚

完成了化学镀以后的陶瓷制品即可以装挂具进行电镀加厚。注意接点要多且接触面要大一些。也可以用去漆的漆包线缠绕后与阴极连接。尽管陶瓷的密度较高，仍然不能采用重力导电连接，因为陶瓷易碎，所以要特别小心。

对要制作古铜效果的制品，电镀铜的厚度要更厚，这样可以在化学处理时多一些余量。

8.6.4.3 微波器件镀银

很多功能性非金属电镀产品是电子器件。其中用量较多的是微波器件的电镀，包括微波陶瓷电镀。早期微波器件材料是铜制品，随着高频器件的应用增加，波导材料开始采用铝材，现在进一步发展到陶瓷材料。这时对表面镀银的要求就进一步提高。

银有良好的导电性能。在传统材料制作波导时，为了减少信号传输损耗，总希望银镀层尽量厚一些。但是银作为贵金属材料，价值较高，如果镀层过厚，就会增加产品成本。如何在不影响导电性能的前提下降低银材的消耗，不仅是电镀厂商要关心的问题，而且是从产品设计者到产品用户都要关注的问题，还包括社会资源和环境保护的问题。降低银材料消耗的一个重要指标，就是如何合理确定镀层的厚度。过厚的镀层不但浪费资源和增加成本，还使生产效率下降。

另外，对导电性镀层厚度的确定，除了防护性考虑以外，电工学中关于电流通过能力与导体截面面积呈正比相关的理论，一直是一个重要的依据。根据这个理论，理所当然地要求镀层的厚度要厚一些。

但是，由于微波传送的特殊性，特别是微波在传输中存在的“趋肤效应”，要求我们对波导产品的电镀和镀层厚度的确定有不同于电工学的认识。

（1）微波的特点和波导

微波实际上是无线电波的一种，只是它的频率更高，波长更短。无线电波的波段是按长波、中波、短波、超短波分布的。但是，超短波的波长仍然有 1～10m。微波的波长最长不超过 1m，有的达到毫米甚至亚毫米的程度，所以被称为微波。无线电波与微波波段的分布见表 8-8。

表 8-8 无线电波与微波波段

波段	名称	频率范围	波长范围
长波	低频（LF）	3～30kHz	10^4～10^3m
中波	中频（MF）	30～300kHz	10^3～10^2m
短波	高频（HF）	300kHz～3MHz	10^2～10m
超短波	甚高频（VHF）	3～30MHz	10～1m
分米波（微波）	特高频（UHF）	300MHz～3GHz	10～100cm
厘米波	超高频（SHF）	3～30GHz	10～1cm
毫米波	极高频（EHF）	30～300GHz	1～10mm
亚毫米波	超极高频	300～3000GHz	0.1～1mm

正是微波的这种极短的波长，决定了它在导体中导通时有不同于普通无线电波的特点。其中很重要的一个特点就是微波电路系统内传输线路的长度大于或可比拟于微波波长的长度，从而出现了一系列不同于普通无线电波传输时的特点。为适应这些新的特点，微波传输采用了不同于普通无线电线路的传输线，这些传输线不仅可以把电磁波的能量从一处传输到另一处，而且可以用它作为基本构件制成各种用途的微波元器件。其中有相当一部分采用的是各种形状的空心金属管或腔制成的连接器，我们统称之为波导。这些波导的表面都要进行表面处理，其中采用最多的是电镀处理。

（2）波导的电镀

前面所说的微波传输的特点中，最明显的一个特点是微波是沿波导的表面及附近空间传送的，和波导本体的材料基本无关。这样，就可以采用低廉或易加工的材料制成波导而只在表面镀上有利于电波传输的镀层就行了。事实上，现在大部分波导就采用铜、铝制作，然后表面镀银处理。一部分波导类元器件采用了钢铁甚至工程塑料，然后在表面镀银。

目前，波导的电镀主要指的是镀银。当然，随着基体材料的不同，要采用不同的电镀工艺过程。对铜或铜合金基体，只要以分散性能好的铜镀层打底，然后镀银就行了。为了提高表面的光洁度，可以在铜上加镀光亮镀铜，再光亮镀银。

对铝基电镀，则首先要解决结合力问题，通常是采用置换镀锌的方法或化学镀镍的方法，再在其上镀铜，其后的工艺可与铜上镀银相同。

由于银与钢铁的电极电位相差太大，是典型的阴极镀层，钢铁上镀银的主要问题是降低镀层孔隙率，以防镀层出现黄斑状锈蚀。

塑料上电镀首先进行塑料表面的金属化处理，然后进行镀铜和镀银。

由此可见，波导电镀主要的镀层是镀银。银作为贵金属，其镀层的厚度要求，直接影响波导产品的成本。

（3）镀银层的厚度要求

我国电子行业标准《电子设备的金属镀覆与化学处理》（SJ 20818—2002）对铜上镀银的厚度要求分为室内、室外两种，室内规定为 8μm，室外规定为 15μm。对铝和铝合金上和塑料上的银镀层的厚度要求和铜基的一样。只是对底镀层的要求，根据不同的基体材料和所处的使用环境而有所不同。

这种要求与国际上对镀银厚度的规定是基本一致的。在日本工业标准《镀银层检验方法》中，将镀层厚度分为七个等级，我们的规定相当于其中的第四类和第五类。这种镀层分类和相关的参数见表 8-9。

表 8-9　镀银层厚度的分级参数

类别	镀层厚度（μm）	银层单位面积质量（g/dm^2）	耐磨性试验*	用途	适用环境
1	0.3	0.033	30s 以上	光学、装饰	良好、封装
2	0.5	0.067	90s	光学、装饰	良好
3	4	0.4	4min	餐具、工程	良好
4	8	0.8	8min	餐具、工程	一般室内
5	15	1.6	16min	餐具、工程	室外
6	22	2.4	24min	工程	恶劣环境
7	30	3.2	32min	工程	特别要求

* 耐磨性试验采用落砂法，让 40 目左右的砂粒从管径为 5mm 的漏斗落到以 45°角放置的镀层试片上，露出底层为终点，落砂量为 450g，落下距离为 1000mm，测量所用的时间。注意：测量第 1、2 类镀层时，所用管径为 4mm，落砂量为 110g，落下距离为 200mm。

美国对镀银层厚度的规定大致相当于以上分类中从第三类起到第七类，是以 8μm 为基准厚度，其他类与基准厚度成倍数关系。比它低一级的厚度为基准厚度的 0.5 倍，为 4μm，比基准厚度高一级的是它的一倍，为 16μm，再高一级是其 2 倍，为 24μm，最高为 3 倍，为 32μm。

我国对镀银层厚度的规定，原电子工业部早期标准是给出了一定的范围的，即室内或良好环境，银层厚度为 7～10μm，室外或不良环境为 15～20μm。同时，所有国家或地区的标准都允许在特别需要时还可以指定更厚的镀层。

从这些标准和我们了解到的实际情况来看，镀银的厚度每增加一个级别，其银的用量都是成倍增加的。从理论上说，每 $1\mu m/dm^2$ 的银用量约为 0.1g。考虑到电镀过程中的工艺损耗，实际耗银量还要增加。当受镀面积比较大时，镀层厚度增加时，成本的增加是很明显的。恰恰波导产品中相当一部分的表面积是比较大的，因此，镀银层的厚度的选择直接关系到产品的成本控制。

8.6.4.4　波导镀层厚度的确定

目前，波导电镀银厚度的确定基本上是沿用电子电镀标准的规定，但是，如果考虑到微波传输的特点，简单地按普通电子产品的镀银厚度要求来作为波导镀银厚度选取的依据，是不太恰当的。因此，有必要对波导镀银的厚度重新进行确定。

（1）趋肤效应

微波在波导中的传输不同于一般电流或波的传递，而是遵循所谓的“趋肤效应”。

由于导体中由微波诱导产生的电流都集中在导体的表面，微波场对导体的穿透程度可用趋肤深度 δ（单位为 m）表示：

$$\delta = \sqrt{\left(\frac{2}{\omega\mu_0\sigma}\right)} = \frac{1}{K} \tag{8-2}$$

式中，ω 是微波场振动的角频率；σ 是金属的电导率；μ_0 是真空中的磁导率，其值为 $4\pi \times 10^{-7}$ H/m；K 是衰减系数。

由此可知，影响微波传输时趋肤深度的主要因素是微波的频率和金属的电导率，并且频率越高、金属的电导率越大，其趋肤的深度就越小。在理想导体中，电导率 σ 趋于无穷大时，衰减系数 K 是无限增长的，这时电磁波不通过导体的深处，电磁波由材料表面衰减至表面值的 $1/K$ 处的深度，就是趋肤深度。显然，对理想导体，由于其电导率趋于无穷大，也就是 $1/K$ 的值趋向于零，这时微波已经完全在导体表面的空间传输。实际上任何导体都存在一定电阻，也就是说电导率不可能是无穷大的，而银在所有导体中电导率是最高的，所以银也就成了导电材料的首选，当然也是波导材料的首选。常用导体材料的微波传输特性见表 8-10。

表 8-10　常用导体材料的微波传输特性（2GHz）

金属材料	相对于铜的直流电阻	趋肤深度 δ（μm）	电导率 σ（S/m）
银	0.95	1.4	6.17×10^{-7}
铜	1.00	1.5	5.80×10^{-7}
金	1.36	1.7	4.10×10^{-7}
铝	1.60	1.9	3.72×10^{-7}
铁	2.60	3.6	0.99×10^{-7}

（2）波导镀层厚度的确定

由表 8-10 可知，当以银为导体时，2GHz 的微波只在 1.4μm 的深度传输。这时，波导的整体材料是不是银已经与微波的传输没有直接的关系。这也是我们可以用其他材料做成波导而只在表面镀银的根据。同样的道理，在其他材料表面电镀超过趋肤深度很多的银层，也就是多余的了。因此，确定波导镀银厚度的根据应该是所传输的微波的频率，然后根据微波的频率计算出趋肤深度，再根据趋肤深度来确定镀银层的厚度。

为了简化计算，可以将求趋肤深度 δ 的公式进行处理，即将相关金属各项的常数代入公式，只将频率 f 保留为变量，就可以求出不同频率下的微波在相关金属表面的趋肤深度。

$$\text{趋肤深度}\ \delta = \text{微波传输参数常数项} \div \sqrt{f} \tag{8-3}$$

式中，$\sqrt{f}$为频率的开平方值。

经计算后所得不同材质的常数项和频率为 f 的各种金属的趋肤深度见表 8-11。

表 8-11　频率为 f 的微波在不同金属的趋肤深度

金属材料	趋肤深度 δ（m）	表面电阻率 R（Ω·m）
银	$0.0642/\sqrt{f}$	$2.5246\times10^{-7}\sqrt{f}$
铜	$0.0660/\sqrt{f}$	$2.6100\times10^{-7}\sqrt{f}$
金	$0.0786/\sqrt{f}$	$3.1801\times10^{-7}\sqrt{f}$
铝	$0.0882/\sqrt{f}$	$3.2701\times10^{-7}\sqrt{f}$
铜 90%	$0.1025/\sqrt{f}$	$4.0486\times10^{-7}\sqrt{f}$
锌	$0.1221/\sqrt{f}$	$4.8170\times10^{-7}\sqrt{f}$
铜 70%	$0.1322/\sqrt{f}$	$5.2576\times10^{-7}\sqrt{f}$
镍	$0.1407/\sqrt{f}$	$5.5556\times10^{-7}\sqrt{f}$
铁	$0.1592/\sqrt{f}$	$6.2814\times10^{-7}\sqrt{f}$

根据这个表所提供的计算方式，可以求出不同频率微波的趋肤深度。以银为例，取常用的微波频率，计算出不同频率微波在银层中传导时的趋肤深度，见表 8-12。表中还列出了不同频率波导镀银时建议采用的镀层厚度。由这里可以看出，根据微波传输特点确定的波导镀银层的厚度比其他电子产品镀银标准推荐的厚度，要薄得多，这将使这类产品镀银的成本明显下降。

表 8-12　不同频率微波在银层中传导时的趋肤深度

常数项	频率 f（Hz）	趋肤深度 δ（μm）	建议镀银厚度（μm）
64200	300M	3.60	5
	450M	3.00	4
	900M	2.13	3
	2G	1.43	2
	3G	1.16	2
	30G	0.36	1
	300G	0.12	1

需要指出的是，这里讨论的主要是镀银层厚度的确定。对具体的波导产品而言，由于材料的不同及对防护性要求的不同，还有一个底镀层和中间镀层选取的问题，因不属于本书讨论的范围，留待以后专题讨论。

根据微波传输的原理，趋肤效应是微波传输中的一个重要现象。由此可以得出结论，根据微波的趋肤深度来确定镀银层的厚度，在理论上是完全成立的。通过计算得知，频率越高，趋肤深度越浅，镀层也可以越薄。当然，从工程学的角度看，影响微波传输的因素不只是金属的电导率，还有其他方面的因素，包括几何因素、杂质、表面光洁度等，需要综合加以考虑。但就镀银层厚度的确定来说，通过我们的分析，可以避免盲目地用加厚镀银层来减少传输损耗的做法。对镀层减薄以后的防变色问题，可以通过加强镀后防变色处理和选择合理的镀层组合来加以解决。

8.7 柔性材料电镀

8.7.1 纤维材料与柔性电子技术

8.7.1.1 纤维与人造纤维

天然纤维如棉花、蚕丝等作为人类服装等的基本原料，其应用已经有上千年历史。随着人类社会的发展，天然纤维已经不足以满足人类日常生活的需要，人造纤维也就应运而生。

人造纤维分为再生纤维和化学纤维两种。其中再生纤维是用木材、草类的纤维经化学加工制成的黏胶纤维；化学纤维是利用石油、天然气、煤和农副产品作原料制成的合成纤维。

根据形状和用途，人造纤维分为人造丝、人造棉和人造毛三种。重要品种有黏胶纤维、醋酸纤维、铜氨纤维等。

这里介绍的人造纤维金属化技术，主要涉及的是人造丝类的化学纤维及其纺织品。这是因为化学纤维的发展已经是人造纤维中最为重要和最大的一个领域，其在社会各业中的应用也越来越多。作为一种新材料，已经不只是人们日常生活中的服饰，而是在工农业各领域中都有大量应用。特别是近年在功能材料领域中的应用，引人注目，其中就包括功能和智能人工纤维制品。

目前应用较多的有尼龙纤维、涤纶纤维和碳纤维等。

8.7.1.2 常用的纤维

(1) 尼龙纤维

尼龙（Nylon）纤维学名为聚酰胺（polyamide）纤维，原为杜邦公司所生产之聚己二酰己二胺的商品名，一般通称为尼龙 66（Nylon 66）。聚酰胺纤维是第一个合成高分子聚合物商业化的合成纤维制品，于 1937 年由美国杜邦公司卡罗瑟斯（Caarothers）研究发明聚六甲基己二酰胺（尼龙六六酰），从而开启了合成纤维的第一页，其至今仍是聚酰胺纤维的代表。

聚酰胺纤维最突出的优点：耐磨性较其他纤维优越；弹性佳，其弹性回复率可与羊毛相媲美；质轻，相对密度为 1.14，在已商业化的合成纤维中，仅次于聚丙烯纤维（丙纶，相对密度小于 1），而较聚酯纤维（相对密度为 1.38）轻。因此聚酰胺纤维可加工成细匀柔软且平滑之丝，供织造成美观耐用的织物。另外，其同聚酯纤维一样具有耐腐性、不怕虫蛀、不怕发霉的优点。

聚酰胺纤维的缺点：耐旋光性稍差，如在室外长时间受日照时易发黄，强度下降；与聚酯丝相比，其保形性较差，因此织物较不够挺括。

聚酰胺纤维的各种性能如下：

① 耐磨性：聚酰胺纤维的耐磨性是所有纺织纤维中最好的，相同条件下，其耐磨性为棉花的 10 倍，是羊毛的 20 倍。例如在毛纺或棉纺中掺入 15% 的聚酰胺纤维，则其耐磨度比纯羊毛料或棉料提高 3 倍。

② 断裂强度：衣料用途聚酰胺纤维长纤的断裂强度为 5.0～6.4g/d，产业用的高强力丝

则为7~9.5g/d甚至更高，其湿润状态的断裂强度为干燥状态的85%~90%。

③ 断裂伸度：聚酰胺纤维的断裂伸度依品种的不同而有所差异，强力丝的伸度较低（为10%~25%），一般衣料用丝为25%~40%，其湿润状态的断裂伸度比干燥状态高3%~5%。

④ 弹性回复率：聚酰胺纤维的回弹性极佳，长纤的伸度为10%时，其弹性回复率为99%，而聚酯纤维在相同状况下为67%。

⑤ 耐疲劳性：由于聚酰胺纤维的弹性回复率高，因此其耐疲劳性也佳，其耐疲劳性与聚酯丝接近而高于其他化学纤维及天然纤维，在相同的试验条件下，聚酰胺纤维的耐疲劳性比棉纤维高7~8倍。

⑥ 吸湿性：聚酰胺纤维的吸湿性比天然纤维低，但在合成纤维中仅次于聚氯乙烯醇纤维（PVA，维纶）而高于其他合成纤维。尼龙66在温度20℃、相对湿度65%时的含水率为3.4%~3.8%，尼龙6则为3.4%~5.0%，故聚酰胺六的吸湿性略高于聚酰胺66。

⑦ 染色性：聚酰胺纤维的染色性较天然纤维困难，但仍较其他合成纤维易染色，一般以酸性染料染色。

⑧ 光学性质：聚酰胺纤维具双折射（birefringence），双折射随延伸比变化很大，其在充分延伸后，尼龙66纤维的纵向折射率为1.528，横向折射率为1.519，尼龙6纤维的纵向折射率为1.580，横向折射率为1.530，聚酰胺纤维表面光泽度较高。

⑨ 耐热性：聚酰胺纤维的耐热性不佳，在150℃时历经5h即变黄，170℃时开始软化，到215℃时开始熔化。尼龙66耐热性要较尼龙6好，其安全温度分别为130℃及90℃，热定型温度最高不能超过150℃，最好在120℃以下。但聚酰胺纤维耐低温性佳，即使在零下70℃的低温使用，其弹性回复率变化也不大。

⑩ 耐化学品性：聚酰胺纤维耐碱性佳，但耐酸性则较差，在一般室温条件下，其可耐7%的盐酸、20%的硫酸、10%的硝酸、500g/L的烧碱溶液浸泡，结果都不受腐蚀，因此聚酰胺纤维适用于防腐蚀工作服。另外，其可用作渔网，不怕海水侵蚀，尼龙渔网要比一般渔网寿命长3~4倍。

（2）涤纶纤维

1941年，英国的J. R. 温菲尔德和J. T. 迪克森以对苯二甲酸和乙二醇为原料在实验室内首先研制成功聚酯纤维，命名为特丽纶（Terylene）。1953年，美国生产商品名为达可纶（Dacron）的聚酯纤维，随后聚酯纤维在各国得到迅速发展。1960年，聚酯纤维的世界产量超过聚丙烯腈纤维，1972年又超过聚酰胺纤维，成为合成纤维的第一大品种，在我国俗称涤纶。

涤纶的相对密度为1.38，熔点为255~260℃，在205℃时开始黏结，安全熨烫温度为135℃；吸湿率很低，仅为0.4%；长丝的断裂伸长率为15%~25%，短纤维为25%~40%；高强型断裂伸长率为7.5%~12.5%。涤纶有优良的耐皱性、弹性和尺寸稳定性，有良好的电绝缘性能，耐日光，耐摩擦，不霉不蛀，有较好的耐化学试剂性能，能耐弱酸及弱碱。在室温下，有一定的耐稀强酸的能力，耐强碱性较差。涤纶的染色性能较差，一般须在高温或有载体存在的条件下用分散性染料染色。

涤纶具有许多优良的纺织性能，用途广泛，可以纯纺织造，也可与棉、毛、丝、麻等天然纤维和其他化学纤维混纺交织，制成花色繁多、坚牢挺括、易洗易干、免烫等性能良好的仿毛、仿棉、仿丝、仿麻织物。涤纶织物适用于男女衬衫、外衣、儿童衣着、室内装饰织物和地毯等。由于涤纶具有良好的弹性和蓬松性，也可用作絮棉。在工业上高强度涤纶可用作轮胎帘子线、运输带、消防水管、缆绳、渔网等，也可用作电绝缘材料、耐酸过滤布和造纸毛毯等。用涤纶制作无纺织布可用于室内装饰物、地毯底布、医药工业用布、絮绒、衬里等。

（3）碳纤维

碳纤维是含碳量高于90%的无机高分子纤维。其中含碳量高于99%的称为石墨纤维。碳纤维的轴向强度和模量高，无蠕变，耐疲劳性好，比热及导电性介于非金属和金属之间，热膨胀系数小，耐腐蚀性好，纤维的密度低，X射线透过性好。但其耐冲击性较差，容易损伤，在强酸作用下发生氧化，与金属复合时会发生金属碳化、渗碳及电化学腐蚀现象。因此，碳纤维在使用前须进行表面处理。

碳纤维的微观结构类似人造石墨，是乱层石墨结构。其力学性能优异，相对密度不到钢的1/4；碳纤维树脂复合材料抗拉强度一般都在3500MPa以上，是钢的7～9倍，抗拉弹性模量为230～430GPa，亦高于钢。因此CFRP的比强度即材料的强度与其密度之比可达到2000MPa/（g/cm^3）以上，而A3钢的比强度为59MPa/（g/cm^3）左右，其比模量也比钢高。材料的比强度越高，则构件自重越小；比模量越高，则构件的刚度越高。从这个意义上已预示了碳纤维在工程的广阔应用前景。

碳纤维可加工成织物、毡、席、带、纸及其他材料。传统使用中碳纤维除用作绝热保温材料外，一般不单独使用，多作为增强材料加到树脂、金属、陶瓷、混凝土等材料中，构成复合材料。碳纤维增强的复合材料可用作飞机结构材料、电磁屏蔽除电材料、人工韧带等身体代用材料，以及用于制造火箭外壳、机动船、工业机器人、汽车板簧和驱动轴等。

1994—2002年前后，随着从短纤碳纤维到长纤碳纤维的学术研究，使用碳纤维制作发热材料的技术和产品也逐渐进入军用和民用领域。现在国内已经有多个使用长纤碳纤维制作国家电网电缆的使用案例。同时，碳纤维发热产品、碳纤维采暖产品、碳纤维远红外理疗产品也越来越多地走入寻常百姓家庭。

碳纤维是军民两用新材料，属于技术密集型和政治敏感的关键材料。以前，以美国为首的巴黎统筹委员会（COCOM），对当时的社会主义国家实行禁运封锁政策，1994年3月，COCOM虽然已解散，但禁运封锁的阴影仍笼罩在上空，先进的碳纤维技术仍引不进来，特别是高性能PAN基原丝技术，即使中国进入WTO，形势也没有发生大的变化。因此，除了国人继续自力更生发展碳纤维工业外，别无其他选择。因此，国外尤其是碳纤维生产技术领先的日韩等国对中国的碳纤维材料及制品的出口一直保持相当谨慎的态度，只有为数很少的中国企业能够与其建立合作关系，拥有其产品的进口渠道。

8.7.1.3　柔性电子材料及应用

柔性电子技术是近年来新出现的技术概念。我们从柔性印制板在手机和小型电子产品中的应用可见其端倪。事实上，柔性电子技术正是从柔性印制板技术发展而来的。2011年11月16日，第三届柔性电子研讨会在德国柏林举行，会上介绍了柔性电子领域的最新发展。在主要发言者中，有从美国伊利诺伊州大学来的John Rogers和从东京大学来的Takao Someya，他们展示了最新研究成果并且讨论柔性电子产品的最新进展、前沿技术的进步和研究课题，包括以金属箔为基础的可拉伸电子和智能面料的开发等。

这些前沿技术仍然离不开电镀技术，特别是在智能性面料开发方面，电镀技术仍将发挥其独到的作用。

例如，在电磁屏蔽中采用金属化纤维已经是众所周知的技术。当然，这种应用只是功能性应用的例子之一。用于磁屏蔽的功能面料主要是镀铜或镀镍的纤维布料，也可用镀银的面料。

镀银纤维作为一种高性能功能纤维，其独特的抗菌除臭、防电磁波辐射、抗静电、调节体温等功能受人瞩目，现已应用于内衣、家纺、特种服装、医疗、体育、部队装备等领域。

在20世纪，德国、以色列、美国就率先展开了在纤维上镀铜、镍、银等金属的研究，并开发出相关产品。日本、俄罗斯、波兰等国也相继开始了这方面的研发，已经有许多相关专利。我国也在20世纪末和21世纪初开始了这方面的研究和开发，并取得了良好的成绩。

合成纤维在生活和工业生产中的大量应用，其静电集聚成为影响其应用效能的一个不利因素。作为排除这一困惑的方法，使纤维具有导电性是最好的办法。以此为开端，导电纤维的开发不仅很好地解决了抗静电问题，而且拓展了其应用的空间，在电磁屏蔽、防辐射和功能性面料等方面都有了新的应用。

用于纤维表面金属化的镀层主要有银、铜、镍等。

由于银具有优良的导电性能和优良的杀菌性能，镀银纤维具有抗静电、防辐射、抗菌消臭的多种功能。将镀银、镀铜、镀镍纤维应用在防辐射纺织品及服装上已经较为普遍。

用镀银纤维制成的外衣大多能够消除对人体有害的电磁波，是微波通信操作和维护人员的良好工作服用料。图8-11是市面上供应的一种导电布，基材是尼龙布，镀层为镍，采用物理法镀膜技术制造。

图8-11　镀镍尼龙布

柔性电子材料应用的另一个重要领域是柔性印制板。

柔性印制板是柔性非金属材料电镀应用的一个显著例子。在功能性纤维纺织品中，应用柔性印制线路将是一个重要的发展趋势。这种柔性印制线路不再是安装在需要翻动的刚性产品结构中的内联线线路板，而是在整体柔性结构中发挥印制线路的作用，也就是将柔性印制线路板技术扩展到服装类产品中去。这为开发各种功能性服装提供了新的材料，包括军用和民用功能性服装，都会用到柔性印制线路技术。在这种技术中，从目前的发展情况看，化学镀有较大优势。

除了印制线路方面的应用，柔性纤维的表面金属化在微传感器的互连或信息传导方面也是可以大有作为的。在微器件中采用金属导线无论从强度还是柔性方面，都不能与增强纤维相比，而一旦让这种纤维具有导波性能，其应用就会急剧增长。这是可与光纤相比拟却又是在经典电子传导领域应用的新材料，相信可以填补两者之间某些应用领域的空白。

8.7.2 纤维布料的电镀

8.7.2.1 纤维面料表面金属化的方法

获得金属化纤维面料的方法主要有化学镀、电镀、真空镀等技术和工艺。其中化学镀和电镀是获得智能面料的重要中间工艺。由于智能面料所承载的功能较多，可靠性要求较高，真空镀膜等技术难以获得较厚的镀层，在没有获得改进以前，物理镀法在智能面料方面的应用受到一定限制。现在已经有改进的真空镀膜技术，在纤维金属化方面已经有了较多应用。

一个典型的真空离子镀的流程如下：基体为化纤织物或涤纶无纺布，在氮气或氩气的保护下，采用离子镀膜法镀银或铝；上述材料经过冲洗、烘干、切边、计量、切割、包装，即完成工序。该方法可连续化生产，其生产的镀银纤维织物屏蔽性能好，广泛用于手机等需要电磁屏蔽的电子产品。

化学镀和电镀组合的方法能获得较厚的镀层。同时，电镀技术在印制板特别是在柔性印制板制造方面的应用和经验，将有利于其在开发智能面料方面发挥作用。事实也正是这样。

化学镀和电镀组合制造功能或智能面料的方法可以在纤维上应用，也可以在纤维布料上应用。在纤维上应用的模式是先将纤维以化学镀方法制成导电纤维，再纺织成布料。这种方法所获得的镀层比在布料上电镀均匀，且镀覆工艺相对较简单。但是对制作成布料的纺织技术要求较高，且材料消耗也较大。为了降低导电纤维的消耗，有些导电面料在保证导电性符合要求的前提下，采用了加入一定比率非导电纤维的混纺方法，以降低产品成本。

直接用面料制作导电等功能面料的方法，在电镀技术上难度较高，但生产效率明显高于纤维电镀法。因此，是开发智能面料中受关注的方法之一。在纤维面料表面镀覆金属镀层的最大问题是结合力，还有镀层的柔软性能。

由于纤维布料本身具有伸缩性，而且作为面料存在经常变形的问题，结合力不良的镀层，几经变形，就很容易脱落；更重要的是面料存在洗涤的问题，合格的导电面料要求经过一定次数的洗涤，其导电性能不能有较大改变，对镀层与纤维的结合力提出了更高的要求。显然，如果镀层没有充分的柔软性能，在变形中没有一定的弹性应变性能，也很容易开裂和脱落。仅此两条，就对电镀在纤维面料上的应用提出了极高的要求。在金属材料或一般刚性非金属材料表面电镀的技术，不能简单地应用在纤维面料上，而需要做出改进和创新。

8.7.2.2 尼龙面料电镀

尼龙是应用较广的一种工程塑料，特别是改性尼龙，由于具有很多特性，因此在汽车、电气设备、机械结构、交通器材、纺织、造纸、机械等方面得到广泛应用。随着汽车的小型化、电子电气设备的高性能化、机械设备轻量化进程的加快，社会对尼龙的需求增加的同时，对其功能方面的要求也在增加，尼龙纤维的导电化和面料的智能化就是一个重要的例子。

（1）适合电镀的尼龙纤维

如前所述，现在常用的尼龙纤维有两种，即尼龙 6 和尼龙 66。尼龙 6 为聚己内酰胺，尼龙66为聚己二酰己二胺。尼龙66比尼龙6要硬12%，而理论上说，硬度越高，纤维的脆性越强，从而越容易断裂。在熔点及弹性方面，尼龙6的熔点为220℃，而尼龙66的熔点为260℃。

对一般产品的使用环境而言，这并不是一个很大的差别。只是较低的熔点使尼龙6与尼龙66相比具有更好的回弹性、抗疲劳性及热稳定性。因此，适合用作电镀纤维面料的尼龙，应该是尼龙6（PA6）。该材料具有最优越的综合性能，包括机械强度、刚度、韧度、机械减振性和耐磨性，再加上良好的电绝缘能力和耐化学性，成为一种通用型材料。

从外观上看，尼龙6为纯白色，而尼龙66呈奶黄色，但是在制成纤维后就难以区别其外表颜色，因此，在使用前要通过严格检验后确定属于哪种尼龙。

（2）尼龙电镀前的表面调质

在尼龙上电镀本来在非金属电镀中就是较难的一项技术，在开发了电镀级尼龙后，这一难度有所下降，在很多工业领域中已经大量采用电镀尼龙产品，例如汽车装饰件、灯饰、卫浴用具等。但是，在柔性尼龙纤维上则仍然是难度较大的技术。因为经过改性的电镀级尼龙，其强度和弹性都不适合于纺丝。

实践证明，采用传统工艺不易在尼龙纤维表面获得结合力良好的镀层，而其关键，在于表面的微观粗化和化学镀两个要点。

图8-12就是从这种传统工艺中获得的结合力不良的银镀层的放大照片。从图8-12放大的纤维丝内可以看出，由于前处理不良，导致纤维束内部镀层沉积不全，有漏镀现象，而有镀层的地方，结晶也较粗大。因此，采用常规的非金属表面金属化技术，难以在布料上获得良好的镀层。

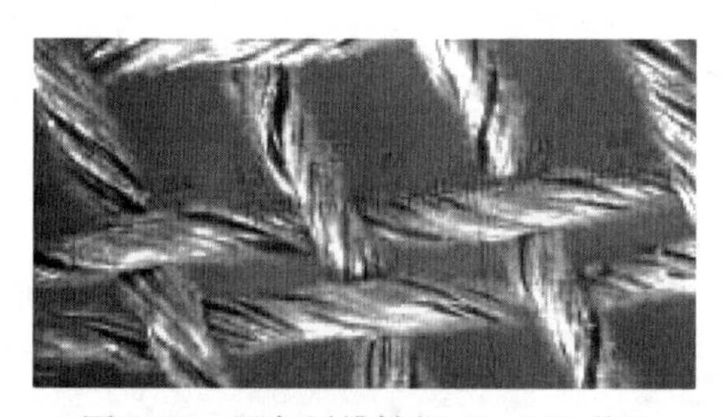

图8-12　尼龙纤维镀银（×100倍）

图8-13是尼龙6纤维上制作的镀银尼龙纤维布料的放大镜观测图，放大倍数为100倍。经测试，镀层结合力符合要求，接触电阻率$<5\Omega\cdot cm$。试验过程中，在采用传统非金属电镀工艺对尼龙纤维进行电镀时，虽然也能在纤维面料上得到镀层，但其结合力是不良的。

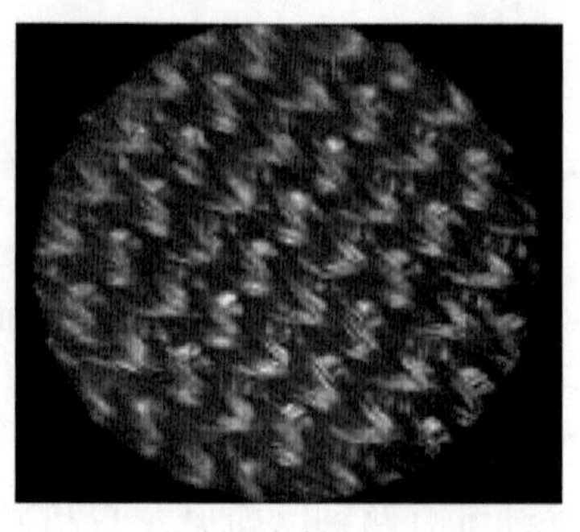

图8-13　弹力尼龙镀银（×100倍）

要想在尼龙面料上获得良好的金属镀层，需要从前处理和化学镀、电镀等多方面着手改进工艺，而关键是要找到能让尼龙面料获得良好的粗化效果，而又不至于改变尼龙布料的性能。

研究发现，用传统粗化的方法，会对尼龙布料产生不良影响，或者说用粗化的概念，不适合对纤维或纤维布料进行处理。笔者试验了一种方法，是对表面进行调质处理。所谓表面调质，就是采用具有氧化作用的化学物质，对纤维材料表面进行氧化处理，从而使具有稳定有机物大分子结构的纤维表面的长链分子中的有些链断开，呈现出可以与其后化学处理液中的有效化学基团连接的状态。这种过程与刚性非金属材料表面粗化的物理结合不同，是一种化学基团间的化学结合力，从而提高镀层与柔性纤维材料表面的结合力。可以进行表面调质的化学处理液为氧化性酸如硫酸，也可以是氧化性盐如高锰酸钾等氧化剂。一个可用的例子如下：

硫酸、盐酸或其他氧化性酸为 10 ~ 100mL/L；

高锰酸钾或其他酸性氧化剂、两性氧化剂为 5 ~ 100g/L；

温度为 30 ~ 80℃；

处理时间为 15 ~ 90min；

经上述处理后，充分水洗干净。

经过调质处理的尼龙布料，即使采用常规的敏化和化学镀银方法，若操作得当，也可以获得结合力良好的镀层。

（3）活化与化学镀

经表面调质处理的尼龙需要进行表面活化处理，然后进行化学镀。传统工艺的活化采用的是分步活化法，就是先对表面进行敏化处理，再进行活化。试验证明，对纤维化学镀银，在敏化后可直接进行化学镀，而省去活化工序。可以认为这种敏化也是使表面活化的过程。

① 活化

敏化处理：

氯化亚锡为 5g/L；

盐酸为 30mL/L；

乙醇为 300mL/L；

温度为室温；

时间为 5min。

可在敏化液中放入金属锡粒或锡块，以延缓四价锡盐的产生。如果用于化学镀银，这样处理后以去离子水清洗干净后即可化学镀银。如果是化学镀铜或镍，则要进行进一步活化处理：

硝酸银为 5g/L；

氨水滴加至溶液透明；

温度为室温；

时间为 5min。

先用蒸馏水溶解硝酸银，然后向其中滴加氨水，会先出现浑浊，继续滴至透明为终点。避光加盖保存。

如果是化学镀镍，则需要采用钯盐活化：

氯化钯为 0.5g/L；

盐酸为10mL/L；

OP乳化剂为2mL/L；

温度为室温；

时间为5min。

② 化学镀银

A液：

硝酸银为3.5g/L；

氨水适量；

氢氧化钠为2.5g/100mL；

蒸馏水为60mL。

B液：

葡萄糖为25g；

酒石酸为4g；

乙醇为100mL；

蒸馏水为1L。

在配制A液时要注意在蒸馏水中溶解硝酸银后，要滴加氨水，先产生棕色沉淀，继续滴加氨水直至溶液变透明。再加入氢氧化钠，又变黑色，继续加入氨水至透明。

在配制B液时，要先将葡萄糖和酒石酸溶于适量水中，煮沸10min，冷却后加入乙醇。使用前将A液和B液按1∶1的比例混合，即成为化学镀银液。还可根据镀速的需要调整镀液浓度，即适当稀释A液和B液，再混合使用。

以甲醛为还原剂：

A液：硝酸银20g/1000mL水，滴加氨水至溶液透明。

B液：38%甲醛40mL/200mL水。

使用前以1∶1混合。温度为室温，时间视需要而定。

以酒石酸盐为还原剂：

A液：硝酸银20g/L。

B液：酒石酸钾钠100g/L。

使用前按1∶1混合，温度为室温（10～20℃），时间为10min。可加入稳定剂二碘酪氨酸4×10^{-6}mol。

化学镀银基本上都是一次性使用，因使用后即自分解而失效，所以要注意使用效率，一次性投入镀件要足量，但又不能过量，否则会因不稳定而加快失效。

镀前镀后处理也很重要，镀前表面要无油污，再浸有敏化活化物（氯化亚锡）。镀后一定要充分清洗，以去除镀液残留物；否则会迅速变色。

③ 化学镀铜

硫酸铜为5～7g/L；

酒石酸钾钠为30～35g/L；

氢氧化钠为10g/L；

甲醛为50mL/L；

pH为12.5；

温度为25℃；
时间为30min。
④ 化学镀镍
硫酸镍为10～40g/L；
焦磷酸钾为20～60g/L；
次亚磷酸钠为10～40g/L；
pH为8.3～10.0；
温度为20～32℃。
(4) 酸性镀铜
硫酸盐镀铜的组成和操作条件如下：
硫酸铜为60～80g/L；
硫酸为90～115mL/L；
氯离子为50～70×10^{-6}；
光亮剂适量；
阳极为磷铜（P为0.003%～0.005%）；
阳极电流密度为1～2A/dm^2；
阴极电流密度为2～3A/dm^2；
温度为25℃；
阴极移动或空气搅拌。

如果用自来水配制，可以不另外添加氯离子。但印刷线路板行业所有工作液基本上采用去离子水配制，所以要另外加入氯离子，这时一定要注意添加量的控制，千万不可过量，宁少勿多，否则要想去掉多余的氯离子就很麻烦了。

光亮剂因为基本上是商业化的，要根据说明书的用量添加和补充，一般在1～2mL/L。宁可少加而不要过量。

8.7.2.3 其他纤维面料的电镀

除了现在流行的尼龙面料可用于电镀，其他纤维面料只要进行适当的前处理，也可以利用非金属电镀技术获得金属镀层。例如涤纶纤维布料可以采用以下方法进行化学镀铜和电镀铜：

表面清洁：
氢氧化钠为40g/L；
OP-10乳化剂为5mL/L；
温度为70℃；
时间为30min。
表面调质：
碳酸钠为50g/L；
次氯酸钠为10g/L；
温度为60℃；
时间为60min。

敏化:

氯化亚锡为30g/L;

盐酸为50mL;

温度为30℃;

时间为10min。

活化:

硝酸银为5g/L;

氨水为15mL;

温度为室温;

时间为5min。

化学镀铜:

硫酸铜为5g/L;

EDTP 为12.5g/L;

氢氧化钠为3g/L;

甲醛为8mL/L;

温度为室温;

时间为60min。

电镀铜:

焦磷酸铜为70g/L;

焦磷酸钾为300g/L;

柠檬酸铵为25g/L;

pH 为9;

温度为40℃;

阴极电流密度为1A/dm^2;

时间为30min。

各道工序间要用清洁水充分清洗，敏化和活化后的最后一道清洗用去离子水。电镀后要充分水洗后干燥。

理论上，任何一种纤维材料或面料，只要找到一种合适的表面处理方法，就能在其上获得金属镀层。因此，纤维材料的前处理工艺与技术，是开发智能面料的关键。需要有不同于传统粗化概念的创新思维，来获得新的表面状态。

在电子与信息技术高速发展的今天，柔性电子技术已经在产品中有所应用，其中智能面料将是受市场欢迎的一大类新产品，但是智能面料的开发现在还处在起始阶段。纤维面料金属化是制造智能面料的基础技术，只有在这一技术在工艺上成熟的前提下，制造智能面料才有可能飞速发展。由于纤维面料金属化技术已经取得很大进展。因此，各种智能面料的出现将指日可待。

8.7.3 导电纤维技术展望

目前，导电纤维的研发和制造方兴未艾，各种已经开发的技术和工艺都在应用过程中，并且也在不断改进中。

以电化学方法或化学镀方法获得导电纤维的研发受到更多关注。从镀层选择的角度，除了已经开发的化学镀银、化学镀铜、化学镀镍以外，化学镀铅等特殊场合的功能性镀层也在开发中。由于化学铅的沉积层很薄，需要电镀加厚以后才有利用价值，而化学铅的沉积难度较大，因此，用化学沉积铜等先镀金属再电镀铅，是可行的方法之一。

合金镀层的沉积也提上了日程。现在已经在织物上采用的有钯、铜、镍和磷，银、铁、镍、铜和磷，银、镍、磷、铁和钴，钯、铜、硼和锡等。例如用于抗磁的铁磁体镀层可用于防范低频磁场的危害。

化学镀方法中一个很有前景的技术是沉积纳米级结晶的金属镀层，这种镀层的细化程度优于普通化学和电化学沉积层，与纤维有更好的结合强度，具耐洗搓性能而又能保持纤维的原有性能。

物理镀方面，由于真空镀膜等方法受设备制约较大，已经出现将热喷镀技术用于纤维织物的方法实例。这种方法所用设备相对简单，生产流程短，镀层结合力强，镀层较厚，可用于特殊需要的金属性能纤维。已经有热喷镀铅、喷镀铝、喷镀锡的织物出现。

在应用方面，前面已经提到的智能面料将是一个极有前途的技术领域。智能面料技术是建立在纤维面料的金属化技术成熟的基础上的，并且有成熟的薄膜技术和集成电路技术的支持。如果集成电路也能向柔性化方面发展，则这一技术就立即会有很高的应用价值，有着非常良好的发展前景，而集成电路的柔性化在技术上是完全可能做到的。

参考文献

[1] J O M Bockris, S U M Khan. Quantum electrochemistry [M]. New York: Plenum Press, 1979.

[2] J O M博克里斯, S U M卡恩. 量子电化学 [M]. 冯宝义, 译. 哈尔滨: 哈尔滨工业大学出版社, 1988.

[3] 郭敦仁. 量子力学初步 [M]. 北京: 人民教育出版社, 1979.

[4] 郭鹤桐. 电化学 [M]. 北京: 高等教育出版社, 1965.

[5] 坂田昌一. 新基本粒子观对话 [M]. 上海: 生活·读书·新知三联书店, 1973.

[6] 杨振宁. 基本粒子发现简史 [M]. 上海: 上海科学技术出版社, 1979.

[7] 杨照地, 孙苗, 苑丹丹. 量子化学基础 [M]. 北京: 化学工业出版社, 2012.

[8] John von Neumann. Mathematical Foundations of Quantum Mechanics [M]. United Kingdom: Princeton University, 1983.

[9] J. v. ノイマン. 量子力学の数学的基礎 [M]. 東京: みすず書房, 2015.

[10] 刘仁志. 光子信息——关于光子是物质组装信息传递载体的推想 [M]. 北京: 化学工业出版社, 2019.

[11] A H 弗鲁姆金, 等. 电极过程动力学 [M]. 北京: 科学出版社, 1965.

[12] 约翰. 波尔金霍恩. 量子理论 [M]. 南京: 译林出版社, 2018.

[13] 布莱恩·考克思, 杰夫·福修. 量子宇宙 [M]. 重庆: 重庆出版社, 2013.

[14] 刘仁志. 现代电镀手册 [M]. 北京: 化学工业出版社, 2010.

[15] 刘仁志. 整机电镀 [M]. 北京: 国防工业出版社, 2008.

[16] 陈治良. 电镀合金技术及应用 [M]. 北京: 化学工业出版社, 2016.

[17] PARSA N PRASAD. 生物光子学导论 [M]. 杭州: 浙江大学出版社, 2006.

[18] 玻尔. 玻尔演讲录 [M]. 北京: 北京大学出版社, 2017.

[19] 埃尔温·薛定谔. 生命是什么 [M]. 广州: 世界图书出版社广东有限公司, 2017.

[20] A 道格拉斯·斯通. 爱因斯坦与量子理论 [M]. 北京: 机械工业出版社, 2019.

[21] 罗伯特·兰札. 生物中心主义 [M]. 重庆: 重庆出版社, 2014.

[22] 美国国家科学院. 光学与光子学——美国不可或缺的关键技术 [M]. 北京: 科学出版社, 2016.

[23] 约翰·布罗克曼. 未来50年 [M]. 长沙: 湖南科学技术出版社, 2018.

[24] 刘仁志. 轻量化和微型化时代的电镀技术 [J]. 表面工程与再制造, 2019 (2): 17-18.

[25] 刘仁志. 微扰-电极过程中的隐因子 [C]. 上海电子电镀学会年会论文集, 上海, 2017.

[26] 刘仁志. 电子的量子跃迁——一类导体向二类导体电子转移问题探讨 [C]. 中国电子学会电镀专委会年会论文集, 深圳, 2019.

[27] 阎润卿, 李英. 微波技术基础 [M]. 北京: 北京理工大学出版社, 2002.

[28] 科夫涅里斯特. 微波吸收材料 [M]. 北京: 科学出版社, 1985.

［29］祝大同．世界挠性印制电路板的发展历程［J］．电子电路与贴装，2005（3）：1-3.
［30］陈杰瑢．等离子体清洁技术在纺织印染中的应用［M］．北京：中国纺织出版社，2005.
［31］NEIL PATTON. 挠性印制板和通孔镀［J］．印制电路信息，2006（02）：51.
［32］刘爱平，赵书林．导电纤维的发展与应用［J］．广西纺织科技，2008，37（4）：36-38.
［33］刘仁志．非金属电镀与精饰［M］．北京：化学工业出版社，2006.
［34］MARIAN OKONIEWSKI. 导电合成纤维［J］．国际纺织技术，1997：56-58.